单片机
原理及应用

吴平　吴桂初　杨卫波　管晓春　章上聪　编著

中国电力出版社
CHINA ELECTRIC POWER PRESS

内 容 提 要

本书分为两部分共 9 章，前面 5 章介绍标准 MCS–51 单片机的基本原理、内部结构、指令系统和 C51 程序设计；后 4 章重点介绍 Silabs 公司推出的高集成度、高性能的 RISC 单片机 C8051F410，包括单片机硬件结构和常用片内资源的工作原理、程序设计等，最后 1 章给出应用实例。

本书重在原理与实践，从标准 51 开始由浅入深出详细介绍 C8051F410，旨在培养读者的单片机基础知识和系统实用开发技能，让读者逐步掌握单片机的工作原理、电路设计与程序编写能力。

本书为浙江省省级精品课程建设成果。本书适合各类本科高等院校、高等职业技术学院、中等技术学校电气类、电子信息类、自动化类、计算机类及机械电子工程专业单片机课程教材，也可供刚刚接触单片机的初学者自学阅读和从事单片机应用设计的工程技术人员参考。

图书在版编目（CIP）数据

单片机原理及应用 / 吴平等编著． —北京：中国电力出版社，2018.3
ISBN 978-7-5198-1425-0

Ⅰ．①单… Ⅱ．①吴… Ⅲ．①单片微型计算机 Ⅳ．①TP368.1

中国版本图书馆 CIP 数据核字（2017）第 294736 号

出版发行：中国电力出版社
地　　址：北京市东城区北京站西街 19 号（邮政编码 100005）
网　　址：http://www.cepp.sgcc.com.cn
责任编辑：周　娟　杨淑玲
责任校对：马　宁
装帧设计：王红柳
责任印制：杨晓东

印　　刷：北京大学印刷厂
版　　次：2018 年 3 月第 1 版
印　　次：2018 年 3 月北京第 1 次印刷
开　　本：787mm×1092mm　16 开本
印　　张：16
字　　数：374 千字
定　　价：49.80 元

前　言

单片机又称单片微控制器，它不仅是完成某一个逻辑功能的芯片，而是把一个计算机系统集成到一个芯片上，相当于一个缺少了 I/O 设备的微型计算机。

1976 年 Intel 公司研制出 MCS–48 系列 8 位单片机，标志着单片机的问世，同年 Zilog 公司开发的 Z80 微处理器广泛用于工业自动控制设备。20 世纪 80 年代初，Intel 公司推出了 MCS–51 系列 8 位单片机，MCS–51 单片机采用超大规模集成电路技术把具有数据处理能力的中央处理器、随机存储器、只读存储器、多种 I/O 口和中断系统、定时器/计时器等功能集成到一块硅片上构成的一个小而完善的计算机系统，扩展方面有了很大的提高。随着电子技术的高速发展，单片机种类丰富、功能日益完善，由单片机作为主控制器的设备如全自动洗衣机、变频空调、遥控电视、数码相机、高清机顶盒、门禁控制、打印机等产品早已悄悄地进入了人们的生活；工业和国防领域的智能仪表、工业测控装置、医疗 CT、航天技术、导航设备、现代军事装备等都有单片机扮演着重要的角色。

C8051 系列单片机是 Silabs 公司开发的混合信号微处理器，采用全球领先的模拟器件、高速 8051 CPU、ISP Flash 存储器、JTAG 调试工具，是目前还在广泛使用的 8 位单片机；兼容标准 8051 硬件和指令系统集成有 A/D、D/A、可编程定时/计数器阵列 PCA、16 位定时器、UART、I^{2}C 串行总线、看门狗定时器等众多功能部件，因此又称为片上系统（SoC）。最具特色的是增加了数字交叉开关，它可将内部数字系统资源定向到 P0、P1 和 P2 端口 I/O 引脚，并可将定时器、串行总线、外部中断源、AD 输入、转换比较器输出通过设置 Crossbar 开关控制寄存器定向到 P0、P1、P2 的 I/O 端口，这就允许用户根据自己的特定应用选择通用 I/O 端口和所需数字资源的组合。

目前的单片机教材大多是沿用 20 世纪 80 年代的 8051 内容，学生学完单片机课程后，不能直接融入企业的系统设计和技术开发。为此，本书在编写过程中，对原有的 MCS–51 单片机内容进行了压缩和优化，作为单片机原理性介绍，将那些在实际应用中很少用到或已经淘汰的芯片不再写入教材，以 C8051F410 的基本内容及其应用做重点介绍，形成具有鲜明特色的 C8051F 系列单片机入门教材。

全书共分 9 章。第 1 章是绪论，介绍了单片机的发展历程、应用领域、发展趋势和 SoC 单片机的性能特点；第 2 章介绍了 8051 单片机的硬件系统、体系结构、引脚功能、存储器，以及指令系统和使用方法；第 3 章介绍了 C51 在单片机中的编程方法，以及混合编程的具体运用；第 4 章介绍了 8051 单片机定时器、中断系统结构、中断控制及编程方法；第 5 章介绍了 8051 单片机串行口结构和编程控制；第 6 章介绍 Silabs 公司推出的 C8051F410 单片机的系统结构、存储器组织、IO 端口、中断处理和时钟、电源管理，以及相应的控制方法；第 7 章介绍 C8051F410 单片机的片内定时器和看门狗应用；第 8 章介绍 C8051F410 单片机的模数和数模转换器的接口使用方法；第 9 章以电源控制系统为例，介绍系统硬件电路设计和软件编程方法。

全书内容丰富，结构完整，其中第 2 章、第 4 章、第 5 章由吴桂初编写，第 6 章、第 7

章、第 9 章由吴平编写，第 1 章、第 8 章由杨卫波编写，第 3 章由管晓春编写，书中的示图表格由章上聪制作和整理；参加本书编写工作的还有部分研究生。吴桂初、吴平老师负责全书的策划、内容安排、文稿编写修改和审定。

全书参考教学理论 36～54 学时，实验 18 学时，每章配有适量的思考与练习题，教学时可以根据实际情况，适当取舍。

本书在编写过程中参考了有关书籍和文献资料，在此对相关作者一并致谢。

由于作者水平有限，涉及的知识点较多，难免有错误和不足之处，欢迎读者提出宝贵意见，以便进一步改进和完善。

编　者

2018 年 2 月

目 录

第1章 绪 论

在各种不同类型的嵌入式系统中，以单片微控制器（Microcontroller）作为系统的主要控制核心所构成的单片机系统占据着非常重要的地位。单片嵌入式系统的硬件基本构成可分成两大部分：单片微控制器芯片与控制电路。其中单片微控制器是构成单片嵌入式系统的核心。所谓的单片微控制器，即单片机，它的外表通常只是一片大规模集成电路芯片。但在芯片的内部却集成了中央处理器单元（CPU），各种存储器（RAM、ROM、EPROM、E^{2}PROM 和 FlashROM 等），各种输入/输出接口（定时器/计数器、并行 I/O、串行 I/O 以及 A/D 转换接口）等众多的功能部件。因此，一片芯片就构成了一个基本的微型计算机系统。

由于单片机芯片的微小体积，极低的成本和面向控制的设计，使它作为智能控制的核心器件被广泛地应用于工业控制、智能仪器仪表、家用电器、电子通信产品等各个领域中的电子设备和电子产品中。可以说，由单片机为核心构成的单片嵌入式系统已成为现代电子系统中最重要的组成部分。本书将介绍以 CIP-51 系列单片微控制器为核心的单片嵌入式系统的原理、硬软件设计、调试等应用方法。

1.1 单片机的发展概况

1.1.1 单片机的发展历史

1970 年微型计算机研制成功后，随后就出现了单片机。美国 Intel 公司在 1971 年推出了 4 位单片机 4004；1972 年推出了雏形 8 位单片机 8008。特别是在 1976 年推出 MCS-48 单片机以后的 30 年中，单片机的发展和其相关的技术经历了数次的更新换代。其发展速度大约每三四年要更新一代，集成度增加一倍，功能翻一番。

尽管单片机出现的历史并不长，但以 8 位单片机的推出为起点，单片机的发展大致可分为四个阶段。

第一阶段（1976—1978 年）：初级单片机阶段。以 Intel 公司 MCS-48 为代表，这个系列的单片机内集成有 8 位 CPU、I/O 接口、8 位定时器/计数器，寻址范围不大于 4KB，简单的中断功能，无串行接口。

第二阶段（1978—1982 年）：单片机完善阶段。在这一阶段推出的单片机其功能有较大的加强，能够应用于更多的场合。这个阶段的单片机普遍带有串行 I/O 口、有多级中断处理系统、16 位定时器/计数器，片内集成的 RAM、ROM 容量加大，寻址范围可达 64KB。一些单片机片内还集成了 A/D 转换接口。这类单片机的典型代表有 Intel 公司的 MCS-51、Motorola 公司的 6801 和 Zilog 公司的 Z8 等。

第三阶段（1982—1992 年）：8 位单片机巩固发展及 16 位高级单片机发展阶段。在此阶段，尽管 8 位单片机的应用已广泛普及，但为了更好地满足测控系统的嵌入式应用的要求，单片机集成的外围接口电路有了更大的扩充。这个阶段单片机的代表为 8051 为内核的系列产品。许多半导体公司和生产厂以 MCS-51 的 8051 为内核，推出了满足各种嵌入式应用的多种类型和型号的单片机。其主要技术发展有：

（1）外围功能集成。满足模拟量直接输入的 ADC 接口，满足伺服驱动输出的 PWM，保证程序可靠运行的程序监控定时器 WDT（俗称看门狗电路）。

（2）出现了为满足串行外围扩展要求的串行扩展总线和接口，如 SPI、I2C Bus、单总线（1-Wire）等。

（3）出现了为满足分布式系统，突出控制功能的现场总线接口，如 CAN Bus 等。

（4）在程序存储器方面广泛使用了片内程序存储器技术，出现了片内集成 EPROM、EEPROM、FlashROM 以及 MaskROM、OTPROM 等各种类型的单片机，以满足不同产品的开发和生产的需要，也为最终取消外部程序存储器扩展奠定了良好的基础。

与此同时，一些公司面向更高层次的应用，发展推出了 16 位的单片机，典型代表有 Intel 公司的 MCS-96 系列的单片机。

第四阶段（1993 年—现在）：百花齐放阶段。现阶段单片机发展的显著特点是百花齐放、技术创新，以满足日益增长的广泛需求。其主要方面有：

（1）单片嵌入式系统的应用是面对最底层的电子技术应用，从简单的玩具、小家电，到复杂的工业控制系统、智能仪表、电器控制，以及发展到机器人、个人通信信息终端、机顶盒等。因此，面对不同的应用对象，不断推出适合不同领域要求的，从简易性能到多全功能的单片机系列。

（2）大力发展专用型单片机。早期的单片机是以通用型为主的。由于单片机设计生产技术的提高，周期缩短，成本下降，以及许多特定类型电子产品，如家电类产品的巨大的市场需求能力，推动了专用型单片机的发展。在这类产品中采用专用型单片机，具有低成本、资源有效利用、系统外围电路少、可靠性高的优点。因此，专用型单片机也是单片机发展的一个主要方向。

（3）致力于提高单片机的综合品质。采用更先进的技术来提高单片机的综合品质，如提高 I/O 口的驱动能力，增加抗静电和抗干扰措施，宽（低）电压低功耗等。

（4）向高端的 32 位 ARM 单片机方面发展。特别是近年来 ARM 公司推出的 32 位 Cortex 系列单片机，以极高的性能价格比，在各个领域得到广泛的应用。

1.1.2 单片嵌入式系统

嵌入式计算机系统的构成，根据其核心控制部分的不同可分为几种不同的类型：

（1）各种类型的工控机。

（2）可编程逻辑控制器 PLC。

（3）以通用微处理器或数字信号处理器构成的嵌入式系统。

（4）单片嵌入式系统。

采用上述不同类型的核心控制部件所构成的系统都实现了嵌入式系统的应用，成为嵌入式系统应用的庞大家族。

以单片机作为控制核心的单片嵌入式系统大部分应用于专业性极强的工业控制系统中。

其主要特点是：结构和功能相对单一，存储容量较小，计算能力和效率比较低，简单的用户接口。由于这种嵌入式系统功能专一可靠，价格便宜，因此在工业控制、电子智能仪器设备等领域有着广泛的应用。

作为单片嵌入式系统的核心控制部件单片机，它从体系结构到指令系统都是按照嵌入式系统的应用特点专门设计的，它能最好地满足面对控制对象、应用系统的嵌入、现场的可靠运行和优良的控制功能要求。因此，单片嵌入式应用是发展最快、品种最多、数量最大的嵌入式系统，也有着广泛的应用前景。由于单片机具有嵌入式系统应用的专用体系结构和指令系统，因此在其基本体系结构上，可衍生出能满足各种不同应用系统要求的系统和产品。用户可根据应用系统的各种不同要求和功能，选择最佳型号的单片机。

作为一个典型的嵌入式系统——单片嵌入式系统，在我国大规模应用已有几十年的历史。它不但是在中、小型工控领域、智能仪器仪表、家用电器、电子通信设备和电子系统中最重要的工具和最普遍的应用手段，同时正是由于单片嵌入式系统的广泛应用和不断发展，也大大推动了嵌入式系统技术的快速发展。因此，对于电子、通信、工业控制、智能仪器仪表等相关专业的学生来讲，深入学习和掌握单片嵌入式系统的原理与应用，不仅能对自己所学的基础知识进行检验，而且能够培养和锻炼自己的问题分析、综合应用和动手实践的能力，掌握真正的专业技能和应用技术。同时，深入学习和掌握单片嵌入式系统的原理与应用，也为更好地掌握其他嵌入式系统的打下重要的基础，这个特点尤其表现在硬件设计方面。

1.2　单片机的应用及发展趋势

1.2.1　单片机应用系统结构

仅由一片单片机芯片是不能构成一个应用系统的。系统的核心控制芯片，往往还需要与一些外围芯片、器件和控制机构有机地连接在一起，才构成了一个实际的单片机系统，进而再嵌入到应用对象的环境体系中，作为其中的核心智能化控制单元而构成典型的单片嵌入式应用系统，如洗衣机、电视机、空调、智能仪器、智能仪表等。

单片嵌入式系统的结构如图 1–1 所示，通常包括既能实现嵌入式对象各种应用要求的单片机、系统的硬件电路和应用软件三大部分。

1. 单片机

单片机是单片嵌入式系统的核心控制芯片，由它实现对控制对象的测控、系统运行管理控制和数据运算处理等功能。

2. 系统硬件电路

根据系统采用单片机的特性以及嵌入对象要实现的功能要求而配备的外围芯片、器件所构成的全部硬件电路。通常包括以下几部分：

（1）基本系统电路。提供和满足单片机系统运行所需要的时钟电路、复位电路、系统供电电路、驱动电路、扩展的存储器等。

（2）前向通道接口电路。这是应用系统面向对象的输入接口，通常是各种物理量的测量传感器、变换器输入通道。根据现实世界物理量转换成电量输出信号的类型，如模拟电压电流、开关信号、数字脉冲信号等的不同，接口电路也不同。常见的有传感器、信号调理器、模/数转换器 ADC、开关输入、频率测量接口等。

（3）后向通道接口电路。这是应用系统面向对象的输出控制电路接口。根据应用对象伺服和控制要求，通常有数/模转换器 DAC、开关量输出、功率驱动接口、PWM 输出控制等。

（4）人机交互通道接口电路。人机交互通道接口是满足应用系统人机交互需要的电路，有键盘、拨动开关、LED 发光二极管、数码管、LCD 液晶显示器、打印机等多种输入输出接口电路。

（5）数据通信接口电路是满足远程数据通信或构成多机网络应用系统的接口。通常有 RS232、SPI、I2C、CAN 总线、USB 总线等通信接口电路。

3. 系统的应用软件

系统应用软件的核心就是下载到单片机中的系统运行程序。整个嵌入式系统全部硬件的相互协调工作、智能管理和控制都由系统运行程序决定。它可认为是单片嵌入式系统核心的核心。一个系统应用软件设计的好坏，往往也决定了整个系统性能的好坏。

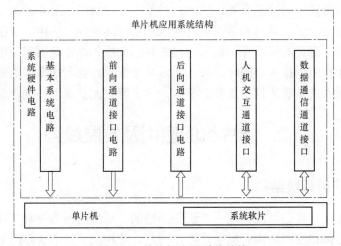

图 1-1 单片机应用系统结构

1.2.2 单片嵌入式系统的应用领域

以单片机为核心构成的单片嵌入式系统已成为现代电子系统中最重要的组成部分。在现代的数字化世界中，单片嵌入式系统已经大量地渗透到我们生活的各个领域，几乎很难找到哪个领域没有单片机的踪迹。导弹的导航装置，飞机上各种仪表的控制，计算机的网络通信与数据传输，工业自动化过程的实时控制和数据处理，生产流水线上的机器人，医院里先进的医疗器械和仪器，广泛使用的各种智能 IC 卡，小朋友的程控玩具和电子宠物都是典型的单片嵌入式系统应用。

由于单片机芯片的微小体积，极低的成本和面向控制的设计，使它作为智能控制的核心器件被广泛地嵌入到工业控制、智能仪器仪表、家用电器、电子通信产品等各个领域中的电子设备和电子产品中，主要的应用领域有以下几个方面：

1. 智能家用电器

俗称带"电脑"的家用电器，如电冰箱、空调、微波炉、电饭锅、电视机、洗衣机等。传统的家用电器中嵌入了单片机系统后使产品性能特点都得到很大的改善，实现了运行智能化、温度的自动控制和调节、节约电能等。

2. 智能机电一体化产品

单片机嵌入式系统与传统的机械产品相结合，使传统的机械产品结构简化，控制智能化，构成新一代的机电一体化产品。这些产品已在纺织、机械、化工、食品等工业生产中发挥出巨大的作用。

3. 智能仪表仪器

用单片机嵌入式系统改造原有的测量、控制仪表和仪器，能促使仪表仪器向数字化、智能化、多功能化、综合化、网络化发展。由单片机系统构成的智能仪器仪表可以集测量、处理、控制功能于一体，赋予传统的仪器仪表以崭新的面貌。

4. 测控系统

用单片机嵌入式系统可以构成各种工业控制系统、适应控制系统、数据采集系统等。例如，温室人工气候控制、汽车数据采集与自动控制系统。

1.2.3　单片机的发展趋势

综观 30 年的发展过程，作为单片嵌入式系统的核心——单片机，正朝着多功能、多选择、高速度、低功耗、低价格、扩大存储容量和加强 I/O 功能等方向发展。其进一步的发展趋势是多方面的。

1. 全盘 CMOS 化

CMOS 电路具有许多优点，如极宽的工作电压范围，极佳的低功耗及功耗管理特性等。CMOS 化已成为目前单片机及其外围器件流行的半导体工艺。

2. 采用 RISC 体系结构

早期的单片机大多采用 CISC 结构体系，指令复杂，指令代码、周期数不统一，指令运行很难实现流水线操作，大大阻碍了运行速度的提高。如 MCS–51 系列单片机，当外部时钟为 12MHz 时，其单周期指令运行速度也仅为 1MIPS。采用 RISC 体系结构和精简指令后，单片机的指令绝大部分成为单周期指令，而通过增加程序存储器的宽度（如从 8 位增加到 16位），实现了一个地址单元存放一条指令。在这种体系结构中，很容易实现并行流水线操作，大大提高了指令运行速度。目前一些 RISC 结构的单片机，如美国 ATMEL 公司的 AVR 系列单片机已实现了一个时钟周期执行一条指令。与 MCS–51 相比，在相同的 12MHz 外部时钟下，单周期指令运行速度可达 12MIPS。一方面，可获得很高的指令运行速度，另一方面，在相同的运行速度下，可大大降低时钟频率，有利于获得良好的电磁兼容效果。

3. 多功能集成化

单片机在内部已集成了越来越多的部件，这些部件不仅包括一般常用的电路，如定时/计数器、模拟比较器、A/D 转换器、D/A 转换器、串行通信接口、WDT 电路、LCD 控制器等，还有的单片机为了构成控制网络或形成局部网，内部含有局部网络控制模块 CAN 总线，以方便地构成一个控制网络。为了能在变频控制中方便使用单片机，形成最具经济效益的嵌入式控制系统。有的单片机内部设置了专门用于变频控制的脉宽调制控制电路 PWM。

4. 片内存储器的改进与发展

目前新型的单片机一般在片内集成两种类型的存储器：随机读写存储器 SRAM，作为临时数据存储器存放工作数据用；只读存储器 ROM，作为程序存储器存放系统控制程序和固定不变的数据。片内存储器的改进与发展的方向是扩大容量、ROM 数据的易写和保密等。

5. 基于 ISP、IAP 技术的开发和应用

ISP（In System Programmable）称为在线系统可编程技术。随着微控制器在片内集成 EEPROM、FlashROM 的发展，导致了 ISP 技术在单片机中的应用。首先实现了系统程序的串行编程写入（下载），使得不必将焊接在 PCB 印刷电路板上的芯片取下，就可直接将程序下载到单片机的程序存储器中，淘汰了专用的程序下载写入设备。其次，基于 ISP 技术的实现，使模拟仿真开发技术重新兴起。在单时钟、单指令运行的 RISC 结构的单片机中，可实现 PC 通过串行电缆对目标系统的在线仿真调试。在 ISP 技术应用的基础上，又发展了 IAP（In Application Programmable）技术，也称在应用可编程技术。利用 IAP 技术，实现了用户可随时根据需要对原有的系统方便的在线更新软件、修改软件，还能实现对系统软件的远程诊断、远程调试和远程更新。

6. 实现全面功耗管理

采用 CMOS 工艺后，单片机具有极佳的低功耗和功耗管理功能。它包括：

（1）传统的 CMOS 单片机的低功耗运行方式，既闲置方式（Idle Mode）、掉电方式（Power Down Mode）。

（2）双时钟技术。配置有高速（主）和低速（子）两个时钟系统。在不需要高速运行时，则转入低速时钟控制下，以节省功耗。

（3）片内外围电路的电源管理。对集成在片内的外围接口电路实行供电管理，当该外围电路不运行时，关闭其供电。

（4）低电压节能技术。CMOS 电路的功耗与电源电压有关，降低系统的供电电压，能大幅度减少器件的功耗。新型的单片机往往具有宽电压（3~5V）或低电压（3V）运行的特点。低电压低功耗是手持便携式系统重要的追求目标，也是绿色电子的发展方向。

7. 以串行总线方式为主的外围扩展

目前，单片机与外围器件接口技术发展的一个重要方面是由并行外围总线接口向串行外围总线接口的发展。采用串行总线方式为主的外围扩展技术具有方便、灵活、电路系统简单、占用 I/O 资源少等特点。采用串行接口虽然比采用并行接口数据传输速度慢，但随着半导体集成电路技术的发展，大批采用标准串行总线通信协议（如 SPI、I2C、1-Wire 等）的外围芯片器件的出现，串行传输速度也在不断提高（可达到 1~10Mbit/s 的速率），片内集成程序存储器而不必外部并行扩展程序存储器，加之单片嵌入式系统有限速度的要求，使得以串行总线方式为主的外围扩展方式能够满足大多数系统的需求，成为流行的扩展方式，而采用并行接口的扩展技术则成为辅助方式。

8. 单片机向片上系统 SoC 的发展

SoC（System on Chip）是一种高度集成化、固件化的芯片级集成技术，其核心思想是把无法集成的某些外部电路和机械部分之外的所有电子系统电路全部集成在一片芯片中。现在一些新型的单片机（如 AVR 系列单片机）已经是 SoC 的雏形，在一片芯片中集成了各种类型和更大容量的存储器，具有性能更加完善和强大的功能电路接口，这使得原来需要几片甚至十几片芯片组成的系统，现在只用一片就可以实现。其优点不仅是减小了系统的体积和成本，而且也大大提高了系统硬件的可靠性和稳定性。

1.3　SoC 单 片 机 简 介

1.3.1　C8051F 系列单片机简介

SoC 是指片上系统或系统级芯片，SoC 的完整定义为：在同一个芯片上集成了控制部件（微处理器、存储器）和执行部件（I/O 接口、微型开关、微机械），能够自成体系，独立工作的芯片。SoC 是随着半导体生产技术的不断发展而产生的新概念，它是集成度越来越高和对嵌入式控制技术可靠性越来越高的产物。在嵌入式系统低端的单片机领域，80C51 系列一直扮演着一个重要角色，近年来，由于 80C51 的速度低（每一条指令至少需要 12 个时钟周期），功耗高（几毫安到几十毫安），功能少（不能直接处理模拟信号）等，80C51 系列单片机似乎已经走道了尽头，然而 CYGNAL 公司推出的 C8051F 系列单片机又将 80C51 兼容单片机推上了 8 位机的先进行列，使 80C51 系列从 MCU 时代进入到了 SoC（System on Chip）时代。因此，C8051F 系列单片机功能强大，能够作为嵌入式系统的主控制器。

C8051F 系列单片机是完全集成的混合信号系统级芯片，具有与 8051 兼容的 CIP–51 微控制器内核，采用流水线结构，单周期指令运行速度是 8051 的 12 倍，全指令集运行速度是原来的 9.5 倍。C8051F 的内部电路包括 CIP–51 微控制器内核及 RAM、ROM、I/O 口、定时/计数器、ADC、DAC、PCA（Printed Circuit Assembly 印制电路组装）、SPI（Serial Peripheral Interface—串行外设接口）和 SMBus（System Management Bus）等部件，即把计算机的基本组成单元以及模拟和数字外设集成在一个芯片上，构成一个完整的片上系统（SoC）。

C8051F 单片机与 MCS–51 指令集完全兼容，片内集成了数据采集和控制系统中常用的模拟、数字外设及其他功能部件；内置 FLASH 程序存储器、内部 RAM，大部分器件还有位于外部数据存储器空间的 RAM，即 XRAM。C8051F 单片机具有片内调试电路，通过 4 脚的 JTAG 接口可以进行非侵入式、全速的在系统调试。

C8051F 单片机采用流水线结构，机器周期由标准的 12 个系统时钟周期降为 1 个系统时钟周期，处理能力大大提高，峰值性能可达 25MIPS。C8051F 单片机是真正能独立工作的片上系统（SoC）。每个 MCU 都能有效地管理模拟和数字外设，可以关闭单个或全部外设以节省功耗。FLASH 存储器还具有在系统重新编程能力，可用于非易失性数据存储，并允许现场更新 8051 固件。应用程序可以使用 MOVC 和 MOVX 指令对 FLASH 进行读或改写，每次读或写一个字节。这一特性允许将程序存储器用于非易失性数据存储以及在软件控制下更新程序代码。片内 JTAG 调试支持功能允许使用安装在最终应用系统上的产品 MCU 进行非侵入式（不占用片内资源）、全速、在系统调试。该调试系统支持观察和修改存储器和寄存器，支持断点、单步、运行和停机命令。在使用 JTAG 调试时，所有的模拟和数字外设都可全功能运行。每个 MCU 都可在工业温度范围（–45℃～+85℃）内用 2.7～3.6V（F018/019 为 2.8～3.6V）的电压工作。端口 I/O、RST 和 JTAG 引脚都容许 5V 的输入信号电压。

1.3.2　C8051F 系列单片机的特点

单片机自 20 世纪 70 年代末诞生至今，经历了单片微型计算机 SCM、微控制器 MCU 及片上系统 SoC 三大阶段，前两个阶段分别以 MCS–51 和 80C51 为代表。随着在嵌入式领域中对单片机的性能和功能要求越来越高，以往的单片机无论是运行速度还是系统集成度等多方面都不能满足新的设计需要，这时 Silicon Labs（Silabs）公司推出了 C8051F 系列单片机，成为 SoC 的典型代表。

随着技术的发展，C8051F 系列单片机在 CPU 结构、CPU 外围、功能外围、外围接口和集成开发环境方面都会迅速地发展，这又会是一个十分活跃而新兴的嵌入式领域。80C51 系列从 Intel 公司的 MCS-51 发展到 Silabs 公司的 C8051F 的过程充分地说明了这一点。

当前 Silabs 公司发展的 C8051F 系列，在许多方面已超出当前 8 位单片机水平，发展和更新了许多新的技术：

1. 采用 CIP-51 内核大力提升 CISC 结构运行速度

Silabs 公司在提升 8051 速度上，推出了 CIP-51 的 CPU 模式。在这种模式中，废除了机器周期的概念，指令以时钟周期为运行单位。平均每个时钟执行完 1 条单周期指令，大大提高了指令运行速度。

2. I/O 从固定方式到交叉开关配置

在 C8051F 中采用开关网络以硬件方式实现 I/O 端口的灵活配置。在这种通过交叉开关配置的 I/O 端口系统中，单片机外部为通用 I/O 口，如 P0 口、P1 口和 P2 口。内有输入/输出的电路单元，通过相应的配置寄存器控制交叉开关配置到所选择的端口上。

3. 从系统时钟到时钟系统

C8051F 提供了一个完整而先进的时钟系统。当程序运行时，可实现内外时钟的动态切换。编程选择的时钟输出 CYSCLK 除供片内使用外，还可从随意选择的 I/O 端口输出。

4. 从传统的仿真调试到基于 JTAG 接口的在系统调试

C8051F 率先配置了标准的 JTAG 接口（IEEE1149.1）。C8051F 的 JTAG 接口不仅支持 Flash ROM 的读/写操作及非侵入式在系统调试，它的 JTAG 逻辑还为在系统测试提供边界扫描功能。通过边界寄存器的编程控制，可对所有器件引脚、SFR 总线和 I/O 口弱上拉功能实现观察和控制。

5. 从引脚复位到多源复位

C8051F 把 80C51 单一的外部复位发展成多源复位。众多的复位源为保障系统的安全、操作的灵活性以及零功耗系统设计带来好处。

6. 最小功耗系统的最佳支持

C8051F 实现了片内模拟与数字电路的 3V 供电（电压范围为 2.7～3.6V），大大降低了系统功耗，众多的复位源使系统在掉电方式下，可随意唤醒，从而可灵活地实现零功耗系统设计。

C8051F 具有上手快（全兼容 8051 指令集）、研发快（开发工具易用，可缩短研发周期）和见效快（调试手段灵活）的特点，其性能优势具体体现在以下方面：

（1）基于高性能增强的 CIP-51 内核，其指令集与 MCS-51 完全兼容，具有标准 8051 的组织架构，可以使用标准的 803x/805x 汇编器和编译器进行软件开发。

（2）增加了中断源。中断系统向 CIP-51 提供 22 个中断源，允许大量的模拟和数字外设中断。

（3）集成了丰富的模拟资源。绝大部分的 C8051F 系列单片机都集成了单个或两个 ADC，在片内模拟开关的作用下可实现对多路模拟信号的采集转换。

（4）具有独立的片内时钟源（精度最高可达 0.5%），设计人员既可选择外接时钟，也可直接应用片内时钟，同时可以在内外时钟源之间自如切换。

（5）复位方式多样化，C8051F 把 80C51 单一的外部复位发展成多源复位。

（6）从传统的仿真调试到基于 JTAG 接口的在系统调试。

1.3.3 C8051F 系列单片机的应用

熟悉 MCS–51 系列单片机的工程技术人员可以很容易地掌握 C8051F 的应用技术并能进行软件的移植。但是不能将 8051 的程序完全照搬的应用于 C8051F 单片机中，这是因为两者的内部资源存在较大的差异，必须经过加工才能予以使用。其中 C8051F020 以其功能较全面，应用较广泛的特点成为 C8051F 的代表性产品，其性能价格比在目前应用领域也极具竞争力。

SoC 是嵌入式应用系统的最终形态。嵌入式系统应用中除了最底层最广泛应用的单片机外，基于 PLD、硬件描述语言的 EDA 模式，基于 IP 库的微电子 ASIC 模式等，形成了众多的 SoC 解决方法。无论是微电子集成，还是 PLD 的可编程设计，或是单片机的模拟混合集成，目的都是 SoC，手段也会逐渐形成基于处理器内核加上外围 IP 单元的模式。作为 8 位经典结构的 8051 已开始为众多厂家承认，并广泛用于 SoC 的处理器内核。

1. 从单片机向 SoC 发展的 8051 内核

按系统要求不断扩展外围功能、外围接口以及系统要求的模拟、数字混合集成。在向 SoC 发展过程中，许多厂家引入 8051 内核构成 SoC 单片机。Silabs 公司为 8051 配置了全面的系统驱动控制、前向/后向通道接口，构成了较全面的通用型 SoC。

2. 80C51 内核在 PLD 中的 SoC 应用

随着 IP 核及处理器技术的发展，从事可编程逻辑器件的公司，在向 SoC 进军时，几乎都会将微处理器、存储单元、通用 IP 模块集成到 PLD 中构成可配置的 SoC 芯片（CSoC）。当设计人员使用这样的芯片开发产品时，由于系统设计所需部件已有 80%集成在 CSoC 上，设计者可以节省许多精力。

3. 8051 内核在可编程选择 SoC（PSOC）器件中的应用

完全基于通用 IP 模块，由可编程选择来构成产品 SoC 的设想是由 Cypress 公司倡导并推出的。这种可编程选择的 SoC 取名为 PSoC，由基本的 CPU 内核和预设外围部件组成。Cypress 将多种数字和模拟器件、微处理器、处理器外围单元、外围接口电路集成到 PSoC 上，用户只需按产品的功能构建自己的产品系统即可。

Silicon Labs 公司 C8051F 系列单片机作为 SoC 芯片的杰出代表能够满足绝大部分场合的复杂功能要求，并在嵌入式领域的各个场合都得到了广泛的应用：在工业控制领域，其丰富的模拟资源可用于工业现场多种物理量的监测、分析及控制和显示；在便携式仪器领域，其低功耗和强大的外设接口也非常适合各种信号的采集、存储和传输。此外，新型的 C8051F5xx 系列单片机也在汽车电子行业中崭露头角。此系列单片机完全兼容 MCS–51 指令集，容易上手，开发周期短，大大节约了开发成本。正是这些优势，使得 C8051 单片机在进入中国市场的短短几年内就迅速风靡，相信随着新型号的不断推出以及推广力度的不断加大，C8051 系列单片机将迎来日益广阔的发展空间，成为嵌入式领域的时代宠儿。

1.4 思 考 与 练 习

1. 什么是通用计算机系统？什么是嵌入式计算机系统？两种系统在应用领域和技术构

成等方面有哪些相同点和区别？

2. 嵌入式计算机系统有哪几种类型？通过网络、杂志与广告了解各种可以构成嵌入式系统的核心部件的性能、价格与应用领域。

3. 为什么说单片机系统是典型的嵌入式系统？列举几个你所知道的单片嵌入式系统的产品和应用。

4. 通过网络、杂志与广告了解国内外主要的单片机生产商，以及它们的产品型号、主要性能和特点，以及相应的开发系统和工具。

5. 什么是单片机？单片机有何特点？

6. 单片机的主要技术发展方向是什么？

7. 简述单片嵌入式系统的系统结构，并以具体实例（产品）为例，说明系统结构中各个部分的具体构成与功能。

8. C8051F 系列单片机有哪些特点？这些特点是否符合单片机的主要发展方向？

9. 什么是 SoC 技术？采用 SoC 技术的单片机有什么优点？

第2章 标准单片机硬件结构与指令系统

MCS–51 单片机是 Intel 公司在 20 世纪 80 年代推出的一款 8 位单片机，其典型的结构、特殊功能寄存器的集中管理方式、灵活的位操作和面向控制的指令系统，为单片机的发展奠定了良好的基础，也是单片机学习的入门级品种。本章所介绍的标准单片机就是基于 MCS–51 系列中的 8051 单片机。它是 MCS–51 系列中的典型品种，也是目前大部分高校所采用的教学机型，以下称作标准 51 单片机。本章着重介绍标准 51 单片机的硬件结构以及它的指令系统。

2.1 标准 51 单片机的基本结构及信号引脚

2.1.1 标准 51 单片机的基本结构

标准 51 单片机的结构如图 2–1 所示。标准 51 单片机的组成包括三个部分，分别是：

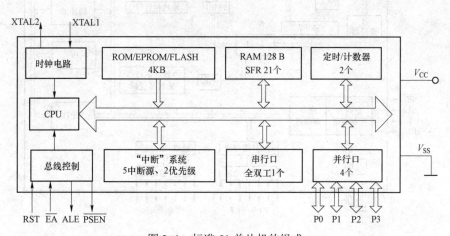

图 2–1 标准 51 单片机的组成

1. CPU 系统（运算器和控制器）
- 8 位 CPU，含布尔处理器；
- 时钟电路；
- 总线控制逻辑。

2. 存储器系统

- 4KB 的程序存储器（ROM/EPROM/FLASH，可外扩至 64KB）；
- 128B 的内部数据存储器（RAM，标准 52 为 256B）；
- 外部数据存储器（RAM，可外扩 64KB）；
- 特殊功能寄存器 SFR，21 个（标准 52 单片机为 26 个）。

3. I/O 口和其他功能单元

- 4 个 8 位并行 I/O 口；
- 2 个 16 位定时/计数器；
- 1 个全双工异步串行口；
- 中断系统（5 个中断源、2 个优先级）。

2.1.2 标准 51 单片机的内部结构

标准 51 单片机由微处理器（含运算器和控制器）、存储器、I/O 口以及特殊功能寄存器 SFR（图中用加黑方框和相应的标识符表示）等构成，内部逻辑结构如图 2-2 所示。

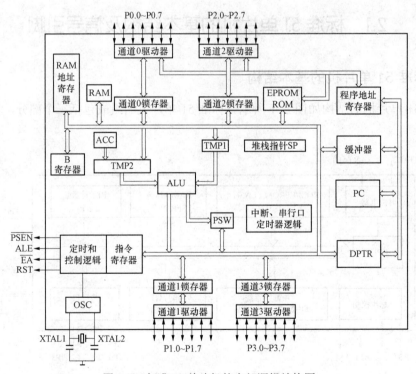

图 2-2　标准 51 单片机的内部逻辑结构图

2.1.2.1　标准 51 单片机的微处理器

作为标准 51 单片机的核心部分的微处理器是一个 8 位的高性能中央处理器（CPU）。它的作用是读入并分析每条指令，根据各指令的功能控制单片机的各功能部件执行指定的运算或操作。它主要由以下两部分构成：

1. 运算器

运算器由算术/逻辑运算单元 ALU、累加器 ACC、寄存器 B、暂存寄存器、程序状态字寄存器 PSW 组成。它完成的任务是实现算术和逻辑运算。

标准 51 单片机的 ALU 功能极强，既可实现 8 位数据的加、减、乘、除算术运算和与、或、异或、循环、求补等逻辑运算，同时还具有一般微处理器所不具备的位处理功能。

累加器 ACC 用于向 ALU 提供操作数和存放运算的结果。在双操作数运算时将一个操作数经暂存器送至 ALU，与另一个来自暂存器的操作数在 ALU 中进行运算，运算后的结果又送回累加器 ACC，对于多次相加是累加的结果，故称作累加器。同一般微机一样，标准 51 单片机在结构上也是以累加器 ACC 为中心，大部分指令的执行都要通过累加器 ACC 进行。但为了提高实时性，标准 51 单片机的一些指令的操作可以不经过累加器 ACC，如内部 RAM 单元到寄存器的传送和一些逻辑操作。寄存器 B 在乘、除运算时用来存放一个操作数，也用来存放运算后的一部分结果。在不进行乘、除运算时，可以作为普通的寄存器使用。程序状态字寄存器 PSW 是状态标志寄存器，它用来保存 ALU 运算结果的特征（如结果是否为 0，是否有进位等）和处理器状态。这些特征和状态可以作为控制程序转移的条件，供程序判别和查询。

2. 控制器

同一般微处理器的控制器一样，标准 51 单片机的控制器也由指令寄存器 IR、指令译码器 ID、时钟及控制逻辑电路和程序计数器 PC 等组成。程序计数器 PC 是一个 16 位的计数器，它总是存放着下一个要取的指令的 16 位存储单元地址。也就是说，CPU 总是把 PC 的内容作为地址，从内存中取出指令码或含在指令中的操作数。因此，每当取完一个字节后，PC 的内容自动加 1，为取下一个字节做好准备。只有在执行转移、子程序调用指令和中断响应时例外，那时 PC 的内容不再加 1，而是由指令或中断控制逻辑自动给 PC 置入新的地址。单片机上电或复位时，PC 自动清 0，即装入地址 0000H，这就保证了单片机上电或复位后，程序从 0000H 地址开始执行。

指令寄存器 IR 保存当前正在执行的一条指令。标准 51 单片机规定，每条指令的第一个字节必定是操作码，其后是操作数地址或操作数，因此执行一条指令，先要从程序存储器取操作码到 IR 中。操作码送往指令译码器 ID，并形成相应指令的微操作信号。地址码送往操作数地址形成电路以便形成实际的操作数地址。

时钟与控制是微处理器的核心部件，它的任务是控制取指令、执行指令、存取操作数或运算结果等操作，向其他部件发出各种微操作控制信号，协调各部件的工作。标准 51 单片机片内设有振荡电路，只需外接石英晶体和频率微调电容就可产生内部时钟信号。

2.1.2.2 标准 51 单片机的片内存储器

标准 51 单片机的片内存储器与一般微机的存储器的配置不同。一般微机的 ROM 和 RAM 安排在同一空间的不同范围（称为冯诺依曼结构）。而标准 51 单片机的存储器在物理上设计成程序存储器和数据存储器两个独立的空间（称为哈佛结构）。标准 51 单片机片内程序存储器容量为 4KB，地址范围是 0000H～0FFFH。标准 52 单片机片内程序存储器容量为 8KB，地址范围是 0000H～1FFFH。标准 51 单片机片内部存储器为 128B，地址范围是 00H～7FH，用于存放运算的中间结果、暂存数据和数据缓冲。这 128B 的低 32 个单元用作工作寄存器，32 个单元分成 4 组，每组 8 个单元。在 20H～2FH 共 16 个单元是位寻址区，位地址的范围是 00H～7FH。然后是 80 个单元的通用数据缓冲区（详细见 2.2 节）。

2.1.2.3 标准 51 单片机的 I/O 口及功能单元

标准 51 单片机有 4 个 8 位的并行口，即 P0～P3。它们均为双向口，既可作为输入，又可作为输出。每个口各有 8 条 I/O 线。标准 51 单片机还有一个全双工的串行口（利用 P3 口的两个引脚 P3.0 和 P3.1）。标准 51 单片机内部集成有 2 个 16 位的定时/计数器（标准 51 单片机有 3 个定时/计数器）。标准 51 单片机还具有一套完善的中断系统。

2.1.2.4 标准 51 单片机的特殊功能寄存器（SFR）

标准 51 单片机内部有 ACC、B、SP、DPTR（可分成 DPH、DPL 两个 8 位寄存器）、PCON、IE、IP 等 21 个特殊功能寄存器单元，它们同内部 RAM 的 128B 统一编址，离散的分布在 80H～FFH 地址范围内。标准 52 单片机的 SFR 有 26B 单元，所增加的 5 个单元均与定时/计数器 2 相关。

2.1.3 标准 51 单片机的引脚及其功能

标准 51 单片机的引脚有 40 个，分为电源、时钟、控制和 I/O 引脚 4 类（图 2-3）。

1. 电源引脚 VCC 和 VSS

VCC（40 脚）：电源端，为+5V。

VSS（20 脚）：接地端。

2. 外接晶体引脚 XTAL1 和 XTAL2

XTAL2（18 脚）：接外部晶体和微调电容的一端。在标准 51 单片机片内它是振荡电路反相放大器的输出端，振荡电路的频率就是晶体的固有频率。若需采用外部时钟电路，则该引脚悬空。

要检查标准 51 单片机的振荡电路是否正常工作，可用示波器查看 XTAL2 端是否有脉冲信号输出。XTAL1（19 脚）：接外部晶体和微调电容的另一端。在片内，它是振荡电路反相放大器的输入端。在采用外部时钟时，该引脚输入外部时钟脉冲。

3. 控制信号引脚 RST、ALE、PSEN 和 EA

RST（9 脚）：RST 是复位信号输入端，高电平有效。当此输入端保持两个机器周期（24 个时钟振荡周期）的高电平时，就可以完成复位操作。

ALE/PROG（ADDRESSL ATCH ENABLE/PROGRAMMING，30 脚）：地址锁存允许信号端。当标准 51 单片机上电正常工作后，ALE 引脚不断向外输出正脉冲信号，此频率为振荡器频率 fOSC 的 1/6。CPU 访问片外存储器时，ALE 输出信号作为锁存低 8 位地址的控制信号。

PSEN（PROGRAM STORE ENABLE，29 脚）：程序存储允许输出信号端。当标准 51 由片外程序存储器取指令（或常数）时，每个机器周期两次 PSEN 有效（即输出 2 个脉冲）。但在此期间内，每当访问外部数据存储器时，这两次有效的 PSEN 信号将不出现。

EA/VPP（ENABLE ADDRESS/VOLTAGE PULSEOF PROGRAMMING，31 脚）：外部程序存储器地址允许输入端/固化编程电压输入端。当 EA 引脚接高电平时，CPU 只访问片内 ROM 并执行内部程序存储器中的指令；但当 PC（程序计数器）的值超过 0FFFH（对标准 51 为 4KB）时，将自动转去执行片外程序存储器内的程序。当输入信号 EA 引脚接低电平（接地）时，CPU 只访问片外 ROM 并执行片外程序存储器中的指令，而不管是否有片内程序存储器。

4. 输入/输出端口 P0、P1、P2 和 P3

P0 端口（P0.0~P0.7，39~32 脚）：P0 口是一个漏极开路的 8 位准双向 I/O 端口。作为漏极开路的输出端口，每位能驱动 8 个 LS 型 TTL 负载。当 P0 口作为输入口使用时，应先向口锁存器（地址 80H）写入全 1，此时 P0 口的全部引脚浮空，可作为高阻抗输入，因此称准双向口。

P0、P2、P3 口除作基本 I/O 口外，还有复用功能。P0 口的复用功能是当需要外扩展存储器时，可作数据端口和提供低 8 位地址总线。P2 口可提供高 8 位地址总线。P3 口具有第二功能，提供中断、串行通信、计数器等端口。P0、P2、P3 口也均为准双向口。

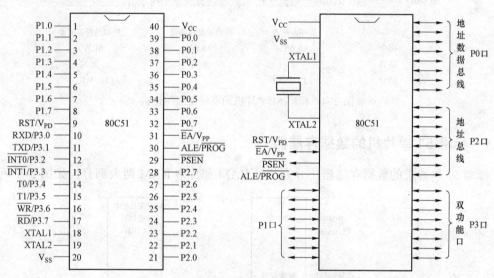

图 2-3 标准 51 单片机引脚图及引脚功能图

2.2 标准 51 单片机的存储器结构

存储器是组成计算机的主要部件，其功能是存储信息（程序和数据）。存储器可以分成两大类：一类是随机存取存储器（RAM）；另一类是只读存储器（ROM）。

对于 RAM，CPU 在运行时能随时进行数据的写入和读出，但在关闭电源时，其所存储的信息将丢失。所以，它用来存放暂时性的输入输出数据、运算的中间结果或用作堆栈。

ROM 是一种写入信息后不易改写的存储器。断电后，ROM 中的信息保留不变。所以，ROM 用来存放程序或常数，如系统监控程序、常数表等。

标准 51 单片机在物理上可以分成程序存储空间（ROM）和数据存储空间（RAM）。主要由 4 个组成部分，即内部程序存储器，内部数据存储器，外部程序存储器，外部数据存储器，如图 2-4 所示。

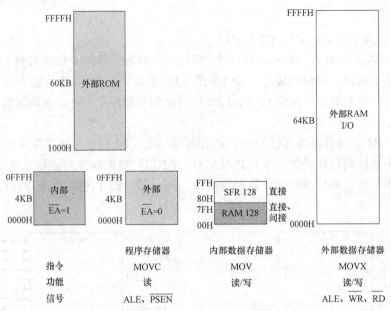

图2-4 标准51单片机的存储器组织结构

2.2.1 标准51单片机的数据存储器

标准51单片机的数据存储器,分为片外RAM和片内RAM两大部分,如图2-5所示。

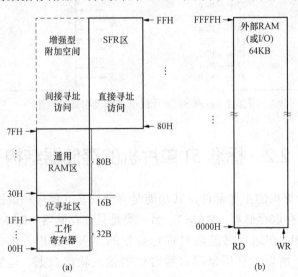

图2-5 标准51单片机数据存储器配置
(a) 内部RAM及SFR;(b) 外部RAM

标准51片内RAM共有128B,分成工作寄存器区、位寻址区、通用RAM区三部分。基本型单片机片内RAM地址范围是00H~7FH。

增强型单片机(如80C52)片内除地址范围在00H~7FH的128B RAM外,又增加了80H~FFH的高128B的RAM。增加的这一部分RAM仅能采用间接寻址方式访问(以与特殊功能寄存器 SFR 的访问相区别)。

片外 RAM 地址空间为 64KB，地址范围是 0000H～FFFFH。

1. 工作寄存器区

标准 51 单片机片内 RAM 低端的 00H～1FH 共 32B 分成 4 个工作寄存器组，每组占 8 个单元。

寄存器 0 组：地址 00H～07H。

寄存器 1 组：地址 08H～0FH。

寄存器 2 组：地址 10H～17H。

寄存器 3 组：地址 18H～1FH。

每个工作寄存器组都有 8 个寄存器，分别称为 R0，R1，…，R7。程序运行时，只能有一个工作寄存器组作为当前工作寄存器组。当前工作寄存器组的选择由特殊功能寄存器中的程序状态字寄存器 PSW 的 RS1、RS0 位来决定。可以对这两位进行编程，以选择不同的工作寄存器组。工作寄存器组与 RS1、RS0 的关系及地址见表 2-1。

表 2-1　　　　　　　　　　　标准 51 单片机工作寄存器地址表

组号	RS1	RS0	R7	R6	R5	R4	R3	R2	R1	R0
0	0	0	07H	06H	05H	04H	03H	02H	01H	00H
1	0	1	0FH	0EH	0DH	0CH	0BH	0AH	09H	08H
2	1	0	17H	16H	15H	14H	13H	12H	11H	10H
3	1	1	1FH	1EH	1DH	1CH	1BH	1AH	19H	18H

当前工作寄存器组从某一工作寄存器组换至另一工作寄存器组时，原来工作寄存器组的各寄存器的内容将被屏蔽保护起来。利用这一特性可以方便地完成快速现场保护任务。

2. 位寻址区

内部 RAM 的 20H～2FH 共 16 字节是位寻址区。为方便对 128 个位的位操作，对 128 位进行编址，其地址范围是 00H～7FH。对被寻址的位可进行位操作。人们常将程序状态标志和位控制变量设在位寻址区内。对于该区未用到的单元也可以作为通用 RAM 使用。位地址与字节地址的关系见表 2-2。

表 2-2　　　　　　　　　　　标准 51 单片机位地址表

字节地址	位地址							
	D7	D6	D5	D4	D3	D2	D1	D0
20H	07H	06H	05H	04H	03H	02H	01H	00H
21H	0FH	0EH	0DH	0CH	0BH	0AH	09H	08H
22H	17H	16H	15H	14H	13H	12H	11H	10H
23H	1FH	1EH	1DH	1CH	1BH	1AH	19H	18H
24H	27H	26H	25H	24H	23H	22H	21H	20H
25H	2FH	2EH	2DH	2CH	2BH	2AH	29H	28H
26H	37H	36H	35H	34H	33H	32H	31H	30H
27H	3FH	3EH	3DH	3CH	3BH	3AH	39H	38H
28H	47H	46H	45H	44H	43H	42H	41H	40H

字节地址	位地址							
	D7	D6	D5	D4	D3	D2	D1	D0
29H	4FH	4EH	4DH	4CH	4BH	4AH	49H	48H
2AH	57H	56H	55H	54H	53H	52H	51H	50H
2BH	5FH	5EH	5DH	5CH	5BH	5AH	59H	58H
2CH	67H	66H	65H	64H	63H	62H	61H	60H
2DH	6FH	6EH	6DH	6CH	6BH	6AH	69H	68H
2EH	77H	76H	75H	74H	73H	72H	71H	70H
2FH	7FH	7EH	7DH	7CH	7BH	7AH	79H	78H

3. 通用 RAM 区

位寻址区之后的 30H～7FH 共 80B 为通用 RAM 区。这些单元可以作为数据缓冲器使用。这一区域的操作指令非常丰富，数据处理方便灵活。

在实际应用中，常需在 RAM 区设置堆栈。标准 51 的堆栈一般设在 30H～7FH 的范围内。栈顶的位置由堆栈指针 SP 指示。复位时 SP 的初值为 07H，在系统初始化时可以重新设置。

2.2.2 标准 51 单片机的程序存储器

标准 51 单片机的程序计数器 PC 是 16 位的计数器，所以能寻址 64KB 的程序存储器地址范围。允许用户程序调用或转向 64KB 的任何存储单元。

标准 51 的程序存储器配置如图 2-6 所示。

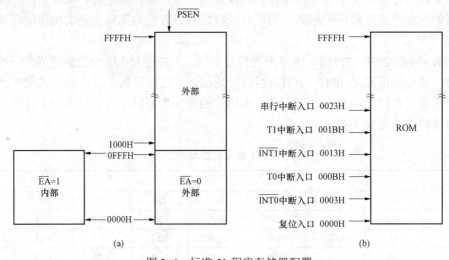

图 2-6 标准 51 程序存储器配置
（a）ROM 配置；（b）ROM 低端的特殊单元

标准 51 的 EA 引脚为访问内部或外部程序存储器的选择端。接高电平时，CPU 将首先访问内部存储器，当指令地址超过 0FFFH 时，自动转向片外 ROM 去取指令；接低电平时（接地），CPU 只能访问外部程序存储器。外部程序存储器的地址从 0000H 开始编址。程序存储器低端的一些地址被固定地用作特定的入口地址：

0000H：单片机复位后的入口地址。

0003H：外部中断 0 的中断服务程序入口地址。

000BH：定时/计数器 0 溢出中断服务程序入口地址。

0013H：外部中断 1 的中断服务程序入口地址。

001BH：定时/计数器 1 溢出中断服务程序入口地址。

0023H：串行口的中断服务程序入口地址。

2.2.3 标准 51 单片机的特殊功能寄存器

在标准 51 单片机中设置了与片内 RAM 统一编址的 21 个特殊功能寄存器（SFR），它们离散地分布在 80H～FFH 的地址空间中。字节地址能被 8 整除的（即十六进制的地址码尾数为 0 或 8 的）单元是具有位地址的寄存器。在 SFR 地址空间中，有效的位地址共有 83 个，见表 2–3。访问 SFR 只允许使用直接寻址方式。

表 2–3 标准 51 单片机特殊功能寄存器位地址及字节地址表

SFR	位地址位符号（有效位 83 个）								字节地址
P0	87H	86H	85H	84H	83H	82H	81H	80H	80H
	P0.7	P0.6	P0.5	P0.4	P0.3	P0.2	P0.1	P0.0	
SP									81H
DPL									82H
DPH									83H
PCON	按字节访问，但相应位有特定含义（见第 4 章）								87H
TCON	8FH	8EH	8DH	8CH	8BH	8AH	89H	88H	88H
	TF1	TR1	TF0	TR0	IE1	IT1	IE0	IT0	
TMOD	按字节访问，但相应位有特定含义（见第 4 章）								89H
TL0									8AH
TL1									8BH
TH0									8CH
TH1									8DH
P1	97H	96H	95H	94H	93H	92H	91H	90H	90H
	P1.7	P1.6	P1.5	P1.4	P1.3	P1.2	P1.1	P1.0	
SCON	9FH	96H	9DH	9CH	9BH	9AH	99H	98H	98H
	SM0	SM1	SM2	REN	TB8	RB8	TI	RI	
SBUF									99H
P2	A7H	A6H	A5H	A4H	A3H	A2H	A1H	A0H	A0H
	P2.7	P2.6	P2.5	P2.4	P2.3	P2.2	P2.1	P2.0	
IE	AFH	—	ACH	ABH	AAH	A9H	A8H	A8H
	EA	—	—	ES	ET1	EX1	ET0	EX0	

续表

SFR	位地址位符号（有效位83个）								字节地址
P3	B7H	B6H	B5H	B4H	B3H	B2H	B1H	B0H	B0H
	P3.7	P3.6	P3.5	P3.4	P3.3	P3.2	P3.1	P3.0	
IP	—	—	—	BCH	BBH	BAH	B9H	B8H	B8H
	—	—	—	PS	PT1	PX1	PT0	PX0	
PSW	D7H	D6H	D5H	D4H	D3H	D2H	D1H	D0H	D0H
	CY	AC	F0	RS1	RS0	OV	—	P	
ACC	E7H	E6H	E5H	E4H	E3H	E2H	E1H	E0H	E0H
	ACC.7	ACC.6	ACC.5	ACC.4	ACC.3	ACC.2	ACC.1	ACC.0	
B	F7H	F6H	F5H	F4H	F3H	F2H	F1H	F0H	F0H
	B.7	B.6	B.5	B.4	B.3	B.2	B.1	B.0	

特殊功能寄存器（SFR）的每一位的定义和作用与单片机各部件直接相关。这里先简要说明一下，详细用法在相应的章节进行说明。

1. 与运算器相关的寄存器（3个）

累加器 ACC，8 位。它是标准 51 单片机中最繁忙的寄存器，用于向 ALU 提供操作数，许多运算的结果也存放在累加器中。

寄存器 B，8 位。主要用于乘、除法运算，也可以作为 RAM 的一个单元使用。

程序状态字寄存器 PSW，8 位。其各位含义为：

CY：进位、借位标志。有进位、借位时 CY=1，否则 CY=0。

AC：辅助进位、借位标志（高半字节与低半字节间的进位或借位）。

F0：用户标志位，由用户自己定义。

RS1、RS0：当前工作寄存器组选择位。

OV：溢出标志位。有溢出时 OV=1，否则 OV=0。

P：奇偶标志位。存于 ACC 中的运算结果有奇数个 1 时 P=1，否则 P=0。

2. 指针类寄存器（3个）

堆栈指针 SP，8 位。它总是指向栈顶。标准 51 单片机的堆栈常设在 30H～7FH 这一段 RAM 中。堆栈操作遵循"后进先出"的原则，入栈操作时，SP 先加 1，数据再压入 SP 指向的单元。出栈操作时，先将 SP 指向的单元的数据弹出，然后 SP 再减 1，这时 SP 指向的单元是新的栈顶。

数据指针 DPTR，16 位。用来存放 16 位的地址。它由两个 8 位的寄存器 DPH 和 DPL 组成。

3. 与接口相关的寄存器（7个）

并行 I/O 接口 P0、P1、P2、P3，均为 8 位。通过对这 4 个寄存器的读/写，可以实现数据从相应接口的输入/输出；

串行接口数据缓冲器 SBUF；

串行接口控制寄存器 SCON；

串行通信波特率倍增寄存器 PCON（一些位还与电源控制相关，所以又称为电源控制寄存器）。

4. 与中断相关的寄存器（2 个）

中断允许控制寄存器 IE；

中断优先级控制寄存器 IP。

5. 与定时/计数器相关的寄存器（6 个）

定时/计数器 T0 的两个 8 位计数初值寄存器 TH0、TL0，它们可以构成 16 位的计数器，TH0 存放高 8 位，TL0 存放低 8 位；

定时/计数器 T1 的两个 8 位计数初值寄存器 TH1、TL1，它们可以构成 16 位的计数器，TH1 存放高 8 位，TL1 存放低 8 位；

定时/计数器的工作方式寄存器 TMOD；

定时/计数器的控制寄存器 TCON。

2.3　标准 51 单片机并行输入/输出口电路结构

标准 51 单片机有 4 个 8 位的并行 I/O 接口 P0、P1、P2 和 P3。各接口均由接口锁存器、输出驱动器和输入缓冲器组成。各接口除可以作为字节输入/输出外，它们的每一条接口线也可以单独地用作位输入/输出线。各接口编址于特殊功能寄存器中，既有字节地址又有位地址。对接口锁存器的读写，就可以实现接口的输入/输出操作。虽然各接口的功能不同，且结构也存在一些差异，但每个接口的位结构是相同的。所以，接口结构的介绍均以其位结构进行说明。

2.3.1　标准 51 单片机的 P1 接口、P3 接口的结构

P1 接口是标准 51 的唯一的单功能接口，仅能用作通用的数据输入/输出接口。P3 接口是双功能接口，除具有数据输入/输出功能外，每一接口线还具有特殊的第二功能。

1. P1 接口的结构

P1 接口的位结构如图 2-7 所示。由 1 个输出锁存器、2 个三态输入缓冲器和输出驱动电路组成，内部设有上拉电阻。

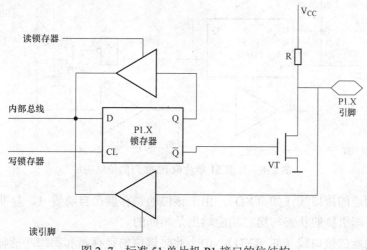

图 2-7　标准 51 单片机 P1 接口的位结构

P1 接口是通用的准双向 I/O 接口。输出高电平时，能向外提供拉电流负载。当接口用作输入时，须先向口锁存器写入 1。

2．P3 接口的结构

P3 接口的位结构如图 2-8 所示。由 1 个输出锁存器、3 个输入缓冲器（其中 2 个为三态）、输出驱动电路和 1 个与非门组成。输出驱动电路与 P1 接口相同，内部设有上拉电阻。

P3 口用作基本 I/O 口时，与 P1 口相同。当 CPU 不对 P3 接口进行字节或位寻址时，单片机内部硬件自动将接口锁存器的 Q 端置 1。这时，P3 接口可以作为第二功能使用。各引脚的定义如下：

P3.0：RXD（串行接口输入）。

P3.1：TXD（串行接口输出）。

P3.2：INT0（外部中断 0 输入）。

P3.3：INT1（外部中断 1 输入）。

P3.4：T0（定时/计数器 0 的外部输入）。

P3.5：T1（定时/计数器 1 的外部输入）。

P3.6：WR（片外数据存储器"写"选通控制输出）。

P3.7：RD（片外数据存储器"读"选通控制输出）。

P3 接口相应的接口线处于第二功能，应满足的条件是：

（1）串行 I/O 接口处于运行状态（RXD、TXD）。

（2）外部中断已经打开（INT0、INT1）。

（3）定时器/计数器处于外部计数状态（T0、T1）。

（4）执行读/写外部 RAM 的指令（RD、WR）。

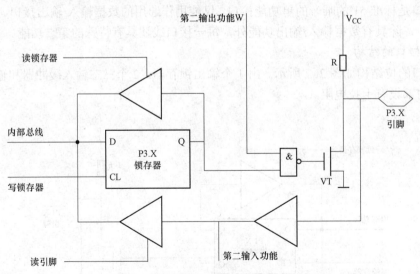

图 2-8　标准 51 单片机 P3 接口的位结构

作为输出功能的接口线（如 TXD），由于该位的锁存器已自动置 1，与非门对第二功能输出是畅通的，即引脚的状态与第二功能输出是相同的。

作为输入功能的接口线（如 RXD），由于此时该位的锁存器和第二功能输出线均为 1，场效应晶体管 VT 截止，该接口引脚处于高阻输入状态。引脚信号经输入缓冲器（非三态门）进入单片机内部的第二功能输入线。

2.3.2　标准 51 单片机的 P0 接口、P2 接口的结构

当不需要外部程序存储器和数据存储器扩展时，P0 接口、P2 接口可用作通用的输入/输出接口。

当需要扩展外部程序存储器和数据存储器扩展时，P0 接口作为分时复用的低 8 位地址/数据总线，P2 接口作为高 8 位地址总线。

1. P0 接口的结构

P0 接口由 1 个输出锁存器、1 个转换开关 MUX、2 个三态输入缓冲器、输出驱动电路和 1 个与门及 1 个反相器组成，如图 2–9 所示。

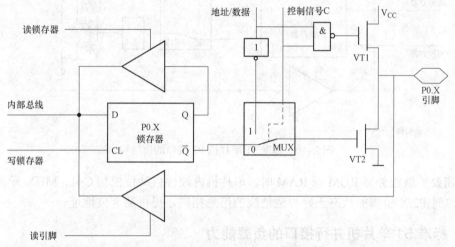

图 2–9　标准 51 单片机 P0 接口的位结构

图中的控制信号 C 的状态决定转换开关的位置。当 C=0 时，开关处于图中所示位置；当 C=1 时，开关拨向反相器输出端位置。

当系统不进行片外的 ROM 和 RAM 扩展时，P0 用作通用 I/O 接口。在这种情况下，单片机硬件自动使 C=0，MUX 开关接向锁存器的反相输出端。另外，与门输出的"0"使输出驱动器的上拉场效应晶闸管 VT1 处于截止状态。因此，输出驱动级工作在需外接上拉电阻的漏极开路方式。P0 接口在作为通用 I/O 接口时，也属于准双向接口。

当系统进行片外的 ROM 或 RAM 扩展时，P0 用作地址/数据总线。在这种情况下，单片机内硬件自动使 C=1，MUX 开关接向反相器的输出端，这时与门的输出由地址/数据线的状态决定。

CPU 在执行输出指令时，低 8 位地址信息和数据信息分时出现在地址/数据总线上。若地址/数据总线的状态为 1，则场效应晶闸管 VT1 导通、VT2 截止，引脚状态为 1；若地址/数据总线的状态为 0，则场效应晶闸管 VT1 截止、VT2 导通，引脚状态为 0。可见 P0.X 引脚的状态正好与地址/数据线的信息相同。

CPU 在执行输入指令时，首先低 8 位地址信息出现在地址/数据总线上，P0.X 引脚的状态与地址/数据总线的地址信息相同。然后，CPU 自动地使转换开关 MUX 拨向锁存器，并向

P0 接口写入 FFH，同时"读引脚"信号有效，数据经缓冲器进入内部数据总线。由此可见，P0 接口作为地址/数据总线使用时是一个真正的双向接口。

2. P2 接口的结构

P2 接口由 1 个输出锁存器、1 个转换开关 MUX、2 个三态输入缓冲器、输出驱动电路和 1 个反相器组成。P2 接口的位结构如图 2-10 所示。

P2 接口作为通用 I/O 接口使用，与 P1 口相同。

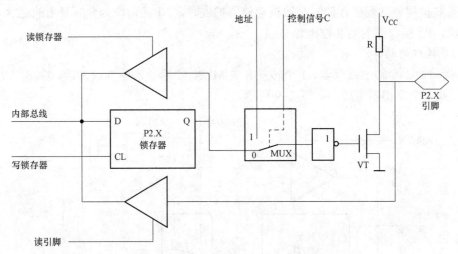

图 2-10　标准 51 单片机 P2 接口的位结构

当需要扩展程外部 ROM 或 RAM 时，单片机内硬件自动使控制 C=1，MUX 开关接向地址线，这时 P2.X 引脚的状态正好与地址线的信息相同，提供高 8 位地址。

2.3.3　标准 51 单片机并行接口的负载能力

P0、P1、P2、P3 接口的输入和输出电平与 CMOS 电平和 TTL 电平均兼容。P0 接口的每一位接口线可以驱动 8 个 LSTTL 负载。在作为通用 I/O 接口时，由于输出驱动电路是并漏方式，由集电极开路（OC 门）电路或漏极开路电路驱动时需外接上拉电阻；当作为地址/数据总线使用时，接口线输出不是开漏的，无须外接上拉电阻。P1、P2、P3 接口的每一位能驱动 4 个 LSTTL 负载。它们的输出驱动电路设有内部上拉电阻，所以无须外接上拉电阻。由于单片机接口线仅能提供几毫安的电流，当作为输出驱动一般的晶体管的基极时，应在接口与晶体管的基极之间串接限流电阻。

2.4　标准 51 单片机指令系统和寻址方式

指令是 CPU 按照人们的意图来完成某种操作的命令。一台计算机的 CPU 所能执行的全部指令的集合称为这个 CPU 的指令系统。指令系统功能的强弱决定了计算机性能的高低。标准 51 单片机具有 111 条指令，其指令系统的特点为：

（1）执行时间短。1 个机器周期指令有 64 条，2 个机器周期指令有 45 条，而 4 个机器周期指令仅有 2 条（即乘法和除法指令）。

（2）指令编码字节少。单字节的指令有 49 条，双字节的指令有 45 条，三字节的指令仅有 17 条。

（3）位操作指令丰富。这是标准 51 单片机面向控制特点的重要保证。

2.4.1 标准 51 单片机指令格式及常用符号

计算机能直接识别和执行的指令是二进制编码指令，称为机器指令。机器指令不便于记忆和阅读。为了编写程序的方便，人们采用了有一定含义的符号（助记符）来表示机器指令，从而形成了所谓的符号指令。由于符号指令是机器指令的符号表示，所以它与机器指令有一一对应的关系。符号指令转换成机器指令后，单片机才能识别和执行。符号指令通常称为汇编语言，由符号指令构成的程序，通常称为汇编语言源程序。

2.4.1.1 标准 51 单片机机器指令编码格式

机器指令由操作码和操作数（或操作数地址）两部分构成。操作码用来规定指令执行的操作功能，如加、减、比较、移位等；操作数是指参与操作的数据（在指令编码中通常给出该数据的不同寻找方法）。标准 51 的机器指令按指令字节数分为 3 种格式：单字节指令、双字节指令和三字节指令。

1. 单字节指令

单字节指令有两种编码格式：

（1）单字节指令仅为操作码。

位号　7 6 5 4 3 2 1 0

字节　| opcode |

这种指令的 8 位编码仅为操作码，指令的操作数隐含在其中（opcode 表示操作码）。

例：　MOV R0,A ;(R0) ← A

该指令的编码为：1111 1000B，其十六进制表示为 F8H，累加器 A 寄存器 R0 隐含在操作码中。指令的功能是累加器 A 的内容传送到 R0。注意：在指令中用 "A" 表示累加器，而用 "ACC" 表示累加器对应的地址（E0H）。

（2）单字节指令中含有寄存器编码。

位号　7 6 5 4 3　2 1 0

字节　| opcode | rrrr |

这种指令的高 5 位为操作码，低 3 位为存放操作数的寄存器编码（r r r 表示寄存器编码）。如指令 "MOV R0，A" 的编码 1111 1000B 中，低 3 位 000 为寄存器 R0 的编码。

2. 双字节指令

位号　7 6 5 4 3 2 1 0

字节　| opcode |
　　　| data 或 direct |
　　　| data 或 direct |

例：　MOV 20H,R0 ;(20H) ← (R0)

这类指令的第一字节表示操作码，第二个字节表示参与操作的数据或数据存放的地址（data 和 direct 表示操作数或其地址）。上例中双字节编码为 1000 1000B，0010 0000B。其十六进制表示为 88H，20H。该指令的功能是将 R0 中的内容传送到（20H）单元中。

3. 三字节指令

位号　7 6 5 4 3 2 1 0

字节

opcode
data 或 direct

例：　MOV 60H,#2FH ; (60H) ← 2FH

这类指令的第一字节表示该指令的操作码，后两个字节表示参与操作的数据或数据存放的地址。上例中 3 个字节的编码为 0111 0101B，0010 0000B，0101 0000B。其十六进制表示为 75H，60H，2FH。该指令的功能是将立即数"2FH"传送到内部 RAM 的（60H）单元中。

2.4.1.2　标准 51 单片机符号指令格式

标准 51 指令系统的符号指令通常由操作助记符、目的操作数、源操作数及指令的注释几部分构成。一般格式为：

　　　　操作助记符 [目的操作数][,源操作数][;注释]

例：　MOV　　60H,　#2FH ;(60H) ← 2FH

操作助记符表示指令的操作功能；操作数是指令执行某种操作的对象，它可以是操作数本身，可以是寄存器，也可以是操作数的地址。

在标准 51 单片机的指令系统中，多数指令为两操作数指令；当指令操作数隐含在操作助记符中时，在形式上这种指令无操作数；另有一些指令为单操作数指令或三操作数指令。在指令的一般格式中使用了可选择符号"[]"，其包含的内容因指令的不同可以有或无。

在两个操作数的指令中，通常目的操作数写在左边，源操作数写在右边。如指令"ANL A,＃40H"完成的任务是将立即数"40H"同累加器 A 中的数进行与操作，结果送回累加器。这里 ANL 为与操作的助记符，立即数"40H"为源操作数，累加器 A 为目的操作数（注：在指令中，多数情况下累加器用"A"表示，仅在直接寻址方式中，用"ACC"表示累加器在 SFR 区的具体地址 E0H。试比较，指令"MOV A，＃30H"的机器码为 74H、30H；而指令"MOV ACC，＃30H"的机器码为 75H、E0H、30H）。

符号指令及其注释中常用的符号及含义如下所示：

Rn(n=0~7)　当前选中的工作寄存器组中的寄存器 R0~R7；

Ri(i=0,1)　当前选中的工作寄存器组中的寄存器 R0 或 R1；

@　间接寻址寄存器前缀；

#data　8 位立即数；

#data16　16 位立即数；

direct　片内低 128 个 RAM 单元地址及 SFR 地址(可用符号名称表示)；

addr11　11 位目的地址；

addr16　16 位目的地址；

rel　8 位地址偏移量，用补码表示,其值在−128~+127 范围内；

bit　片内 RAM 位地址、SFR 的位地址(可用符号名称表示)；

/　位操作数的取反操作前缀；

(×)　表示×地址单元或寄存器中的内容；

((×))　表示以×单元或寄存器内容为地址间接寻址单元的内容；

←　将箭头右边的内容送入箭头左边的单元中。

2.4.2 标准 51 单片机的寻址方式

寻址方式是指寻找操作数或指令地址的方式。寻址方式包含两方面内容：一是操作数的寻址；二是指令地址的寻址（如转移指令、调用指令）。寻址方式是计算机性能的具体体现，也是编写汇编语言程序的基础，必须非常熟悉并灵活运用。对于两操作数指令，源操作数有寻址方式，目的操作数也有寻址方式。若不特别声明，后面提到的寻址方式均指源操作数的寻址方式。标准 51 单片机的寻址方式有 7 种，即立即寻址、直接寻址、寄存器寻址、寄存器间接寻址、基址寄存器加变址寄存器变址寻址、相对寻址和位寻址。这些寻址方式所对应的寄存器和存储空间见表 2–4。

表 2–4   寻址方式所对应的寄存器和存储空间

序号	寻址方式		寄存器或存储空间
1	基本方式	寄存器寻址	寄存器 R0~R7，A、B、DPTR 和 C（布尔累加器）
2		直接寻址	片内 RAM 低 128B、SFR
3		寄存器间接寻址	片内 RAM（@R0，@R1，SP） 片外 RAM（@R0，@R1，@DPTR）
4		立即寻址	ROM
5	扩展方式	变址寻址	ROM（@A+DPTR，@A+PC）
6		相对寻址	ROM（PC 当前值的−128~+127B）
7		位寻址	可寻址位（内部 RAM20H~2FH 单元的位和部分 SFR 的位）

注：前 4 种寻址方式完成的是操作数的寻址，属于基本寻址方式；变址寻址实际上是间接寻址的推广；位寻址的实质是直接寻址；相对寻址是指令地址的寻址。

2.4.2.1 立即寻址

指令编码中直接给出操作数的寻址方式称为立即寻址。在这种寻址方式中，紧跟在操作码之后的操作数称为立即数。立即数可以为一个字节，也可以是两个字节，并要用符号"#"来标识。由于立即数是一个常数，所以只能作为源操作数。

例：   MOV A，#70H

该指令的功能是将 8 位的立即数"70H"传送到累加器。指令的操作数采用立即寻址方式，如图 2–11 所示。

图 2–11 指令"MOV A，#70H"的执行示意图

例：   MOV DPTR，#2100H ；DPTR←2100H

该指令的功能是将 16 位的立即数"2100H"传送到数据指针寄存器 DPTR 中，立即数的高 8 位"21H"装入 DPH 中，低 8 位"00H"装入 DPL 中。

立即寻址所对应的寻址空间为：ROM 空间。

2.4.2.2 直接寻址

指令操作码之后的字节存放的是操作数的地址，操作数本身存放在该地址指示的存储单元中的寻址方式称为直接寻址。

若（70H）=3AH，指令"ANL 70H，48H"执行后，（70H）=08H，这里目的地址 70H 为直接寻址方式，如图 2-12 所示。

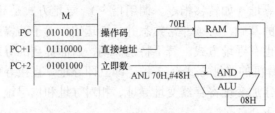

图 2-12 指令"ANL 70H，#48H"的执行示意图

在直接寻址方式中的 SFR 经常采用符号形式表示。

例： MOV A，P1

（此指令又可以写成"MOV A，90H"。这里"90H"是 P1 接口的地址）

需要特别注意的是，片内 RAM 高 128B 必须采用寄存器间接寻址方式。

采用直接寻址的存储空间为：片内 RAM 低 128B（以地址形式表示）；SFR（以地址形式或 SFR 的符号形式表示，但符号将转换为相应的 SFR 地址）。

2.4.2.3 寄存器寻址

操作数存放在寄存器中，指令中直接给出该寄存器名称的寻址方式称为寄存器寻址。采用寄存器寻址可以获得较高的传送和运算速度。在寄存器寻址方式中，用符号名称表示寄存器。在形成的操作码中隐含有指定寄存器的编码（注意：该编码不是该寄存器在内部 RAM 中的地址）。例如，若（R0）=30H，指令"INC R0"执行后，（R0）=31H（R0 在内存中的地址为 00H），如图 2-13 所示。

采用寄存器寻址的寄存器有：

- 工作寄存器 R0~R7；
- 累加器 A（注：使用符号 ACC 表示累加器时属于直接寻址）；
- 寄存器 B（以 AB 寄存器对形式出现）；
- 数据指针 DPTR。

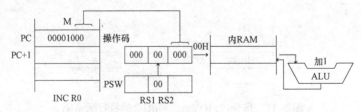

图 2-13 指令"INC R0"的执行示意图

2.4.2.4 寄存器间接寻址

寄存器中的内容为地址，从该地址去取操作数的寻址方式称为寄存器间接寻址。例如，若（A）=0EEH，（R0）=60H，（60H）=0F0H，指令"ANL A，@R0"执行后，（A）=0E0H，如图 2-14 所示。

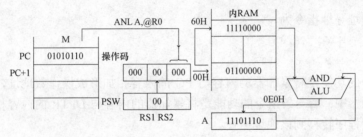

图 2-14　指令"ANL A，@R0"的执行示意图

寄存器间接寻址对应的空间为

片内 RAM（采用@R0，@R1 或 SP）；

片外 RAM（采用@R0，@R1 或@DPTR）。

寄存器间接寻址的存储空间为片内 RAM 或片外 RAM。片内 RAM 的数据传送采用"MOV"类指令，间接寻址寄存器采用寄存器 R0 或 R1（堆栈操作时采用 SP）。片外 RAM 的数据传送采用"MOVX"类指令，这时间接寻址寄存器有两种选择，一是采用 R0 和 R1 作间址寄存器，这时 R0 或 R1 提供低 8 位地址（外部 RAM 多于 256B 采用页面方式访问时，可由 P2 口提供高位地址）；二是采用 DPTR 作为间址寄存器。

采用"MOVX"类操作的片外 RAM 的数据传送指令如下所示

```
MOVX    A,@R0
MOVX    A,@DPTR
```

2.4.2.5　变址寻址

以一个基地址加上一个偏移量地址形成操作数地址的寻址方式称为变址寻址。在这种寻址方式中，以数据指针 DPTR 或程序计数器 PC 作为基址寄存器，累加器 A 作为偏移量寄存器，基址寄存器的内容与偏移量寄存器的内容之和作为操作数地址。

变址寻址方式用于对程序存储器中的数据进行寻址。由于程序存储器是只读存储器，所以变址寻址操作只有读操作而无写操作。

变址寻址所对应的寻址空间为 ROM 空间（采用@A+DPTR，@A+PC）。

例如，若（A）=0FH，（DPH）=24H，（DPL）=00H，即（DPTR）=2400H。执行指令"MOVC A，@A+DPTR"时，首先将 DPTR 的内容 2400H 与累加器 A 的内容 0FH 相加，得到地址 240FH。然后将该地址的内容 88H 取出传送到累加器。这时，（A）=88H，原来 A 的内容 0FH 被冲掉，如图 2-15 所示。

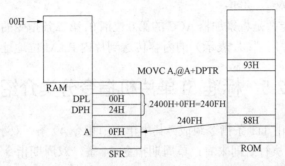

图 2-15　指令"MOVC A，@A+DPTR"的执行示意图

另外两条变址寻址指令为

```
MOVC  A,@A+PC
JMP   @A+DPTR
```

前一条指令的功能是将累加器的内容与 PC 的内容相加形成操作数地址，把该地址中的数据传送到累加器中；后一条指令的功能是将累加器的内容与 DPTR 的内容相加形成指令跳转地址，从而使程序转移到该地址运行。

2.4.2.6　相对寻址

相对寻址是以程序计数器 PC 的当前值（指读出该双字节或三字节的跳转指令后，PC 指向的下条指令的地址）为基准，加上指令中给出的相对偏移量 rel 形成目标地址的寻址方式。此种寻址方式的操作是修改 PC 的值，所以主要用于实现程序的分支转移。

在跳转指令中，相对偏移量 rel 给出相对于 PC 当前值的跳转范围，其值是一个带符号的 8 位二进制数，取值范围是 -128～+127，以补码形式置于操作码之后存放。执行跳转指令时，先取出该指令，PC 指向当前值。再把 rel 的值加到 PC 上以形成转移的目标地址，如图 2-16 所示。注意：此例中 CY（PSW.7）为 1。

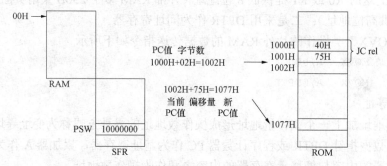

图 2-16　指令"JC rel"的执行示意图

2.4.2.7　位寻址

对位地址中的内容进行操作的寻址方式称为位寻址。采用位寻址指令的操作数是 8 位二进制数中的某一位。指令中给出的是位地址。位寻址方式实质属于位的直接寻址。

位寻址所对应的空间为片内 RAM 的 20H～2FH 单元中的 128 个可寻址位，SFR 的可寻址位。习惯上，特殊功能寄存器的寻址位常用符号位地址表示。

例：

```
CLR  ACC.0
MOV  30H,C
```

第一条指令的功能都是将累加器 ACC 的第 0 位清 0。第二条指令的功能是把位累加器（即进位标志位，在指令中用"C"表示）的内容传送到片内 RAM 位地址为 30H 的位置。

2.5　标准 51 单片机指令分类介绍

标准 51 指令系统由 111 条指令组成。其中单字节指令 49 条，双字节指令 45 条，3 字节指令仅 17 条。从指令执行时间来看，单周期指令 64 条，双周期指令 45 条，只有乘、除两条指令执行时间为 4 个周期。该指令系统有 255 种指令代码，使用汇编语言只要熟悉 42 种助记符即可。所以标准 51 单片机的指令系统简单易学，使用方便。

标准 51 指令系统可分为 4 大类：

数据传送指令（30 条）；

算术运算指令（24 条）；

逻辑运算及循环移位指令（35 条）；

控制转移指令（22 条）。

2.5.1 数据传送类指令（30 条）

在标准 51 单片机中，传送类指令占有较大的比重。数据传送是进行数据处理的最基本的操作，这类指令一般不影响标志寄存器 PSW 的状态。传送类指令可以分成两大类：一是采用 MOV 操作符，称为一般传送指令；二是采用非 MOV 操作符，称为特殊传送指令，如 MOVC、MOVX、PUSH、POP、XCH、XCHD。分为通用传送和累加器专用两大类：

（1）通用传送指令（20 条）。字节传送（15 条），位传送（2 条），堆栈传送（2 条），目的地址传送（1 条）。

（2）累加器专用传送指令（10 条）。

2.5.1.1 通用传送指令

1. 字节传送指令（15 条）

字节传送指令采用的指令助记符为 MOV（Move），通用格式为：

MOV <目的字节>,<源字节> ；

表 2–5 为 15 条字节传送指令。

表 2–5　　　　　　　　　　字 节 传 送 指 令

编号	指令分类	指令	机器码字节	机器周期数
1	A 为目的	MOV　A，Rn	E8H（～EFH）	1
2		MOV　A，direct	E5H direct	1
3		MOV　A，@Ri	E6H（～E7H）	1
4		MOV　A，#data	74H data	1
5	Rn 为目的	MOV　Rn，A	F8H（～FFH）	1
6		MOV　Rn，direct	A8H（～AFH） direct	2
7		MOV　Rn，#data	78H（～7FH） data	1
8	direct 为目的	MOV　direct，A	F5H direct	1
9		MOV　direct，Rn	85H direct	2

续表

编号	指令分类	指令	机器码字节	机器周期数
10		MOV direct，direct2	85H	2
			direct2	
			direct1	
11	direct 为目的	MOV direct，@Ri	86H（～87H）	2
			direct	
12		MOV direct，#data	75H	2
			direct	
			data	
13		MOV @Ri，A	F6H（～F7H）	1
14	@Ri 为目的	MOV @Ri，direct	A6H（～A7H）	2
			direct	
15		MOV @Ri，#data	76H（～77H）	1
			data	

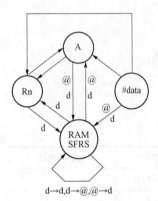

d→d,d→@,@→d

图 2-17　15 条字节传送指令

为了便于记忆，将 15 条字节传送指令归纳为图 2-17。图中 4 个圆圈分别代表累加器 A、寄存器 R0-R7、内部 RAM（包括特殊功能寄存器）和立即数，矢线表示传送方向，从源到目的，矢线边上的符号表示寻址方式。d 为直接寻址，@为间接寻址。例如：从 RAM 到 A 的矢线表示：MOV A，direct 和 MOV A，@Ri 两条指令。

2. 位传送（2 条）

```
MOV  bit,C  ;bit←(CY)
MOV  C,bit  ;CY←(bit)
```

这两条指令可以实现指定位地址中的内容与位累加器 CY 内容相互传送。

例如，若（CY）=1，（P3）=11000101B，（P1）=00110101B。执行以下指令：

```
MOV  P1.3,C
MOV  C,P3.3
MOV  P1.2,C
```

结果为（CY）=0，P3 的内容未变，P1 的内容变为 00111001B。

3. 堆栈传送（2 条）

堆栈是在内部 RAM 中按"后进先出"的规则组织的一片存储区。此区的一端固定，称为栈底；另一端是活动的，称为栈顶。栈顶的位置（地址）由栈指针 SP 指示（即 SP 的内容是栈顶的地址）。

在 80C51 单片机中，堆栈的生长方向是向上的（地址增大）。入栈操作时，先将 SP 的内容加 1，然后将指令指定的直接地址单元的内容存入 SP 指向的单元；出栈操作时，先将 SP

指向的单元内容传送到指令指定的直接地址单元，然后 SP 的内容减 1。系统复位时，SP 的内容为 07H。通常用户应在系统初始化时对 SP 重新设置。

堆栈操作指令助记符为 PUSH 和 POP

```
PUSH  direct    ;SP←(SP)+1,(SP)←(direct)
POP   direct    ;direct←((SP)),SP←(SP)-1
```

这两条指令可以实现操作数入栈和出栈操作。前一条指令的功能是先将栈指针 SP 的内容加 1，然后将直接地址指出的操作数送入 SP 所指示的单元。后一条指令的功能是将 SP 所指示的单元的内容先送入指令中的直接地址单元，然后再将栈指针 SP 的内容减 1。

例如，若（SP）=07H，（40H）=88H，执行指令"PUSH 40H"后，（SP）=08H，（08H）= 88H。若（SP）=5FH，（5FH）=90H，执行指令"POP 70H"后，（70H）=90H（SP）=5EH。

4．16 位目的地址传送（1 条）

```
MOV  DPTR,#data16   ; DPTR←data16
```

这条指令的功能是将源操作数 data16（通常是地址常数）送入目的操作数 DPTR 中。源操作数的寻址方式为立即寻址。

例：
```
MOV  DPTR,#1234H   ; (DPH)=12H,(DPL)=34H。
```

5．累加器专用传送指令（10）

累加器专用传送指令的操作符为：MOVC、MOVX 、XCH 和 XCHD。它们可以分为 ROM 查表、外部 RAM 读写和交换指令。

（1）XCH A,〈字节〉   ;（3 条）

功能：将累加器 A 与字节变量互相交换。

（2）XCHD A,@Ri   ;（1 条）

功能：将累加器 A 与字节变量低半字节互相交换。

（3）MOVX 〈目的字节〉〈源字节〉   ;（4 条）

功能：外部 RAM 读写。

（4）MOVC A, @A+PC   ;A←（A+PC）   （1 条）

    MOVC A, @A+DPTR   ;A ←（A+DPTR） （1 条）

功能：ROM 查表。

图 2-18 为累加器专用传送指令图解说明。

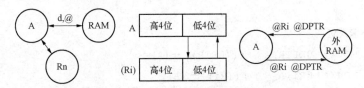

图 2-18　累加器专用传送指令图解

下面详细说明累加器专用传送指令。通常 ROM 中可以存放两方面的内容：一是单片机执行的程序代码；二是一些固定不变的常数（如表格数据、字段代码等）。访问 ROM 实际上指的是读 ROM 中的常数。在标准 51 单片机中，读 ROM 中的常数采用变址寻址，并需经过累加器完成。指令助记符为：MOVC（Move Code）。

（1）DPTR 内容为基址。

```
MOVC   A,@A+DPTR   ;A←((A)+(DPTR))
```

该指令首先执行 16 位无符号数加法，将获得的基址与变址之和作为 16 位的程序存储器地址，然后将该地址单元的内容传送到累加器 A。指令执行后 DPTR 的内容不变。但应注意，累加器 A 原来的内容被破坏。

例如，若（DPTR）=3000H，（A）=20H，执行指令"MOVC A，@A+DPTR"后，程序存储器 3020H 单元的内容送入 A。

（2）PC 内容为基址。

```
MOVC   A,@A+PC   ;A←((A)+(PC))
```

取出该单字节指令后 PC 的内容增 1，以增 1 后的当前值去执行 16 位无符号数加法，将获得的基址与变址之和作为 16 位的程序存储器地址。然后将该地址单元的内容传送到累加器 A。指令执行后 PC 的内容不变。但应注意，累加器 A 原来的内容被破坏。此两条指令主要用于程序存储器的查表。

在单片机的片外 RAM 中经常存放数据采集和处理的一些中间数据。访问片外 RAM 的操作可以有读和写两大类。在标准 51 单片机中，读和写片外 RAM 均采用 MOVX 指令，均须经过累加器完成，只是传送的方向不同。数据采用寄存器间接寻址。指令助记符为：MOVX（Move External）。

（1）读片外 RAM。

```
MOVX   A,@DPTR   ;A←((DPTR))
MOVX   A,@Ri     ;A←((Ri))
```

第一条指令以 16 位 DPTR 为间址寄存器读片外 RAM，可以寻址整个 64KB 的片外 RAM 空间。指令执行时，在 DPH 中的高 8 位地址由 P2 接口输出，在 DPL 中的低 8 位地址由 P0 接口分时输出，并由 ALE 信号锁存在地址锁存器中。

第二条指令以 R0 或 R1 为间址寄存器，也可以读整个 64KB 的片外 RAM 空间。指令执行时，低 8 位地址在 R0 或 R1 中，由 P0 接口分时输出，ALE 信号将地址信息锁存在地址锁存器中（多于 256B 的访问，高位地址由 P2 接口提供）。

读片外 RAM 的 MOVX 操作，使 P3.7 引脚输出的 RD 信号选通片外 RAM 单元，相应单元的数据从 P0 接口读入累加器中。

例如，若（DPTR）=3000H，（3000H）=30H，执行指令"MOVX A，@DPTR"后，A 的内容为 30H。

（2）写片外 RAM。

```
MOVX   @DPTR,A   ;((DPTR))←(A)
MOVX   @Ri,A     ;((Ri))←(A)
```

第一条指令以 16 位 DPTR 为间址寄存器写外部 RAM，可以寻址整个 64KB 的片外 RAM 空间。指令执行时，在 DPH 中高 8 位地址由 P2 接口输出，在 DPL 中的低 8 位地址由 P0 接口分时输出，并由 ALE 信号锁存在地址锁存器中。

第二条指令以 R0 或 R1 为间址寄存器，也可以写整个 64KB 的片外 RAM 空间。指令执行时，低 8 位地址在 R0 或 R1 中由 P0 接口分时输出，ALE 信号将地址信息锁存在地址锁存器中（多于 256B 的访问，高位地址由 P2 接口提供）。写片外 RAM 的"MOVX"

操作，使 P3.6 引脚的 WR 信号有效，累加器 A 的内容从 P0 接口输出并写入选通的相应片外 RAM 单元。

注：当片外扩展的 I/O 端口映射为片外 RAM 地址时，也要利用这 4 条指令进行数据的输入输出。

例如，若（P2）=20H，（R1）=48H，（A）=66H，执行指令"MOVX @R1，A"后，外部 RAM 单元 2048H 的内容为 66H。

对于单一的 MOV 类指令，传送通常是单向的，即数据是从一处（源）到另一处（目的）的拷贝。而交换类指令完成的传送是双向的，是两字节间或两半字节间的双向交换。指令助记符为：XCH（Exchange）、XCHD（Exchange low-order Digit）和 SWAP。

（1）字节交换。

$$\text{XCH A,}\begin{cases}\text{Rn} & ;(A)\leftrightarrow(Rn)\\ \text{Direct} & ;(A)\leftrightarrow(direct)\\ \text{@Ri} & ;(A)\leftrightarrow((Ri))\end{cases}$$

这三条指令的功能是字节数据交换，实现 3 种寻址操作数内容与 A 的内容互换。

例如，若（R0）=80H，（A）=20H。执行指令"XCH A，R0"后，（A）=80H，（R0）=20H。

（2）半字节交换。

XCHD　A, @Ri　;(A3~0)↔((Ri)3~0)

功能是间址操作数的低半字节与 A 的低半字节内容互换。

例如，若（R0）=30H，（30H）=67H，（A）=20H。执行指令"XCHD A，@R0"后，（A）= 27H，（30H）=60H。

2.5.2　算术运算类指令（24 条）

算术运算指令可以完成加、减、乘、除及加 1 和减 1 等运算。这类指令多数以 A 为源操作数之一，同时又使 A 为目的操作数。

进位（借位）标志 CY 为无符号整数的多字节加法、减法、移位等操作提供了方便。使用软件监视溢出标志可方便地控制补码运算。辅助进位标志用于 BCD 码运算。算术运算操作将影响程序状态字 PSW 中的溢出标志 OV、进位（借位）标志 CY、辅助进位（辅助借位）标志 AC 和奇偶标志位 P 等，见表 2-6。

表 2-6　　　　　　　　　　算术运算指令对算术标志的影响

标志 ＼ 指令	ADD	ADDC	SUBB	DA	MUL	DIV
CY	✓	✓	✓	✓	0	0
AC	✓	✓	✓	✓	✗	✗
OV	✓	✓	✓	✗	✓	✓
P	✓	✓	✓	✓	✓	✓

注：符号√表示相应的指令操作影响标志；符号 0 表示相应的指令操作对该标志清 0。符号×表示相应的指令操作不影响标志。另外，累加器加 1（INC A）和减 1（DEC A）指令影响 P 标志。24 条指令归纳如下，图 2-19 为其图解说明。

$$\text{加法}\begin{cases}\text{ADD} \quad \text{A,<源字节>} & \text{（4条）}\\ \text{ADDC} \quad \text{A,<源字节>} & \text{（4条）}\\ \text{INC} \quad \text{<字节>} & \text{（4条）}\\ \text{INC} \quad \text{DPTR} & \text{（1条）}\\ \text{INC} \quad \text{A} & \text{（1条）}\end{cases}$$

$$\text{减法}\begin{cases}\text{SUBB} \quad \text{A,<源字节>} & \text{（4条）}\\ \text{DEC} \quad \text{<字节>} & \text{（4条）}\end{cases}$$

$$\text{乘法}\begin{cases}\text{MUL} \quad \text{AB} & \text{（1条）}\\ \text{DIV} \quad \text{AB} & \text{（1条）}\end{cases}$$

2.5.2.1 加法指令

1. 不带进位加法

$$\text{ADD A,}\begin{cases}\text{Rn} & \text{;A←(A)+(Rn)}\\ \text{direct} & \text{;A←(A)+(direct)}\\ \text{@Ri} & \text{;A←(A)+((Ri))}\\ \text{\#data} & \text{;A←(A)+data}\end{cases}$$

这组指令的功能是把源操作数与累加器的内容相加再送入累加器中，源操作数的寻址方式分别为立即寻址、直接寻址、寄存器间接寻址和寄存器寻址。

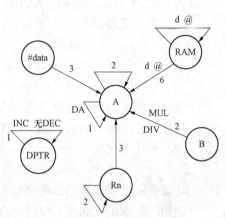

图 2-19　算术运算指令图解说明

影响程序状态字 PSW 中的 CY、AC、OV 和 P 的情况如下：

进位标志 CY：和的 D7 位有进位时，（CY）=1；否则，（CY）=0。

辅助进位标志 AC：和的 D3 位有进位时，（AC）=1；否则，（AC）=0。

溢出标志 OV：和的 D7、D6 位只有一个有进位时，（OV）=1；和的 D7、D6 位同时有进位或同时无进位时，（OV）=0。溢出表示运算的结果超出了数值所允许的范围，如两个正数相加结果为负数或两个负数相加结果为正数时属于错误结果，此时（OV）=1。

奇偶标志 P：当累加器 ACC 中 "1" 的个数为奇数时，（P）=1；为偶数时，（P）=0。

例如，若（A）=84H，（30H）=8DH，执行指令 "ADD A，30H" 之后，由于

```
      （A）： 10000100
   +（30H）： 10001101
   ────────────────────
     进位 ：1    11
   ────────────────────
     结果 ： 00010001
```

即（A）=11H，（CY）=1，（AC）=1，（OV）=1（D7 有进位，D6 无进位），（P）=0。

2. 带进位加法

$$\text{ADD A,}\begin{cases}\text{Rn} & \text{;A←(A)+(Rn)+(CY)}\\ \text{direct} & \text{;A←(A)+(direct)+(CY)}\\ \text{@Ri} & \text{;A←(A)+((Ri))+(CY)}\\ \text{\#data} & \text{;A←(A)+data+(CY)}\end{cases}$$

这组指令的功能是把源操作数与累加器 A 的内容相加再与进位标志 CY 的值相加，结果送入目的操作数 A 中，源操作数的寻址方式分别为立即寻址、直接寻址、寄存器间接寻址和

寄存器寻址。

这组指令的操作影响程序状态字 PSW 中的 CY、AC、OV 和 P 标志。

需要说明的是，这里所加的进位标志 CY 的值是在该指令执行之前已经存在的进位标志的值，而不是执行该指令过程中产生的进位。换句话说，若这组指令执行之前（CY）=0，则执行结果与不带进位位 CY 的加法指令结果相同。

3. 加 1

$$INC\begin{cases} A & ;A \leftarrow (A)+1 \\ Rn & ;Rn \leftarrow (Rn)+1 \\ direct & ;direct \leftarrow (direct)+1 \\ @Ri & ;(Ri) \leftarrow ((Ri))+1 \\ DPTR & ;DPTR \leftarrow (DPTR)+1 \end{cases}$$

这组指令的功能是把源操作数的内容加 1，结果再送回原单元。这些指令仅 "INC A" 影响 P 标志，其余指令都不影响标志位的状态。

4. 十进制调整

　　　　DA　A　　;调整 A 的内容为正确的 BCD 码

该指令的功能是对累加器 A 中刚进行的两个 BCD 码的加法的结果进行十进制调整。

两个压缩的 BCD 码按二进制相加后，必须经过调整方能得到正确的压缩 BCD 码的和。调整要完成的任务是：

（1）当累加器 A 中的低 4 位数出现了非 BCD 码（1010～1111）或低 4 位产生进位（AC=1 时），则应在低 4 位加 6 调整，以产生低 4 位正确的 BCD 结果。

（2）当累加器 A 中的高 4 位数出现了非 BCD 码（1010～1111）或高 4 位产生进位（CY=1 时），则应在高 4 位加 6 调整，以产生高 4 位正确的 BCD 结果。

十进制调整指令执行后，PSW 中的 CY 表示结果的百位值。

例如，若（A）=01010110B，表示的 BCD 码为 56 (BCD)，（R2）=01100111B，表示的 BCD 码为 67 (BCD)，（CY）=0。执行以下指令：

　　　　ADD　A,R2
　　　　DA　A

由于（A）=00100011B，即 23（BCD），且（CY）=1，即：

```
    (A) :  01010110
 +(R3) :  01100111
          10111101
   调整 :  01100110
   结果 :1 00100011
```

所以，结果为 BCD 码 123。

应该注意，DA　A 指令不能对减法进行十进制调整。当需要进行减法运算时，可以采用十进制补码相加，然后用 DA　A 指令进行调整。例如

　　　　50−20=50+[20]补=50+（100−20）=50+80=130

在单片机中十进制补码算法为：$[x]_补 = 9AH−|x|$。

2.5.2.2　减法指令

1. 带借位减法

$$\text{SUBB A,}\begin{cases}\text{Rn} & ;A\leftarrow(A)-(Rn)-(CY)\\ \text{direct} & ;A\leftarrow(A)-(direct)-(CY)\\ \text{@Ri} & ;A\leftarrow(A)-((Ri))-(CY)\\ \text{\#data} & ;A\leftarrow(A)-data-(CY)\end{cases}$$

这组指令的功能是把累加器 A 的内容减去指令指定的单元的内容，结果再送入目的操作数 A 中。

对于程序状态字 PSW 中标志位的影响情况如下：

借位标志 CY：差的位 7 需借位时，（CY）=1；否则，（CY）=0。

辅助借位标志 AC：差的位 3 需借位时，（AC）=1；否则，（AC）=0。

溢出标志 OV：若位 6 有借位而位 7 无借位或位 7 有借位而位 6 无借位时，（OV）=1。

如果要用此组指令完成不带借位的减法，只需先清 CY 为 0 即可。

例如，若（A）=C9H，（R2）=54H，（CY）=1，执行指令"SUBB A，R2"之后，由于：

$$
\begin{array}{rl}
\text{(A):} & 11001001\\
-\text{(CY):} & 1\\
\hline
 & 11001000\\
-\text{(R2):} & 01010100\\
\hline
\text{结果:} & 01110100
\end{array}
$$

即（A）=74H，（CY）=0，（AC）=0，（OV）=1（位 6 有借位，位 7 无借位），（P）=0。

2. 减 1

$$\text{DEC}\begin{cases}\text{A} & ;A\leftarrow(A)-1\\ \text{Rn} & ;Rn\leftarrow(Rn)-1\\ \text{direct} & ;direct\leftarrow(direct)-1\\ \text{@Ri} & ;(Ri)\leftarrow((Ri))-1\end{cases}$$

这组指令的功能是把操作数的内容减 1，结果再送回原单元。

这组指令仅"DEC A"影响 P 标志。其余指令都不影响标志位的状态。

2.5.2.3　乘法指令

MUL　AB　;累加器 A 与 B 寄存器相乘

该指令的功能是将累加器 A 与寄存器 B 中的无符号 8 位二进制数相乘,乘积的低 8 位留在累加器 A 中，高 8 位存放在寄存器 B 中。

当乘积大于 FFH 时，溢出标志位（OV）=1。而标志 CY 总是被清 0。

例如，若（A）=50H，（B）=A0H，执行指令"MUL AB"之后，（A）=00H，（B）=32H，（OV）=1，（CY）=0。

2.5.2.4　除法指令

DIV　AB　;累加器 A 除以寄存器 B

该指令的功能是将累加器 A 中的无符号 8 位二进制数除以寄存器 B 中的无符号 8 位二进制数，商的整数部分存放在累加器 A 中，余数部分存放在寄存器 B 中。

当除数为 0 时，则结果的 A 和 B 的内容不定，且溢出标志位（OV）=1。而标志 CY 总是被清 0。

例如，若（A）=FBH（251），（B）=12H（18），执行指令"DIV AB"之后，（A）=0DH，（B）=11H，（OV）=0，（CY）=0。

2.5.3　逻辑运算与循环类指令（25 条）

逻辑运算指令可以完成与、或、异或、清 0 和取反操作，当以累加器 A 为目的操作数时，对 P 标志有影响。循环指令是对累加器 A 的循环移位操作，包括左、右方向以及带与不带进位位等移位方式。移位操作时，带进位的循环移位对 CY 和 P 标志有影响。累加器清 0 操作对 P 标志有影响。逻辑运算指令可分为字节逻辑学运算指令和位逻辑运算指令，又可分为双操作数和单操作数指令。

字节双操作数操作符：ANL、ORL、XRL。

字节单操作数操作符：CLR、CPL、RL、RLC、RR、RRC、SWAP。

图 2–20 为逻辑运算指令图解说明，矢线边上的数字表示该矢线代表的指令数。

位单操作数操作符：CLR、SETB、CPL。

位双操作数操作符：ANL、ORL（无 XRL）。

图 2–21 为位逻辑运算指令图解说明。

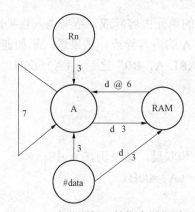

图 2–20　字节逻辑运算指令图解说明

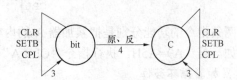

图 2–21　位逻辑运算指令图解说明

2.5.3.1　字节逻辑运算

1. 逻辑与

$$
\text{ANL direct,}\begin{cases} \text{A} & \text{; direct}\leftarrow(\text{direct})\wedge(\text{A}) \\ \text{\#data} & \text{; direct}\leftarrow(\text{direct})\wedge\text{data} \end{cases}
$$

$$
\text{ANL A,}\begin{cases} \text{Rn} & \text{; A}\leftarrow(\text{A})\wedge(\text{Rn}) \\ \text{direct} & \text{; A}\leftarrow(\text{A})\wedge(\text{direct}) \\ \text{@Ri} & \text{; A}\leftarrow(\text{A})\wedge((\text{Ri})) \\ \text{\#data} & \text{; A}\leftarrow(\text{A})\wedge\text{data} \end{cases}
$$

前 2 条指令的功能是把源操作数与直接地址指示的单元内容相与，结果送入直接地址指示的单元。后 4 条指令的功能是把源操作数与累加器 A 的内容相与，结果送入累加器 A 中。

例如，若（A）=C3H，（R0）=AAH，执行指令"ANL A，R0"之后，（A）=82H。

2. 逻辑或

$$\text{ORL direct,}\begin{cases}\text{A} & \text{; direct}\leftarrow\text{(direct)}\vee\text{(A)}\\ \text{\#data} & \text{; direct}\leftarrow\text{(direct)}\vee\text{data}\end{cases}$$

$$\text{ORL A,}\begin{cases}\text{Rn} & \text{; A}\leftarrow\text{(A)}\vee\text{(Rn)}\\ \text{direct} & \text{; A}\leftarrow\text{(A)}\vee\text{(direct)}\\ \text{@Ri} & \text{; A}\leftarrow\text{(A)}\vee\text{((Ri))}\\ \text{\#data} & \text{; A}\leftarrow\text{(A)}\vee\text{data}\end{cases}$$

前 2 条指令的功能是把源操作数与直接地址指示的单元内容相或，结果送入直接地址指示的单元。后 4 条指令的功能是把源操作数与累加器 A 的内容相或，结果送入累加器 A 中。

例如，若（A）=C3H，（R0）=55H，执行指令"ORL A，R0"之后，（A）=D7H。

3. 逻辑异或

$$\text{XRL direct,}\begin{cases}\text{A} & \text{; direct}\leftarrow\text{(direct)}\oplus\text{(A)}\\ \text{\#data} & \text{; direct}\leftarrow\text{(direct)}\oplus\text{data}\end{cases}$$

$$\text{XRL A,}\begin{cases}\text{Rn} & \text{; A}\leftarrow\text{(A)}\oplus\text{(Rn)}\\ \text{direct} & \text{; A}\leftarrow\text{(A)}\oplus\text{(direct)}\\ \text{@Ri} & \text{; A}\leftarrow\text{(A)}\oplus\text{((Ri))}\\ \text{\#data} & \text{; A}\leftarrow\text{(A)}\oplus\text{data}\end{cases}$$

前 2 条指令的功能是把源操作数与直接地址指示的单元内容异或，结果送入直接地址指示的单元。后 4 条指令的功能是把源操作数与累加器 A 的内容异或，结果送入累加器 A 中。

例如，若（A）=C3H，（R0）=AAH，执行指令"XRL A，R0"之后，（A）=69H。

4. 累加器清 0 和取反

$$\begin{matrix}\text{CLR} \\ \text{CPL}\end{matrix}\Big\}\text{A}\quad\begin{matrix}\text{; A}\leftarrow 0\\ \text{; }\overline{\text{A}}\leftarrow\text{A}\end{matrix}$$

这两条指令的功能分别是把累加器 A 的内容清 0 和取反，结果仍在 A 中。

例如，若（A）=A5H，执行指令"CLR A"之后，（A）=00H。

5. 累加器循环移位

$$\begin{matrix}\text{RR}\\ \text{RRC}\\ \text{RL}\\ \text{RLC}\end{matrix}\Big\}\text{A}\quad\begin{matrix}\text{; (A}_{7\sim1})\rightarrow\text{A}_{6\sim1},\text{(A}_0)\rightarrow\text{A}_7\\ \text{; (CY)}\rightarrow\text{A}_7,\text{(A}_{7\sim1})\rightarrow\text{A}_{6\sim1},\text{(A}_0)\rightarrow\text{CY}\\ \text{; A}_{7\sim1}\leftarrow\text{(A}_{6\sim1}),\text{A}_0\leftarrow\text{(A}_7)\\ \text{; CY}\leftarrow\text{(A}_7),\text{A}_{7\sim1}\leftarrow\text{(A}_{6\sim1}),\text{A}_0\leftarrow\text{(CY)}\end{matrix}$$

该组循环移位指令执行情况如图 2-22 所示。

例如，若（A）=C5H，执行指令"RL A"后，（A）=8BH。

若（A）=45H，（CY）=1，执行指令"RLC A"后，（A）=8BH，（CY）=0。

若（A）=C5H，执行指令"RR A"后，（A）=E2H。

若（A）=C5H，（CY）=1，执行指令"RRC A"后，（A）=E2H，（CY）=1。

有时"累加器 A 内容乘 2"的任务可以利用指令"RLC A"方便地完成。

例如，若（A）=BDH = 10111101B，（CY）=0。执行指令"RLC A"后，（CY）=1，（A）= 01111010B = 7AH，（CY）=1。即结果为：17AH（378）=2×BDH（189）。

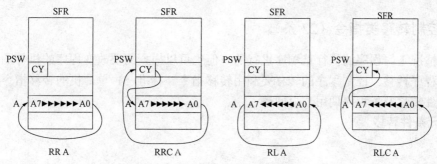

图 2-22 循环指令执行示意图

2.5.3.2 位逻辑运算

1. 位逻辑与

$$\text{ANL C,}\begin{cases}\text{bit ; CY}\leftarrow\text{(CY)}\wedge\text{(bit)}\\\text{/bit ; CY}\leftarrow\text{(CY)}\wedge\overline{\text{(bit)}}\end{cases}$$

这两条指令可以实现位地址单元内容或取反后的值与位累加器的内容"与"操作,操作的结果送位累加器 C。

例如,若(P1)=10011100B,(CY)=1。执行指令"ANL C,P1.0"后,结果为 P1 内容不变,而(CY)=0。

2. 位逻辑或

$$\text{ORL C,}\begin{cases}\text{bit ; CY}\leftarrow\text{(CY)}\vee\text{(bit)}\\\text{/bit ; CY}\leftarrow\text{(CY)}\vee\overline{\text{(bit)}}\end{cases}$$

这两条指令可以实现位地址单元内容或取反后的值与位累加器的内容"或"操作,操作的结果送位累加器 C。

3. 位取反

$$\text{CPL}\begin{cases}\text{C ; CY}\leftarrow\overline{\text{(CY)}}\\\text{bit ; bit}\leftarrow\overline{\text{(bit)}}\end{cases}$$

这两条指令可以实现位地址单元内容和位累加器内容的取反。

4. 位清 0

$$\text{CLR}\begin{cases}\text{C ; CY}\leftarrow 0\\\text{bit ; bit}\leftarrow 0\end{cases}$$

这两条指令可以实现位地址内容和位累加器内容的清 0。

例如,若(P1)=10011101B。执行指令"CLR P1.3"后,结果为(P1)=10010101B。

5. 位置位

$$\text{SETB}\begin{cases}\text{C ; CY}\leftarrow 1\\\text{bit ; bit}\leftarrow 1\end{cases}$$

这两条指令可以实现地址内容和位累加器内容的置位。

例如,若(P1)=10011100B。执行指令"SETB P1.0"后,(P1)=10011101B。

2.5.4 控制转移类指令（22 条）

通常情况下，程序的执行是顺序进行的，但也可以根据需要改变程序的执行顺序，这种情况称作程序转移。控制程序的转移要利用转移指令。标准 51 单片机的转移指令有无条件转移、条件转移及子程序调用与返回等。

2.5.4.1 无条件转移

1. 短跳转

```
AJMP    addr11   ;PC←(PC)+2,PC10~0←addr11
```

该指令执行时，先将 PC 的内容加 2（这时 PC 指向的是 AJMP 的下一条指令），然后把指令中的 11 位地址码传送到 PC10～0，而 PC15～11 保持原来内容不变。

在目标地址的 11 位中，前 3 位为页地址，后 8 位为页内地址（每页含 256 个单元）。当前 PC 的高 5 位（即下条指令的存储地址的高 5 位）可以确定 32 个 2KB 段之一。所以 AJMP 指令的转移范围为包含 AJMP 下条指令在内的 2KB 区间。

例如，若标号"NEWADD"表示转移目标地址 0123H，（PC）=0343H。执行指令"AJMP NEWADD"后，（PC）=0345H（此时该 PC 值指定的 2KB 段为 0000H～07FFH）。因为 PC15～11 为"00000"，该指令提供的低 11 位地址为"00100100011"，组合成新的有效地址为"0000 000100100011"。程序转向目标地址 0123H 处运行。

当 AJMP 指令正好落在某 2KB 段的后 2 个单元时（如 0FFFH、0FFFH 单元），目标地址将在下一个 2KB 段内。

2. 长跳转

```
LJMP addr16; PC←addr16
```

其中第一字节为操作码，该指令执行时，将指令的第二、三字节地址码分别装入指令计数器 PC 的高 8 位和低 8 位中，程序无条件地转移到指定的目标地址去执行。

由于 LJMP 指令提供的是 16 位地址，因此程序可以转向 64KB 的程序存储器地址空间的任何单元。

例如，若标号"NEWADD"表示转移目标地址 1234H。执行指令"LJMP NEWADD"时，两字节的目标地址将装入 PC 中，使程序转向目标地址 1234H 处运行。

3. 相对转移

```
SJMP    rel   ;PC←(PC)+ 2,PC←(PC)+ rel
```

其中第一字节为操作码，第二字节为相对偏移量 rel。rel 是一个带符号的偏移字节数（二进制的补码），取值范围为-128～+127（00H～7FH 对应表示 0～+127，80H～FFH 对应表示-128～-1）。负数表示反向转移，正数表示正向转移。指令执行时先将 PC 的内容加 2，再加上相对地址 rel，就得到了转移目标地址。

在用汇编语言编写程序时，rel 可以是一个转移目标地址的标号，由汇编程序在汇编过程中自动计算偏移地址，并填入指令代码中。在手工汇编时，可用转移目标地址减转移指令所在的源地址，再减转移指令字节数 2 得到偏移字节数 rel。

例如，若标号"NEWADD"表示转移目标地址 0123H，PC 的当前值为 0100H。执行指令"SJMP NEWADD"后，程序将转向 0123H 处执行［此时 rel= 0123H–（0100+2）=21H］。

4. 散转移

```
    JMP   @A+DPTR   ;PC←(PC)+ 1,PC←(A)+(DPTR)
```

该指令具有散转功能，可以代替许多判别跳转指令。其转移地址由数据指针 DPTR 的 16 位数和累加器 A 的 8 位数进行无符号数相加形成，并直接装入 PC。该指令执行时对标志位无影响。

例如，有一段程序如下：

```
        MOV    DPTR,#TABLE
        JMP    @A+DPTR
TABLE:  AJMP   ROUT0
        AJMP   ROUT1
        AJMP   ROUT2
        AJMP   ROUT3
```

当（A）=00H 时，程序将转到 ROUT0 处执行；当（A）=02H 时，程序将转到 ROUT1 处执行；其余类推。

2.5.4.2　条件转移

1. 累加器判 0 转移

$$\left.\begin{array}{l} \text{JZ} \\ \text{JNZ} \end{array}\right\}\text{rel} \quad \begin{array}{l} ; 若(A)=0,\ 则 PC\leftarrow(PC)+rel \\ ; 若(A)\neq 0,\ 则 PC\leftarrow(PC)+rel \end{array}$$

该指令的功能是对累加器 A 的内容为 0 和不为 0 进行检测并转移。当不满足各自的条件时，程序继续往下执行。当各自的条件满足时，程序转向指定的目标地址。目标地址的计算与 SJMP 指令情况相同。指令执行时对标志位无影响。

例如，若累加器 A 原始内容为 00H，则：

```
    JNZ   L1   ;由于 A 的内容为 00H,所以程序往下执行
    INC   A    ;
    JNZ   L2   ;由于 A 的内容已不为 0,所以程序转向 L2 处执行
```

2. 比较不相等转移

```
    CJNE A, direct, rel       ; 若(A)≠(direct),则 PC←(PC)+rel
```

$$\text{CJNE}\left\{\begin{array}{l} \text{A} \\ \text{Rn} \\ @\text{Ri} \end{array}\right\},\#\text{data, rel} \quad \begin{array}{l} ; 若(A)\neq data,\ 则 PC\leftarrow(PC)+rel \\ ; 若(Rn)\neq data,\ 则 PC\leftarrow(PC)+rel \\ ; 若((Ri))\neq data,\ 则 PC\leftarrow(PC)+rel \end{array}$$

这组指令的功能是对指定的目的字节和源字节进行比较，若它们的值不相等则转移，转移的目标地址为 PC 当前值加 3 后再加指令的第三字节偏移量 rel；若目的字节的内容大于源字节的内容，则进位标志清 0；若目的字节的内容小于源字节的内容，则进位标志置 1；若目的字节的内容等于源字节的内容，程序将继续往下执行。

例如，若（R7）=56H，执行指令"CJNE R7，#54H，$+08H"后，程序将转到目标地址为存放本条指令的地址再加 08H 处执行。

注意：符号"$"常用来表示存放本条指令的地址。

3. 减 1 不为 0 转移

```
    DJNZ   Rn,rel       ;PC←(PC)+ 2,Rn←(Rn)-1
```

```
                                    ;若(Rn)≠0,则 PC←(PC)+ rel,继续循环
                                    ;若(Rn)=0,则结束循环,程序往下执行
            DJNZ  direct,rel  ;PC←(PC)+ 3,direct←(direct)-1
                                    ;若(direct)≠0,则 PC←(PC)+ rel,继续循环
                                    ;若(direct)=0,则结束循环,程序往下执行
```

这组指令每执行一次,便将目的操作数的循环控制单元的内容减 1,并判其是否为 0。若不为 0,则转移到目标地址继续循环;若为 0,则结束循环,程序往下执行。

例如,有一段程序如下:

```
            MOV   23H,#0AH
            CLR   A
LOOPX:      ADD   A,23H
            DJNZ  23H,LOOPX
            SJMP  $
```

该程序执行后,(A)=10+9+8+7+6+5+4+3+2+1=37H

2.5.4.3 调用与返回

1. 调用

```
ACALL addr11  ;PC←(PC)+ 2,SP←(SP)+ 1,(SP)←(PC7~0)
                  ;SP←(SP)+ 1,(SP)←(PC15~8),PC10~0←addr11
LCALL addr16  ;PC←(PC)+ 3,SP←(SP)+ 1,(SP)←(PC7~0)
                  ;SP←(SP)+ 1,(SP)←(PC15~8),PC←addr16
```

这两条指令可以实现子程序的短调用和长调用。目标地址的形成方式与 AJMP 和 LJMP 相似。这两条指令的执行不影响任何标志。

ACALL 指令执行时,被调用的子程序的首址必须设在包含当前指令(即调用指令的下一条指令)的第一个字节在内的 2KB 范围内的程序存储器中。

LCALL 指令执行时,被调用的子程序的首址可以设在 64KB 范围内的程序存储器空间的任何位置。

例如,若(SP)=07H,标号"XADD"表示的实际地址为 0345H,PC 的当前值为 0123H。

执行指令"ACALL XADD"后,(PC)+2=0125H,其低 8 位的 25H 压入堆栈的 08H 单元,其高 8 位的 01H 压入堆栈的 09H 单元。(PC)=0345H,程序转向目标地址 0345H 处执行。

2. 返回

```
            RET      ;PC15~8←((SP)),SP←(SP)-1
                      ;PC7~0←((SP)),SP←(SP)-1
            RETI     ;PC15~8←((SP)),SP←(SP)-1
                      ;PC7~0←((SP)),SP←(SP)-1
```

子程序执行完后,程序应返回到原调用指令的下一指令处继续执行。因此,在子程序的结尾必须设置返回指令。返回指令有两条,即子程序返回指令 RET 和中断服务子程序返回指令 RETI。

RET 指令的功能是从堆栈中弹出由调用指令压入堆栈保护的断点地址,并送入指令计数器 PC,从而结束子程序的执行。程序返回到断点处继续执行。

RETI 指令是专用于中断服务程序返回的指令，除正确返回中断断点处执行主程序以外，并有清除内部相应的中断状态寄存器（以保证正确的中断逻辑）的功能。

2.5.4.4 位判跳（条件转移）

1. 判 CY 转移

```
JC      ;若(CY)=1,则PC←(PC)+2+rel,否则顺序执行
JNC     ;若(CY)=0,则PC←(PC)+2+rel,否则顺序执行
```

这两条指令的功能是对进位标志位 CY 进行检测，当（CY）=1（第一条指令）或（CY）= 0（第二条指令），程序转向 PC 当前值与 rel 之和的目标地址去执行，否则程序将顺序执行。

2. 判 bit 转移

```
JB                  ;(bit)=1,PC?(PC)+3+rel,否则顺序执行
JBC  bit,rel        ;(bit)=1,PC?(PC)+3+rel,并使bit?0,否则顺序执行
JNB                 ;(bit)=0,PC?(PC)+3+rel,否则顺序执行
```

这三条指令的功能是对指定位 bit 进行检测，当（bit）=1（第一条和第二条指令）或（bit）=0（第三条指令），程序转向 PC 当前值与 rel 之和的目标地址去执行，否则程序将顺序执行。对于第二条指令，当条件满足时（指定位为1），还具有将该指定位清 0 的功能。

2.5.4.5 空操作

```
NOP     ;PC←(PC)+ 1
```

这条指令不产生任何控制操作，只是将程序计数器 PC 的内容加 1。该指令在执行时间上要消耗 1 个机器周期，在存储空间上可以占用一个字节。因此，常用来实现较短时间的延时。

2.5.5 标准 51 单片机指令长度和周期数规律归纳（表 2-7）

表 2-7　　　　　　　　　　　　标准 51 单片机总共有 111 条指令

字　长		时　间	
单字节指令	49 条	1 个机器周期指令	64 条
双字节指令	45 条	2 个机器周期指令	45 条
三字节指令	17 条	4 个机器周期指令	2 条

1. 指令长度

指令长度用字节数表示，有如下规律：

（1）操作码占 1 个字节；

（2）8 位地址占 1 个字节；

（3）8 位立即数占 1 个字节；

（4）对 A 的寻址是隐含的，对 Rn 的寻址包含在操作码中，所以 A、Rn 都不专门占用字节数。

```
例      MOV     A, #01H     ;2字节
        LJMP    addr16      ;3字节
        MOV     A, R1       ;1字节
```

```
        MOV     10H, #01H          ;3 字节
```

2. 指令的周期数（机器周期）

指令的周期既与指令的繁简有关，又与寻址方式有关。

（1）操作数寻址时间长短规律（图 2–23）：

图 2–23　操作数寻址时间长短规律

```
例      MOV     Rn, #10H    ;1 周期
        MOV     Rn, 10H     ;2 周期
```

（2）四机器周期指令（2 条）：

```
仅有：    MUL     AB（乘）
         DIV     AB（除）
```

（3）单机器周期指令（64 条）：

1）单操作数的运算指令（INC DPTR 除外）；

2）两操作数中之一为 A 的指令（乘除、外部指令除外）；

3）图 23 中 #data（包含）之前的任意两操作数指令。

（4）除上述之外的均为双机器周期指令（45 条），归纳如下：

1）比较、转移、调用、返回、堆栈指令；

2）与外部存储器（包括内部 ROM）操作指令；

3）双操作数中，一个为直接寻址而另一个不是 A 的指令；

4）十六位操作数的指令；

5）双操作数的位指令。

```
例      JNB     90H,30H
        PUSH    ACC
        MOVC    A, @A+DPTR
        INC     DPTR
        MOV     C, 10H
```

上述指令均为 2 周期指令。

2.6　标准 51 单片机汇编语言程序设计举例

2.6.1　程序编制的方法和技巧

2.6.1.1　程序编制的步骤

1. 任务分析

首先，要对单片机应用系统的任务进行深入的分析，明确系统的设计任务、功能要求和

技术指标。其次，要对系统的硬件资源和工作环境进行分析。这是单片机应用系统程序设计的基础和条件。

2. 算法优化

算法是解决具体问题的方法。一个应用系统经过分析、研究和明确规定后，对应实现的功能和技术指标可以利用数学方法或数学模型来描述，从而把一个实际问题转化成由计算机进行处理的问题。同一个问题的算法可以有多种，结果也可能不尽相同，所以，应对各种算法进行分析比较，并进行合理的优化。比如，用迭代法解微分方程，需要考虑收敛速度的快慢（即在一定的时间里能否达到精度要求）。而有的问题则受内存容量的限制而对时间要求并不苛刻。对于后一种情况，速度不快但节省内存的算法则应是首选。

3. 程序总体设计及流程图绘制

经过任务分析、算法优化后，就可以进行程序的总体构思，确定程序的结构和数据形式，并考虑资源的分配和参数的计算等。然后根据程序运行的过程，勾画出程序执行的逻辑顺序，用图形符号将总体设计思路及程序流向绘制在平面图上，从而使程序的结构关系直观明了，便于检查和修改。

通常，应用程序依功能可以分为若干部分，通过流程图可以将具有一定功能的各部分有机地联系起来。并由此抓住程序的基本线索，对全局可以有一个完整的了解。清晰正确的流程图是编制正确无误的应用程序的基础和条件。所以绘制一个好的流程图，是程序设计的一项重要内容。

流程图可以分为总流程图和局部流程图。总流程图侧重反映程序的逻辑结构和各程序模块之间的相互关系。局部流程图反映程序模块的具体实施细节。对于简单的应用程序，可以不画流程图。但是当程序较为复杂时，绘制流程图是一个良好的编程习惯。

常用的流程图符号有开始或结束符号、工作任务符号、判断分支符号、程序连接符号、程序流向符号等，如图 2-24 所示。

此外，还应编制资源分配表，包括数据结构和形式、参数计算、通信协议、各子程序的入口和出口说明等。

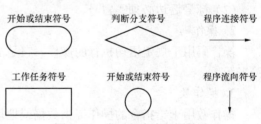

图 2-24　常用程序流程图符号

2.6.1.2　编制程序的方法和技巧

1. 采用模块化程序设计方法

单片机应用系统的程序一般由包含多个模块的主程序和各种子程序组成。每一程序模块都要完成一个明确的任务，实现某个具体的功能，如发送、接收、延时、打印和显示等。采用模块化的程序设计方法，就是将这些不同的具体功能程序进行独立设计和分别调试，最后将这些模块程序装配成整体程序并进行联调。

模块化的程序设计方法具有明显的优点。把一个多功能的复杂的程序划分为若干个简单的、功能单一的程序模块，有利于程序的设计和调试，有利于程序的优化和分工，提高了程序的阅读性和可靠性，使程序的结构层次一目了然。所以，进行程序设计的学习，首先要树立起模块化的程序设计思想。

2. 尽量采用循环结构和子程序

采用循环结构和子程序可以使程序的长度减少、占用内存空间减少。对于多重循环，要注意各重循环的初值和循环结束条件，避免出现程序无休止循环的"死循环"现象。对于通用的子程序，除了用于存放子程序入口参数的寄存器外，子程序中用到的其他寄存器的内容应压入堆栈进行现场保护，并要特别注意堆栈操作的压入和弹出的平衡。对于中断处理子程序除了要保护程序中用到的寄存器外，还应保护标志寄存器。这是由于在中断处理过程中难免对标志寄存器中的内容产生影响，而中断处理结束后返回主程序时可能会遇到以中断前的状态标志为依据的条件转移指令，如果标志位被破坏，则程序的运行就会发生混乱。

2.6.1.3 汇编语言的语句格式

标准 51 单片机汇编语言的语句行由四个字段组成，汇编程序能对这种格式正确地进行识别。这四个字段的格式为：

[标号：]操作码 [操作数] [；注释]

括号内的部分可以根据实际情况取舍。每个字段之间要用分隔符分隔，可以用作分隔符的符号有空格、冒号、逗号、分号等，如：

```
LOOP:    MOV A,# 7FH  ;A←7FH
```

1. 标号

标号是语句地址的标志符号，用于引导对该语句的非顺序访问。有关标号的规定为：

（1）标号由 1～8 个 ASCII 字符组成。第一个字符必须是字母，其余字符可以是字母、数字或其他特定字符。

（2）不能使用该汇编语言已经定义了的符号作为标号。如指令助记符、寄存器符号名称等。

（3）标号后边必须跟冒号。

2. 操作码

操作码用于规定语句执行的操作。它是汇编语句中唯一不能空缺的部分。它用指令助记符表示。

3. 操作数

操作数用于给指令的操作提供数据或地址。在一条汇编语句中操作数可能是空缺的，也可能包括一项，还可能包括两项或三项。各操作数间以逗号分隔。操作数字段的内容可能包括以下几种情况：

（1）工作寄存器名。

（2）特殊功能寄存器名。

（3）标号名。

（4）常数。

（5）符号"$"，表示程序计数器 PC 的当前值。

（6）表达式。

4. 注释

注释不属于汇编语句的功能部分，它只是对语句的说明。注释字段可以增加程序的可读性，有助于编程人员的阅读和维护。注释字段必须以分号"；"开头，长度不限，当一行书写不下时，可以换行接着书写，但换行时应注意在开头使用分号"；"。

5. 数据的表示形式

标准 51 汇编语言的数据可以有以下几种表示形式：

（1）二进制数，末尾以字母 B 标识。如：1000 1111B。

（2）十进制数，末尾以字母 D 标识或将字母 D 省略。如：88D，66。

（3）十六进制数，末尾以字母 H 标识。如：78H，0A8H（但应注意的是，十六进制数以字母 A～F 开头时应在其前面加上数字"0"）。

（4）ASCII 码，以单引号括起来标识。例如，'AB'，'1245'。

2.6.2 源程序的编制

由于通用微型计算机的普及，现在单片机应用系统的程序设计都借助于通用微型计算机来完成。首先，在微型计算机上利用各种编辑软件编写单片机的汇编语言源程序，然后使用交叉汇编程序对源程序进行汇编，并将获得的目标程序经仿真器或通用编程器写到单片机或程序存储器中，进而完成应用程序的调试。

2.6.2.1 源程序的编辑和汇编

1. 源程序的编辑

源程序的编写要依据标准 51 汇编语言的基本规则，特别要用好常用的汇编命令（即伪指令）。例如，下面的程序段：

```
ORG     0040H
MOV     A,#7FH
MOV     R1,#44H
END
```

这里的 ORG 和 END 是两条伪指令，其作用是告诉汇编程序此汇编源程序的起止位置。编辑好的源程序应以".ASM"扩展名存盘，以备汇编程序调用。

2. 源程序的汇编

将汇编语言源程序转换为单片机能执行的机器码形式的目标程序的过程称为汇编。汇编通常用机器进行汇编。

机器汇编是在常用的个人计算机 PC 上，使用交叉汇编程序将汇编语言源程序转换为机器码形式的目标程序。汇编工作由计算机完成，生成的目标程序由 PC 机传送到开发机上，经调试无误后，再固化到单片机的程序存储器 ROM 中。

源程序经过机器汇编后，形成的若干文件中含有两个主要文件，一是列表文件，另一个是目标码文件。因汇编软件的不同，文件的格式及信息会有一些不同，但主要信息如下。

列表文件主要信息为：

```
地址      目标码   汇编程序
ORG      0040H
0040H    747F     MOV  A,#7FH
0042H    7944     MOV  R1,#44H
END
```

目标码文件主要信息为：

```
首地址    末地址    目标码
0040H    0044H    747F7944
```

该目标码文件由 PC 机的串行口传送到开发机后，接下来的任务就是仿真调试了。

2.6.2.2　伪指令

伪指令是汇编程序能够识别并对汇编过程进行某种控制的汇编命令。它不是单片机执行的指令，所以没有对应的可执行目标码，汇编后产生的目标程序中不会再出现伪指令。标准 51 汇编程序定义了许多伪指令，下面仅对一些常用的进行介绍。

1. 起始地址设定伪指令 ORG

格式为：

```
        ORG    表达式
```

该指令的功能是向汇编程序说明下面紧接的程序段或数据段存放的起始地址。表达式通常为十六进制地址，也可以是已定义的标号地址。如：

```
        ORG    8000H
START:      MOV    A,#30H    .
```

此时规定该段程序的机器码从地址 8000H 单元开始存放。

在每一个汇编语言源程序的开始，都要设置一条 ORG 伪指令来指定该程序在存储器中存放的起始位置。若省略 ORG 伪指令，则该程序段从 0000H 单元开始存放。在一个源程序中，可以多次使用 ORG 伪指令规定不同程序段或数据段存放的起始地址，但要求地址值由小到大依序排列，不允许空间重叠。

2. 汇编结束伪指令 END

格式为：

```
        END
```

该指令的功能是结束汇编。汇编程序遇到 END 伪指令后即结束汇编。处于 END 之后的程序，汇编程序将不处理。

3. 字节数据定义伪指令 DB

格式为：

```
[标号:]      DB    字节数据表
```

功能是从标号指定的地址单元开始，在程序存储器中定义字节数据。

字节数据表可以是一个或多个字节数据、字符串或表达式。该伪指令将字节数据表中的数据根据从左到右的顺序依次存放在指定的存储单元中，一个数据占一个存储单元。例如：

```
        DB    "how are you?"
```

把字符串中的字符以 ASCII 码的形式存放在连续的存储单元中。

该伪指令常用于存放数据表格。如要存放显示用的十六进制的字形码，可以用多条 DB 指令完成：

```
        DB    0C0H,0F9H,0A4H,0B0H
        DB    99H,92H,82H,0F8H
        DB    80H,90H,88H,83H
        DB    0C6H,0A1H,86H,84H
```

4. 字数据定义伪指令 DW

格式为：

[标号:]　　　DW　字数据表

功能是从标号指定的地址单元开始，在程序存储器中定义字数据。该伪指令将字或字表中的数据根据从左到右的顺序依次存放在指定的存储单元中。应特别注意：16 位的二进制数，高 8 位存放在低地址单元，低 8 位存放在高地址单元。

例如：

```
          ORG   1400H
DATA:     DW    324AH,3CH
```

汇编后，（1400H）=32H，（1401H）= 4AH，（1402H）=00H，（1403H）=3CH。

5. 空间定义伪指令 DS

格式为：

[标号:]　　　DS　表达式

功能是从标号指定的地址单元开始，在程序存储器中保留由表达式所指定的个数的存储单元作为备用的空间，并都填以零值。

例如，

```
          ORG    3000H
BUF:      DS     50
```

汇编后，从地址 3000H 开始保留 50 个存储单元作为备用单元。

6. 赋值伪指令 EQU

格式为：

符号名　　　EQU　　　表达式

功能是将表达式的值或特定的某个汇编符号定义为一个指定的符号名。

例如：

```
LEN       EQU    10
SUM       EQU    21H
```

2.6.3　基本程序结构

2.6.3.1　顺序程序

【例 2–1】顺序程序是指无分支、无循环结构的程序。其执行流程是依指令在存储器中的存放顺序进行的。

1. 字节分解

将内部 RAM 的 30H 单元中存储的数据的高低四位分解后分别送到 50H 和 51H 单元，如图 2–25 所示。

程序如下：

```
MOV      A, 30H
ANL      A, #0FH
MOV      50H, A
```

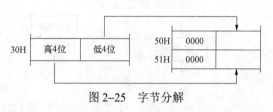

图 2–25　字节分解

```
MOV      A, 30H
ANL      A, #0F0H
SWAP     A
MOV      51H, A
```

2. 二进制数转换为 BCD 码

【例2-2】将累加器A中的二进制数转换成BCD码，
存放在片内 RAM 的 50H 和 51H 单元，如图 2-26 所示。

程序如下：

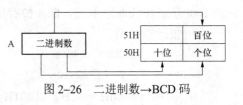

图 2-26 二进制数→BCD 码

```
MOV      B, #64H
DIV      AB
MOV      51H, A
MOV      A, #0AH
XCH      A, B
DIV      AB
SWAP     A
ADD      A, B
MOV      50H, A
```

该程序的算法是：#64H 为十进制的 100，第 2 条为除法指令，A 除以 100 的商是百位，结果商在 A 中。同理除以 100 后的余数再除 10 的商是十位数，其余数是个位数。

2.6.3.2　分支程序

通常情况下，程序的执行是按照指令在程序存储器中存放的顺序进行的，但根据实际需要也可以改变程序的执行顺序，这种程序结构就属于分支结构。分支结构可以分成单分支、双分支和多分支几种情况。

单分支结构如图 2-27（a）所示。若条件成立，则执行程序段 A，然后继续执行该指令下一条指令；如条件不成立，则不执行程序段 A，直接执行该指令的下一条指令。

双分支结构如图 2-27（b）所示。若条件成立，执行程序段 A；否则执行程序段 B。

多分支结构如图 2-27（c）所示。先将分支按序号排列，然后按照序号的值来实现多分支选择。

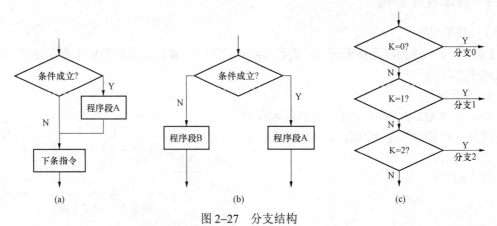

图 2-27　分支结构

（a）单分支结构；（b）双分支结构；（c）多分支结构

1. 双分支程序

【例 2–3】两个无符号数分别存在 50H 和 51H 单元中，比较它们的大小，大者送到 52H 单元中。

程序段如下：

```
            ORG     1000H
START:      CLR     C
            MOV     R2, 50H
            MOV     A, 51H
            SUBB    A, R2
            JNC     BIG1            ;(51H)大则转到BIG1
            MOV     52H, 50H        ;(50H)大
            SJMP    BIG2
BIG1:       MOV 52H, 51H
BIG2:       RET                     ;子程序返回
            END
```

2. 多分支程序

【例 2–4】使用 CJNE 实现多分支。

该程序实现温度控制：下限温度≤Ta≤上限温度，设下限温度存放在 54H 单元，上限温度存放在 55H 单元中，实测到的温度 Ta 存放在累加器 A 中。

程序段如下：

```
            CJNE    A, 55H, LOOP1   ;与上限温度比较,不等转到LOOP1
            SJMP    FH              ;相等返回
LOOP1:      JNC     JW              ;大于上限温度,转到降温程序
            CJNE    A, 54H, LOOP2   ;与下限温度比较,不等转到LOOP2
            SJMP    FH              ;相等返回
LOOP2:      JC      SW              ;小于下限温度,转到升温程序
FH:         RET
```

2.6.3.3　循环程序

在程序设计中，经常需要控制一部分指令重复执行若干次，以便用简短的程序完成大量的处理任务。这种按某种控制规律重复执行的程序称为循环程序。循环程序有先执行后判断和先判断后执行两种基本结构，如图 2-28 所示。

1. 先执行后判断

（1）【例 2–5】测试数据长度。

在内部 RAM 的 40H 单元开始存放一组数据，以回车符（0DH）结尾，测试该组数据长度。

程序段如下：

```
            MOV     R2, #0FFH       ;计数器清零
            MOV     R0, #3FH        ;置数据段首地址
LOOP:       INC     R2              ;计数器加1
            INC     R0              ;数据地址加1
            CJNE    @R0, #0DH, LOOP ;检测结束符
            RET
```

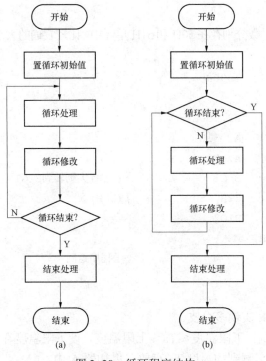

图 2-28 循环程序结构

(a) 先执行后判断；(b) 先判断后执行

（2）例：10ms 延时程序。

【例 2-6】 若晶振频率为 12MHz，则 1 个机器周期为 1μs。执行一条 DJNZ 指令需要 2 个机器周期，即 2μs。采用循环计数法实现延时，循环次数可以通过计算获得，并选择先执行后判断的循环结构。程序段如下：

```
DELAY:  MOV    R4,#20      ;1μs
DEL1:   MOV    R5,#249     ;1μs,
DEL2:   DJNZ   R5,DEL2     ;2μs,共(2×249)μs
        DJNZ   R4, DEL1    ;2μs,共[(2×249+2+1)×20] μs,即10.02ms
        RET
```

2. 先判断后执行

【例 2-7】 将内部 RAM 中起始地址为 data 的数据串传送到外部 RAM 中起始地址为 buffer 的存储区域内，直到发现'$'字符停止传送。由于循环次数事先不知道，但循环条件可以测试到，所以，采用先判断后执行的结构比较适宜。程序段如下：

```
        MOV    R0,#data
        MOV    DPTR,#buffer
LOOP0:  MOV    A,@R0
        CJNE   A,#24H,LOOP1    ;判断是否为'$'字符
        SJMP   LOOP2           ;是'$'字符,转结束
LOOP1:  MOVX   @DPTR,A         ;不是'$'字符,执行传送
        INC    R0
```

```
        INC     DPTR
        SJMP    LOOP0                       ;传送下一数据
LOOP2:          …          …
```

2.6.3.4 子程序及其调用

1. 子程序的调用

在实际应用中，经常会遇到一些带有通用性的问题，例如：数值转换、数值计算等，在一个程序中可能要使用多次。这时可以将其设计成通用的子程序供随时调用。利用子程序可以使程序结构紧凑，使程序的阅读和调试更加方便。

子程序的结构与一般的程序并无多大区别，它的主要特点是，在执行过程中需要由其他程序来调用，执行完后又需要把执行流程返回到调用该子程序的主程序。

子程序调用时要注意两点：一是现场的保护和恢复；二是主程序与子程序的参数传递。

2. 现场保护与恢复

在子程序执行过程中常常要用到单片机的一些通用单元，如工作寄存器 R0～R7、累加器 A、数据指针 DPTR 以及有关标志和状态等。而这些单元中的内容在调用结束后的主程序中仍有用，所以需要进行保护，称为现场保护。在执行完子程序，返回继续执行主程序前恢复其原内容，称为现场恢复。保护与恢复的方法有以下两种：

（1）在主程序中实现。其特点是结构灵活。示例如下：

```
        PUSH    PSW             ;保护现场
        PUSH    ACC
        PUSH    B
        MOV     PSW,#10H        ;换当前工作寄存器组
        LCALL   addr16          ;子程序调用
        POP     B               ;恢复现场
        POP     ACC
        POP     PSW
          ⋮       ⋮
```

（2）在子程序中实现。其特点是程序规范、清晰。示例如下：

```
SUB1:   PUSH    PSW             ;保护现场
        PUSH    ACC
        PUSH    B ;
          ⋮       ⋮
        MOV     PSW,#10H        ;换当前工作寄存器组
          ⋮       ⋮
        POP     B               ;恢复现场
        POP     ACC
        POP     PSW
        RET
```

应注意的是，无论哪种方法保护与恢复的顺序都要对应，否则程序将会发生错误。

3. 参数传递

由于子程序是主程序的一部分，所以，在程序的执行时必然要发生数据上的联系。在调用子程序时，主程序应通过某种方式把有关参数（即子程序的入口参数）传给子程序，当子程序执行完毕后，又需要通过某种方式把有关参数（即子程序的出口参数）传给主程序。

2.6.4 简单程序举例

51 单片机的指令系统提供的是字节运算指令，所以在处理多字节数的加减运算时，要合理地运用进位（借位）标志。

1. 多字节无符号数的加法

【例 2-8】设两个 N 字节的无符号数分别存放在内部 RAM 中以 DATA1 和 DATA2 开始的单元中。相加后的结果要求存放在 DATA1 数据区。

程序段如下：

```
           MOV    R0,#DATA1        ;被加数首地址
           MOV    R1,#DATA2        ;加数首地址
           MOV    R7,#N            ;置字节数
           CLR    C ;
LOOP:      MOV    A,@R0
           ADDC   A,@R1            ;求和
           MOV    @R0,A            ;存结果
           INC    R0               ;修改指针
           INC    R1
           DJNZ   R7,LOOP
```

2. 多个字节 BCD 码加法

【例 2-9】设 R0 为被加数和结果的指针，R1 为加数的指针，字节数存放在 R2 中。子程序如下：

```
ADDB:      MOV    R0, #20H         ;被加数首地址
           MOV    R1, #30H         ;加数首地址
           MOV    R2, #04H         ;字节数
           CLR    C
LOOP:      MOV    A, @R0
           ADDC   A, @R1           ;求和
           DA     A                ;十进制调整
           MOV    @R0, A
           INC    R0
           INC    R1
           DJNZ   R2, LOOP
           RET                     ;子程序返回
```

单片机能识别和处理的是二进制码，而输入输出设备（如 LED 显示器、微型打印机等）

则常使用 ASCII 码或 BCD 码。为此，在单片机应用系统中经常需要通过程序进行二进制码与 BCD 码或 ASCII 码的相互转换。

由于二进制数与十六进制数有直接的对应关系，所以，为了书写和叙述的方便，下面将用十六进制数代替二进制数。

十六进制数与 ASCII 码的对应关系见表 2-8。由表可见，当十六进制数在 0～9 之间时，其对应的 ASCII 码值为该十六进制数加 30H；当十六进制数在 A～F 之间时，其对应的 ASCII 码值为该十六进制数加 37H。

表 2-8　　　　　　　　　　　十六进制数与 ASCII 码的关系表

十六进制	ASCII 码	十六进制	ASCII 码	十六进制	ASCII 码	十六进制	ASCII 码
0	30H	4	34H	8	38H	12	43H
1	31H	5	35H	9	39H	13	44H
2	32H	6	36H	10	41H	14	45H
3	33H	7	37H	11	43H	15	46H

3. 将 2 位十六进制数转换成 ASCII 码

【例 2-10】设在内部 RAM 的 hex 单元存放 2 位十六进制，转换后存放到 asc 单元（低位）和 asc+1 单元（高位）实现程序如下：

```
            MOV     SP, #3FH            ;堆栈指针
MAIN:       MOV     A, hex             ;取十六进制数
            LCALL   HASC               ;调用转换子程序
            MOV     asc, A             ;存放低位
            MOV     A, hex             ;再取十六进制数
            SWAP    A                  ;高低位交换
            LCALL   HASC               ;调用转换子程序
            MOV     asc+1, A           ;存放高位
 HASC:      ANL     A, #0FH            ;子程序,屏蔽高位
            MOV     DPTR, #ASCTAB      ;表首地址
            MOVC    A, @A+DPTR         ;查表转换为ASCII码
            RET                        ;子程序返回
ASCTAB:     DB      "0,1,2,3,4,5,6,7"  ;置ASCII码表
            DB      "8,9,A,B,C,D,E,F"
```

2.7 思 考 与 练 习

1. 标准 51 单片机的存储器的组织采用何种结构？存储器地址空间如何划分？各地址空间的地址范围和容量如何？在使用上有什么特点？

2. 标准 51 单片机的 P0—P3 口在结构上有什么不同？在使用上有何特点？

3. 标准 51 单片机的 PSW 寄存器的各标志位的意义如何？

4. 标准 51 单片机的当前工作寄存器组如何选择？

5. 标准 51 单片机的指令系统有何特点？

6. 试论 RAM，ROM，EPROM，EEPROM 的特点。

7. 标准 51 单片机有哪些信号脚是作为第二功能提供的？

8. 标准 51 单片机内部 RAM 低 128 单元划分为哪 3 个部分？各部分的主要功能是什么？

9. 标准 51 单片机的有几种寻址方式？各寻址方式所对应的寄存器或存储空间如何？

10. 访问外部存储器可以采用哪些寻址方式？

11. 编写程序将内部 RAM 20H–23H 单元的高四位写 1，低四位写 0。

12. 若（A）=E8H，（R0）=40H，（R1）=20H，（R4）=3AH，（40H）=2CH，（20H）=0FH，试写出下列各指令独立执行后有关寄存器和存储单元的内容，若该指令影响标志位，试指出 CY、AC 和 OV 的值。

（1）MOVA，@R0

（2）ANL 40H，#0FH

（3）ADD A，R4

（4）SWAP A

（5）DEC @R1

（6）XCHDA，@R1

13. 若（50H）=40H，试写出执行以下程序段后累加器 A、寄存器 R0 及内部 RAM 的 40H、41H、42H 单元中的内容各为多少？

```
MOV A,50H
MOV R0,A
MOV A,#00H
MOV @R0,A
MOV A,3BH
MOV 41H,A
MOV 42H,41H
```

14. 试用位操作指令实现下列逻辑操作。要求不得改变未涉及的位的内容。

（1）使 ACC.0 置位。

（2）清除累加器高 4 位。

（3）清除 ACC.3，ACC.4，ACC.5，ACC.6。

15. 试编写程序，将内部 RAM 的 20H、21H、22H 这 3 个连续单元的内容依次存入 2FH、2EH 和 2DH 单元。

16. 试编写程序，完成两个 16 位数的减法：7F4DH–2B4EH，结果存入内部 RAM 的 30H 和 31H 单元，31H 单元存差的高 8 位，30H 单元存差的低 8 位。

17. 试编写程序，将 R1 中的低 4 位数与 R2 中的高 4 位数合并成一个 8 位数，并将其存放在 R1 中。

18. 试编写程序，将内部 RAM 的 20H、21H 单元的两个无符号数相乘，结果存放在 R2、R3 中，R2 中存放高 8 位，R3 中存放低 8 位。

19. 若（CY）=1，（P1）=10100011B，（P3）=01101100B。试指出执行下列程序段后，CY、P1 口及 P3 口内容的变化情况。

```
MOV P1.3,C
MOV P1.4,C
MOV C,P1.6
MOV P3.6,C
MOV C,P1.0
MOV P3.4,C
```

20. 若单片机的主频为 12MHz，试用循环转移指令编写延时 20ms 的延时子程序，并说明这种软件延时方式的优缺点。

第3章 单片机C51语言程序设计基础

　　C语言是一种通用的、过程式的编程语言，广泛应用于系统与应用软件的开发。它具有高效、灵活、功能丰富、表达力强和较高的可移植性等特点，备受技术人员青睐，也是使用最为广泛的编程语言。目前，C语言编译器普遍存在于各种不同的操作系统中，例如UNIX、Microsoft Windows及Linux等。因此如何基于C语言进行单片机应用程序的开发成为一件非常有意义的事情，一些大公司陆续推出了51系列兼容单片机C语言软件开发系统，其中Keil C51就是一个典型代表，Keil C51（以下简称C51）是美国Keil Software公司出品的51系列兼容单片机C语言软件开发系统，C51是由C语言继承而来的，是标准C的扩展，它运行于具体的单片机硬件平台。因此在基于C51进行单片机应用程序设计时涉及对具体单片机硬件寄存器和存储单元的定义，而这也是C51与C语言的最大的不同，也是本章学习的重点与难点，而在语法和编程规则方面，C51与C语言几乎是相同的。C51语言具有C语言结构清晰的优点，便于学习，同时具有汇编语言的硬件操作能力。对于具有C语言编程基础的读者，能够非常轻松地掌握单片机C51语言的程序设计。Keil C51编译器是支持51单片机最成功的C语言，它功能强大且代码效率极高，其应用最为广泛。本章将主要介绍如何基于Keil C51实现面向单片机的应用程序的设计，同时介绍C51中变量的存储类型和数据类型，以及C51关键字的使用，并给出了具体的程序设计实例。

3.1 C51语言程序设计概述

3.1.1 C51与汇编语言的区别

　　Keil C51工具包的整体结构，如图3-1所示，其中uVision与Ishell分别是C51 for Windows和for Dos的集成开发环境（IDE），可以完成编辑、编译、连接、调试、仿真等整个开发流程。开发人员可用IDE本身或其他编辑器编辑C或汇编源文件。然后分别由C51及A51编译器编译生成目标文件（.OBJ）。目标文件可由LIB51创建生成库文件，也可以与库文件一起经L51连接定位生成绝对目标文件（.ABS）。ABS文件由OH51转换成标准的Hex文件，以供调试器dScope51或tScope51使用进行源代码级调试，也可由仿真器使用

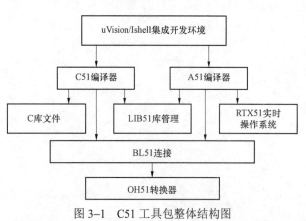

图3-1　C51工具包整体结构图

直接对目标板进行调试，也可以直接写入程序存储器中。

汇编语言和 C51 是单片机应用系统开发常用的编程工具，汇编语言拥有面向机器的低级语言独特的优势：生成的机器代码简洁、代码效率高，占 ROM 空间少、执行效率高等，适用于一些对时序要求特别精确的场合，如遥控解码、步进电机的控制等。当编写一个较大的应用程序时，从内部 RAM 单元的规划、堆栈的保护、ROM 中断入口地址的安排、PC 的维护，到内部和外部资源的整合、系统的调试和维护等，如果采用汇编语言时，则显示出明显的缺点，也不利于程序的移植，尤其当程序中存在大量计算时，程序就显得特别庞杂，且工作量非常大。故除了一些要求特殊的功能模块采用汇编外，一般情况下，都采用主要面向应用、运算符丰富、结构简洁的 C51 实现。与汇编相比，C51 在功能上、结构性、可读性、可维护性上有明显的优势，因而易学易用。用 C51 编写的单片机应用程序可读性强，调试、移植都很方便，开发效率高。通过例 3.1，可看出汇编语言编程与 C51 编程的区别。

【例 3–1】查表程序，设变量放在单片机片内 RAM 20H 单元，其取值范围为 00H，01H，02H，03H，04H，05H，要求编制一段查表程序，查出该变量的平方值，并放在 RAM 21H 单元。

汇编语言程序代码如下：

```
        MOV     A,20H           ;将 RAM 20H 单元中的变量传送至 A
        MOV     DPTR, #TABLE
        MOVC    A,@A+DPTR
        MOV     21H,A           ;将查到的变量的平方值传送到 RAM 21H 单元中
STOP:   SJMP    STOP
TABLE:  DB      00H,01H,04H,09H,10H,19H
        END
```

C51 程序代码如下：

```
#include<reg51.h>
#include<absacc.h>
#define uchar unsigned char
#define XVAL DBYTE[0X20]     //用关键字 DBYTE 定义 RAM 20H 单元为 XVAL
#define YVAL DBYTE[0X21]     //用关键字 DBYTE 定义 RAM 21H 单元为 YVAL
uchar code table[6]={0x00,0x01,0x04,0x09,0x10,0x19};  //在程序存储器空间定义数组
void main()
{
    uchar x,y;
    x = XVAL;          //将 RAM 20H 单元 XVAL 中的变量传送至变量 x
    y = table[x];
    YVAL = y;          //将查到的变量的平方值传送到 RAM 21H 单元 YVAL 中
}
```

通过该例子我们可以看出，汇编语言可以通过指令系统的寻址方式直接访问 RAM 单元，而 C51 需要借助关键字的定义来实现对具体硬件单元的访问。

3.1.2 C51 程序设计基础

C51 语言具有 C 语言结构清晰的优点，便于学习，同时具有汇编语言的硬件操作能力。对于具有 C 语言编程基础的读者，能够轻松地掌握 C51 语言的单片机程序设计。C51 利用扩展关键字对单片机芯片内的指定的存储单元或寄存器以及指定的位进行预定义，实现对单片机芯片内的指定的存储单元或寄存器以及指定的位进行访问，从而可以方便实现利用 C 语言访问变量的方式来访问到具体的寄存器或位变量，还能方便地运用 C 语句操作单片机的硬件与内部资源，实现对单片机的应用编程。而 C51 在程序设计时的编写思路与标准 C 没有差别。

1. C51 的数据类型与存储类型

C51 在定义数据及变量时都要求指明其数据类型与存储类型这两种属性。数据类型用来声明程序中变量所使用的数据结构，存储类型用来声明数据在单片机中的定位形式。

（1）C51 数据类型。C51 有 ANSI C 的所有标准数据类型。除此之外，为了更加有利地利用 MCS–51 系列单片机的结构，还加入了一些特殊的数据类型。表 3–1 显示了标准数据类型在 51 系列单片机中占据的字节数。注意，整型和长整型的符号字节在最低的地址中。C51编译器还支持一种位数据类型，一个位变量的内容可存于片内 RAM 的位寻址区中，可向操作其他变量那样对位变量进行操作，而位数组和位指针是违法的。C51 中还有面向单片机中特殊功能寄存器的特殊位型（sbit），8 位特殊功能寄存器型（sfr），16 位特殊功能寄存器型（sfr16）等数据类型。

表 3–1　　　　　　　　　　　　　　C51 数 据 类 型

数据类型	长　　度	值 域 范 围
bit	1bit	0，1
unsigned char	1byte	0～255
signed char	1byte	−128～127
unsigned int	2byte	0～65 535
signed int	2byte	−32 768～32 767
unsigned　long	4byte	0～4 294 967 295
signed　long	4byte	−2 147 483 648～2 147 483 647
float	4byte	$\pm$1.175 494E–38～$\pm$3.402 823E+38
指针	1～3byte	对象的地址
sbit	1bit	0，1
sfr	1byte	0～255
sfr16	2byte	0～65 535

（2）特殊功能寄存器的定义。特殊功能寄存器用 sfr 来定义，而 sfr16 用来定义 16 位的特殊功能寄存器，如 DPTR。通过名字或地址来引用的特殊功能寄存器，地址必须高于 80H。可位寻址的特殊功能寄存器的变量定义，用关键字 sbit 表示。对于大多数 51 系列单片机成员，C51 提供了一个包含了所有特殊功能寄存器和它们的位定义的头文件（如 C8051.h）。通过修改头文件，可以很容易地进行新的扩展。SFR 的定义如下表示：

```
sfr SCON=0x98;      //定义 SCON,其中 0x 表示十六进制数
sbit SM0=0x9F;      //定义 SCON 的各位
sbit SM1=0x9E;
sbit SM2=0x9D;
sbit REN=0x9C;
sbit TB8=0x9B;
sbit RB8=0xA;
sbit TI=0x99;
sbit RI=0x98;
```

对于头文件（C8051.h）所没有包含的位定义，需编程者在程序中定义，也可重新定义新的符号，如下列所示：

```
#include < C8051.h >
sbit p10=p1^0;
sbit p11=p1^1;
sbit p30=p3^0;
sbit p31=p3^1;
main()
{
p10=1;
p11=0;
p30=0;
p31=1;    }
```

（3）C51 的存储类型。C51 单片机允许使用者通过存储类型关键字指定程序变量的存储区，这使编程者可以控制存储区的使用。编译器可识别以下存储区，见表 3–2。

表 3–2   C51 存 储 类 型

存储区关键字	描　　述
DATA	内部 RAM 的低 128 个字节（00H～7FH）
BDATA	DATA 区可进行位操作的 16 个存储单元（20H～2FH）
IDATA	RAM 区的高 128 个字节（80H～0FFH）
PDATA	外部数据存储器某页的 256 个字节（页地址默认）
XDATA	外部数据存储器，64KB
CODE	程序存储器（内、外部），64KB

1）DATA 区。对 DATA 区的寻址是最快的，所以应该把使用频率高的变量放在 DATA区。由于空间有限，必须注意使用。DATA 区除了包含程序变量外，还包括了堆栈和寄存器组。DATA 区的声明如下所示：

```
unsigned char data system_status=0;
unsigned int data unit[2];
```

```
char data inp_string[16];
```

标准变量和用户自定义变量，都可以存储在 DATA 区中。只要不超过 DATA 区的范围。C51 使用默认的寄存器组来传递参数。另外，要定义足够大的堆栈空间，否则，当内部堆栈溢出的时候，程序运行就会出错。

2）BDATA 区。C51 语言容许在 DATA 区的位寻址区定义变量，这个变量就可以进行位寻址。并且可以利用这个变量来定义位。这对状态寄存器来说是十分有用，因为它需要单独的使用变量的每一位，不一定要用位变量名来引用位变量，如下所示：

```
unsigned char bdata status_byte;
unsigned int bdata status_word;
bit stat_flag=status_byte^4;
  ⋮
 if(status_word^15)
   {
   stat_flag=1;
   ⋮
   }
  ⋮
```

3）IDATA 段。IDATA 段可以存放使用比较频繁的变量，使用寄存器作为指针进行寻址。在寄存器中设置 8 位地址，进行间接寻址。与外部存储器比较，它的指令执行周期和代码长度都比较短。变量定义如下：

```
unsigned char idata system_status=0;
unsigned int idata unit_id[2];
chat idata inp_string[16];
float idata outp_value;
```

4）PDATA 和 XDATA 段。在这两个段声明变量和其他段的语法是一样的。

PDATA 段只有 256 个字节，而 XDATA 段可达 65 536 个字节。定义如下：

```
unsigned char xdata system_status=0;
unsigned int pdata unit_id[2];
chat xdata inp_string[16];
float pdata outp_value;
```

对 PDATA 和 XDATA 的操作是相似的，对 PDATA 段寻址比对 XDATA 段寻址要快。因为 PDATA 段寻址只需要装入 8 位地址，而对 XDATA 段寻址需装入 16 位地址。

5）CODE 段。代码段的数据一般是程序代码、数据表、跳转向量和状态表。对 CODE 段的访问和对 XDATA 段的访问一样，如下所示：

```
unsigned int code unit_id[2];
 unsigned char code  table[ ]= {0x00,0x01,0x02,0x03,0x04,0x05,0x06,0x07,
0x08,0x09,0x10,0x11,0x12,0x13,0x14,0x15};
```

外部地址段中，除了包含存储器地址外，还包含 I/O 器件的地址。对外部器件寻址可通过 C51 提供的宏、绝对地址或指针来访问。建议使用宏或绝对地址来对外部器件进行寻址，因为这样更有可读性。宏定义使得存储段看上去像 char 和 int 类型的数组。如下所示：

1）使用宏定义外 RAM 存储器或 I/O 器件地址，如：

```
inp_byte=XBYTE[0x8500];      //从地址 8500H 读一个字节
inp_word=XWRD[0x4000];       //从地址 4000H 和 4001H 读一个字
XBYTE[0x7500]=out_val;       //写一个字节到 7500H
```

除 BDATA 和 BIT 段外，其他数据段也可采用以上方法来进行寻址。采用宏定义时，必须包含头文件 sbsacc.h（头文件 absacc.h 的内容参见附录 B）。

2）使用绝对地址命令 _at_ 来访问外部 RAM 存储器或 I/O 器件地址，如：

```
unsigned char xdata system _at_ 0x2000;    //将变量 system 指向片外 0x2000 单元
```

除 BIT 段外，其他数据段也可采用以上方法来进行寻址，如：

```
unsigned char data address _at_ 0x30;      //将变量 address 指向片内 0x30 单元
```

3）使用指针来访问外部 RAM 存储器或 I/O 器件地址，如：

```
c=*((char xdata*)0x0000);                   //从地址 0000 读一个字节
```

如果定义变量时省略存储器类型，系统则会按编译模式 SMALL、COMPACT 或 LARGE 所规定的默认存储器类型去指定变量的存储区域。无论什么存储模式都可以声明变量在任何的 8051 存储区范围，然而把最常用的变量、命令放在内部数据区可以显著的提高系统性能。C51 支持的主要存储模式见表 3-3。

表 3-3　　　　　　　　　　　　　　　　C51 支持的主要存储模式

存储模式	说　明
SMALL	函数参数及局部变量放在片内 RAM（默认变量类型为 DATA，最大 128B）。另外所有对象包括栈都优先放置于片内 RAM，当片内 RAM 用满，再向片外 RAM 放置
COMPACT	参数及局部变量放在片外 RAM（默认的存储类型是 PDATA，最大 256B）；通过 R0、R1 间接寻址，栈位于 8051 片内 RAM
LARGE	参数及局部变量直接放入片外 RAM（默认的存储类型是 XDATA，最大 64KB）；使用数据指针 DPTR 间接寻址。因此访问效率较低且直接影响代码长度

2. C51 的指针

指针就是地址，数据或变量的指针就是存储该数据或变量的存储器地址。C51 指针分为存储型指针和通用型指针两种。存储型指针指定了它所指对象的存储类型。

例：

```
        char xdata *px;
        char xdata *py;
```

而通用型指针没有指定对象的存储类型。

例：

```
        char *pz;
```

（1）指针与指针变量。

变量是存放数据（变量值）的单元，指针是变量的地址，或者说把存放变量的存储单元的地址称为指针，指针变量是存放指针的单元。使用指针前也必须定义。

指针的定义为：

```
              char    xdata  *data  xp;
```

也可以写成：

```
        data    char xdata  *xp;
```

对指针操作的运算符有取地址运算符&和取内容运算符*。在 C51 中&可作为取地址运算符，又可作为按位"与"，若为按位"与"，"&"的两边必须有操作对象。*可作为取内容运算符，还可作为指针变量的标志，但作为指针变量标志时，一定出现在对指针定义中。

（2）定义指针与指针变量的注意点。

指针变量名前面冠以"*"号，如上例*xp，表示 xp 为指针；指针定义时，应包括被指变量的数据类型、存储类型以及指针变量本身的存储类型。指针变量本身的存储类型，写在语句的开头，或者在*号与变量名之间。

例：

```
        char    xdata   *data  xp;
        data    char    xdata  *xp;
```

如果只标明被指变量的数据类型和存储类型，而没有指明指针变量本身的存储类型，则指针变量本身被默认为通用型。

（3）指针与指针变量的定义举例。

例：定义一字符变量 x，并赋值为 6。

```
        char    data  x;
        x=6;
```

例：定义一指针 xp，指向 x 所在的内存单元

```
        char    data *data    xp;
        xp=&x;
```

定义后要访问 x 可以用两种办法：

1）直接访问，如 printf（"%d"，x）。

2）间接访问，如 printf（"%d"，*xp）。

例：

```
        char  a,  *xp;
        a=10;
        xp=&a;
        *xp=20;
        printf( "%d", a);      //打印 20
        printf( "%d", *xp);    //打印 20
```

3. C51 语言运算符及运算表达式

（1）赋值运算符和复合的赋值运算符。C51 语言中"＝"是赋值运算符，赋值号左边必须是变量。该运算符具有自右至左的结合性。在使用该运算符时，要注意同一变量在赋值号两边具有不同的含义。

复合的赋值运算符是由算术运算与赋值运算符结合起来构成的，如* =，/=，%=，+=，－ =。它们既可以进行算术运算又能完成赋值运算。使用时要注意两个运算符之间不能有空格存在。

（2）算术运算符。算术运算符包括：单目运算符++，－－，－（负号），＋（正号）；双目运算符+，－，*，/，%，见表 3–4。

表 3–4　　　　　　　　　　　　　　　基 本 算 术 运 算 符

运算符	作用	举例	运算符	作用	举例
+	加，单目取正	3+5、+3	%	取模	7%4 的值为 3
－	减，单目取负	5-2、-3	－ －	自减 1	i－－
*	乘	3*5	++	自增 1	i++
/	除	5/3			

说明：x=x+1 可写成 x++，或++x，x=m++表示将 m 的值先赋给 x 后，然后 m 加 1。x=++m 表示 m 先加 1 后，再将新值赋给 x。

（3）逻辑运算符。逻辑运算符规定了针对逻辑值的运算。逻辑运算的结果是逻辑值 1 或 0。C51 语言规定，所有参加逻辑运算的表达式只有 0 与非 0 之分，如果其值不为 0，就认为该表达式的逻辑值等于 1。否则，该表达式的逻辑值等于 0。C51 语言提供了三种逻辑运算：逻辑与运算、逻辑或运算和逻辑非运算。

设 A 和 B 代表参加逻辑运算的表达式。

逻辑与运算（运算符：&&）

运算法则：A&&B 的结果为 1，当且仅当 A 和 B 的值均为非 0；否则，A&&B 的结果为 0。

逻辑或运算（运算符：||）

运算法则：A||B 的结果为 0，当且仅当 A 和 B 的值均为 0；否则，A||B 的结果为 1。

逻辑非运算（运算符：!）

运算法则：! A 的结果为 0，当且仅当 A 的值为非 0；否则，! A 的结果为 1。

（4）逗号运算符。C51 语言中，可以用逗号运算符"，"把两个或多个算术表达式连接起来构成逗号表达式。逗号表达式的求值是从左至右，且逗号运算是所有运算符中优先级别最低的一种运算符。例如下面两个表达式将得到不同的计算结果：

```
y=( a=4,3*a);        //y 的值为 12,赋值表达式的值也是 12
 (y= a=4,3*a);        //y 的值为 4,赋值表达式的值为 12
```

（5）关系运算符。C51 语言提供下述 6 种关系运算符用于表达式之间的比较：

大于比较运算符：　　　　　>

小于比较运算符：　　　　　<

大于等于比较运算符：　　　>=

小于等于比较运算符：　　　<=

等于比较运算符：　　　　　= =

不等于比较运算符：　　　　!=

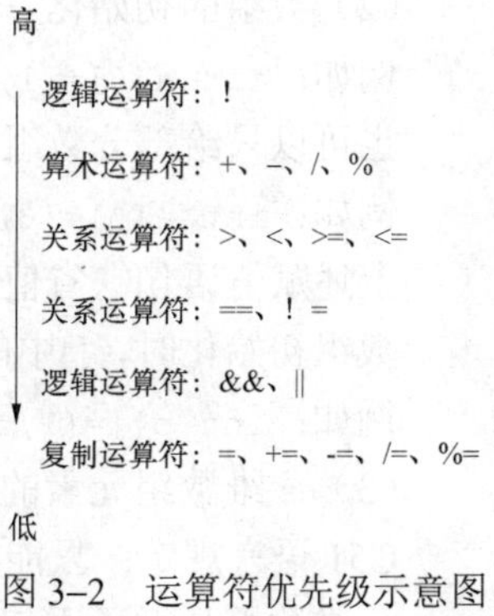

图 3–2 说明了包括逻辑运算符在内的各类运算符的运算优先级的高低。

在上述 6 种关系运算符中，按运算优先级可分为二组：>、<、>=、<=具有相同的运算优先级，为一组；==和! =也具有相

高

逻辑运算符：!

算术运算符：+、-、/、%

关系运算符：>、<、>=、<=

关系运算符：==、! =

逻辑运算符：&&、||

复制运算符：=、+=、-=、/=、%=

低

图 3–2　运算符优先级示意图

同的运算优先级，为另一组。后一组的运算优先级由低于前者，同优先级的关系运算符左结合——自左至右的结合方向。

（6）位运算符。C51 语言为整型数据提供了位运算符。位运算以字节（byte）中的每一个二进位（bit）为运算对象。最终的运算结果还是整型数据。位运算又分为按位逻辑运算和移位运算。

位逻辑运算　按位逻辑运算符共有四种：

按位逻辑与运算符&、按位逻辑或运算符|、按位逻辑非运算符～、按位逻辑异或运算符^

设用 x、y 表示字节中的二进制，取值为 0 或 1，上述按位逻辑运算符的运算法则为：

当 x、y 均为 1 时，x&y=1；否则，x&y=0。

当 x、y 均为 0 时，x|y=0；否则，x|y=1。

当 x、y 的值不相同时，x^y=1；否则，x^y=0。

当 x=1 是，～x=0；而当 x=0 时，～x=1。

移位运算　移位运算指令主要有两条，即左移运算符（≪）和右移运算符（≫）。

一般格式为：变量1≪（或≫）变量2。

左移运算符≪是将变量 1 的二进制位左移变量 2 所指定的位数。例如 a=0x36（二进制数为 00110110），执行指令 a≪2 后，结果为 a=0xd8（即将 a 数值左移 2 位，其左端移出的位被丢弃，右端补足相应的 0）。同理，右移运算符>>是将变量 1 的二进制位值右移变量 2 所指定的位数，左端补足相应的 0。

4. 数组

（1）数组的定义。数组是具有同一类型数据项的有序集合。仅带有一个下标的数组称为一维数组。数组必须先定义，后使用。一维数组定义的一般形式为：

类型说明符　数组名[元素个数]；

其中类型说明符是指该数组中每一个数组元素的数据类型。数组名是一个标志符，它是所有数组元素共同的名字。元素个数说明了该一维数组的大小，它只能是整型常量。

例如：int a[10];

C51 语言规定，数组元素的下标从 0 开始。

欲引用一个一维数组元素，可写成：

一维数组名[下标]；

例如：a[0];

（2）数组的初始化。在数组说明时对所有的元素变量赋初值。

例如：int a[6]={1,2,3,4,5,6};

也可以只给部分数组元素赋值。

例如：int a[6]={6,1,2};

上述赋值语句缺省值都为 0。即 a[0]=6，a[1]=1，a[2]=2，a[3]=0，a[4]=0，a[5]=0。

数组初始化时，[]中的整数可以缺省。即可以不指明数组长度。

例如：int b[]={1,5,6,7,4,3};　　//数组长度为 6

（3）一维数组元素的引用。数组必须先定义，后使用。

C51 语言规定：只能逐个引用数组元素而不能一次引用整个数组。

一维数组与循环语句相结合使用，通过循环结构实现对数组元素的赋值和访问，使表示形式简明，便于进行程序设计。

例如：以下程序是一维数组的输入输出。

```
Main()
{
  int i,s[100];
  for (i=0;i<100;  i++)
    s[i]=i;
}
```

多维数组的应用详见 C 语言的有关书籍。

5. 函数

通常程序都是由一个主函数 main（）构成的。如果我们要解决一个复杂的问题，用一个 main（）写出来的程序可能很长很长，既不便于编写，也不便于调试、阅读、修改等。为此，C51 语言和 C 语言一样也提供了函数来解决这个问题。

（1）函数的定义。C51 语言函数定义的一般形式为：

类型说明符　函数名(类型说明符　形参 1,类型说明符　形参 2,……)

```
{ 说明语句
  执行语句
}
```

例如：
```
int max(int x, int y)
  {
    int z;
    z=x*y;
    return (z);
  }
```

说明：函数名前面的类型标识符指定函数返回值的类型。当函数返回值为整型时该类型标识符可缺省。当函数只完成特定操作而不需返回函数值时，可用类型标识符 void。

形参是用户定义的标识符，可以是变量名、数组名或指针名。形参个数多于一个的时候，它们之间以逗号分隔。

注意：当没有形参时，函数名后的一对圆括号不能省略。

（2）函数的调用。函数的调用遵循"先定义，后调用"的原则。即一般被调用函数应放在调用函数之前定义。

函数调用的一般形式：

函数名(实参表);

这里要求实参与形参的个数必须相等，按顺序一一对应，且类型相匹配。

如果调用无参函数，虽没有实参表，但括号仍要保留。无参函数调用的一般形式为：

函数名()

（3）函数参数和函数的返回值。

函数参数　用户自定义函数一般在其定义时就规定了形式参数及类型，因此，调用该函数时，实在参数必须与形式参数的个数、顺序相同，类型相匹配。形参只能够是变量，而实参必须是具有确定值的表达式。

函数的返回值　函数的返回值由 return 语句返回。return 语句的一般形式为：

```
        return(表达式);或 return 表达式;
```

说明：一个函数中可以有多个 return 语句，当执行到某个 return 语句时，程序的控制流程返回调用函数，并将 return 语句中表达式的值作为函数值带回。

如果在函数体中没有 return 语句，则函数将返回一个不确定的值。

若确实不要求带回函数值，则应该函数定义为 void 类型。

return 语句中表达式的类型应与函数值的类型一致。若不一致，则以函数类型为准。

6. C51 中断服务程序设计

C51 编译器支持在 C 源程序中直接嵌入中断服务程序，C51 提供的中断函数定义语法如下：

```
返回值函数名([参数]) interrupt n [using m]      //n 对应中断源的编号,m 指寄存器组编号。
 void timer0 (void)   interrupt 1  //定时器 0 中断服务程序,中断号为 1
    {
        ……;
    }
```

Keil C51 编译器用特定的编译器指令分配寄存器组。当前工作寄存器由 PSW 中 RS1、RS0 两位设置，用 using 指定，"using" 后的变量为一个 0～3 的整数。"using" 只允许用于中断函数，它在中断函数入口处将当前寄存器组保留，并在中断程序中使用指定的寄存器组，在函数退出前恢复原寄存器组。

7. 变量的作用域和存储类型

变量从作用域角度分，有局部变量和全局变量。从变量所占存储单元的时间来分，有动态存储变量和静态存储变量。

（1）局部变量。在一个函数或复合语句内部定义的变量称为局部变量。它只在本函数或复合语句范围内有效。形参也是局部变量。不同函数中可以使用相同名字的变量，它们代表不同的对象，互不干扰。

（2）全局变量。在函数之外定义的变量称为全局变量。其有效范围是从变量定义的位置开始到此源文件结束止。

如果在同一个源文件中，全局变量与局部变量同名，则在局部变量的作用范围内，全局变量被屏蔽，不起作用。

3.2　C51 程序设计实例解析

3.2.1　基于 C51 的程序设计

【例 3-2】要求把内部数据 RAM 中从地址 20H 开始的 10 个数逐一取出，若为正数，则放回原单元中；若为负数，则求补后放回原单元。

分析：从 C51 语言的角度来看，在算法上是没有难度的，直接可以用一个循环来实现，数据是存放在内部 RAM 从地址 20H 开始的 10 个数，因此可以通过 DBYTE 关键字的定义并结合指针操作来实现。

C51 程序设计实现如下：

```c
#include <reg51.h>
#include <absacc.h>
#define uchar unsigned char
#define addr DBYTE[0X20]    //用关键字 DBYTE 定义 RAM 20H 单元为 addr
void main()
{
uchar i;
signed char data *p;
p = &addr;            //用指针操作方式实现取地址操作
for (i=0;i<10;i++){
if (*p>0);
else *p =~( *p)+0x1;
p++;
}
}
```

从以上例子可以看出，在算法的编程上，C51 和 C 语言的编程思路和规则是一样的，它们主要的不同在于 C51 用关键字定义实现了变量与具体单片机硬件单元地址的对应，而这是标准 C 语言还没做到的。reg51.h 是一个头文件，里面有函数的声明，变量声明等，如果你要用到这些函数或变量就必须包含（include）此头文件。程序中包含 absacc.h 头文件，就可使用其中定义的宏来访问绝对地址，包括 CBYTE、XBYTE、PWORD、DBYTE、CWORD、XWORD、PBYTE、DWORD 等。在本书中为了节省篇幅，有的例子书写时省略了这些头函数。

3.2.2 C51 程序设计与汇编语言程序设计的比较

为了让读者能进一步可以看出 C51 语言与汇编语言在基于单片机应用程序编写方面的区别，本节将第 2 章中的汇编程序例子分别采用汇编语言与 C51 语言编写程序进行对照。

1. 字节分解

将内部 RAM 的 30H 单元中存储的数据的高低四位分解后分别送到 50H 和 51H 单元，如图 2–25 所示。

汇编程序段：

```
        MOV  A, 30H
        ANL  A, #0FH
        MOV  50H, A
        MOV  A, 30H
        ANL  A, #0F0H
        SWAP  A
        MOV  51H, A
```

C51 程序：

```c
        #include <reg51.h>
```

```
#include <absacc.h>
#define uchar unsigned char
uchar dat_h=DBYTE[0x51];    //将内部寄存器51H定义为变量dat_h
uchar dat_l=DBYTE[0x50];
uchar dat=DBYTE[0x30];
void FJ(dat)
{
dat_l=dat & 0x0f;
dat_h=dat>>4;
}
```

2. 二进制数转换为 BCD 码

将累加器 A 中的二进制数转换成 BCD 码，存放在片内 RAM 的 50H 和 51H 单元，如图 2-26 所示。

汇编程序段：

```
MOV   B, #64H
DIV   AB
MOV   51H, A
MOV   A, #0AH
XCH   A, B
DIV   AB
SWAP  A
ADD   A, B
MOV   50H, A
```

C51 程序：

```
#include <reg51.h>
#include <absacc.h>
uchar bai=DBYTE[0x51];            //将内存单元0x51定义为百位
uchar shige=DBYTE[0x50];          //将内存单元0x50定义为十和个位
uchar shi;                        //定义临时变量
void BINBCD(uchar dat)
{
 shi=dat /10 %10;                 //除10再取10的余数即为十位数
 shige=shi<<4+dat%10;             //直接取10的余数即为个数
 bai=dat /100 % 10;               //除100再取10的余数即为百位数
}
```

本例使用参数 dat 传递累加器 A 的数据，也可根据题目要求直接定义：

```
sfr dat= 0xE0;
```

3. 单分支

两个无符号数分别存在 50H 和 51H 单元中，比较它们的大小，大者送到 52H 单元中。

汇编子程序:

```
        ORG    1000H
START:  CLR    C
        MOV    R2, 50H
        MOV    A, 51H
        SUBB   A, R2
        JNC    BIG1        ;(51H)大则转到BIG1
        MOV    52H, 50H    ;(50H)大
        SJMP   BIG2
BIG1:   MOV 52H, 51H
BIG2:   RET                ;子程序返回
        END
```

C51 程序:

```
#include <reg51.h>
#include <absacc.h>
#define uchar unsigned char
uchar dat_1=DBYTE[0x51];    //将内部寄存器51H定义为变量dat_1
uchar dat_0=DBYTE[0x50];    //将内部寄存器50H定义为变量dat_0
uchar cmpare( )
{
    if(dat_1 > dat0)return dat_1;
    else return dat_0;
}
```

本例将大者返回,可在返回后赋值给(0x52)单元。

4. 多分支程序

使用 CJNE 实现多分支,实现温度控制:下限温度≤Ta≤上限温度,设下限温度存放在 54H 单元,上限温度存放在 55H 单元中,实测到的温度 Ta 存放在累加器 A 中。

汇编程序段如下:

```
        CJNE   A, 55H, LOOP1    ;与上限温度比较,不等转到LOOP1
        SJMP   FH               ;相等返回
LOOP1:  JNC    JW               ;大于上限温度,转到降温程序
        CJNE   A, 54H, LOOP2    ;与下限温度比较,不等转到LOOP2
        SJMP   FH               ;相等返回
LOOP2:  JC     SW               ;小于下限温度,转到升温程序
FH:     RET
```

C51 程序:

```
#include <reg51.h>
#include <absacc.h>
#define uchar unsigned char
```

```
                uchar t_high =DBYTE[0x55];    //内部寄存器0x55定义为上限温度变量
                uchar t_low =DBYTE[0x54];     //内部寄存器0x54定义为下限温度变量
                void tempCmpare(uchar t_in)
                {
                    if(t_in>t_high)jiangwen();
                    if(t_in<t_low)shenwen();
                }
```

在调用本例前，将实测温度赋值给 t_in，jiangwen（）为降温函数，shenwen（）为升温函数。

5. 测试数据长度

在内部 RAM 的 40H 单元开始存放一组数据，以回车符（0DH）结尾，测试该组数据长度。汇编程序段：

```
        MOV   R2, #0FFH           ;计数器清零
        MOV   R0, #3FH            ;置数据段首地址
LOOP:   INC   R2                 ;计数器加1
        INC   R0                 ;数据地址加1
        CJNE  @R0, #0DH, LOOP     ;检测结束符
        RET
```

C51 程序：

```
        uchar checkDataLen(void)
        {
        uchar i;
        uchar *p;
        p=0x40;                   //指向(0x40)单元
        for(i=0;i<0xff;i++)
         {
         if(*p == 0x0d)return i;   //返回数据长度
         p++;
         }
        }
```

6. 10ms 延时程序

采用循环计数法实现延时，循环次数可以通过计算获得，并选择先执行后判断的循环结构。汇编程序段如下：

```
DELAY:   MOV   R4,#20       ;1μs
DEL1:    MOV   R5,#249      ;1μs,
DEL2:    DJNZ  R5,DEL2      ;2μs,共(2×249)μs
         DJNZ  R4, DEL1     ;2μs,共[(2×249+2+1)×20] μs,即10.02ms
         RET
```

C51 程序：

```
void delay(uint d_time)
{
    for(i=d_time;i>0;i--);
}
```

C51 程序通过编译后形成的机器指令代码不可预知，因此循环的时间不可预先计算，可通过程序调试测得。

7. 多字节无符号数的加法

设两个 N 字节的无符号数分别存放在内部 RAM 中以 DATA1 和 DATA2 开始的单元中。相加后的结果要求存放在 DATA1 数据区。

汇编程序段如下：

```
            MOV     R0,#DATA1       ;被加数首地址
            MOV     R1,#DATA2       ;加数首地址
            MOV     R7,#N           ;置字节数
            CLR     C ;
LOOP:       MOV     A,@R0           ;
            ADDC    A,@R1           ;求和
            MOV     @R0,A           ;存结果
            INC     R0              ;修改指针
            INC     R1
            DJNZ    R7,LOOP
```

C51 程序：

```
uchar data1[50],data2[50];
void m_add(void)
{
    uchar i;
    uint temp1=0;
    for(i=0;i<50;i++)
    {
        temp1=data1[i]+data2[i]+temp1>>8;
        data1[i]=temp1 & 0xff;
    }
}
```

8. 三字节 BCD 码加法

设 20H 存放被加数和结果的首址，30H 存放加数的首址，进行三字节 BCD 码的加法。汇编程序段如下：

```
ADDBCD:     MOV  A, 20H
            ADD  A, 30H     ;个位相加
```

```
        DA      A               ;十进制调整
        MOV     20H, A
        MOV     A, 21H
        ADDC    A, 31H
        DA      A
        MOV     21H, A
        MOV     A, 22H
        ADDC    A, 32H
        DA      A
        MOV     22H, A
        RET                     ;子程序返回
```

C51 程序：

```
long  data1,data2    //long类型为长整形,C51中为4字节
void  addbcd(void)
{
  data1+= data2;     //4字节相加
}
```

C51 语言加法是十进制加法，不需调整。进行运算时，C51 比汇编简洁许多，呈现强大的优势。

3.3 Keil C51 集成开发环境简介

Keil C51 是美国 Keil Software 公司（ARM 公司之一）出品的 51 系列兼容单片机 C 语言软件开发系统。Keil 提供了包括 C 编译器、宏汇编、连接器、库管理和一个功能强大的仿真调试器等在内的完整开发方案，通过一个集成开发环境（uVision）将这些部分组合在一起。

图 3-3　Keil uVision2 桌面快捷方式

与汇编相比，C51 语言在功能上、结构性、可读性、可维护性上有明显的优势，因而易学易用。用过汇编语言后再使用 C51 来开发，体会更加深刻。下面通过图解的方式来使用 Keil C51 软件的教程，学习最简单的，如何输入源程序→新建工程→工程详细设置→源程序编译进行仿真调试。

第一步：双击 Keil uVision2 的桌面快捷方式（见图 3-3），启动 Keil 集成开发开发软件。软件启动后的界面如图 3-4 所示。

第二步：新建文本编辑窗。点击工具栏上的新建文件快捷按键，即可在项目窗口的右侧打开一个新的文本编辑窗，如图 3-5 所示。

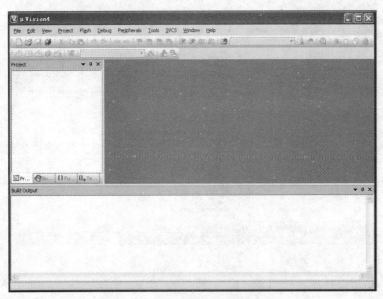

图 3-4　软件启动后的界面

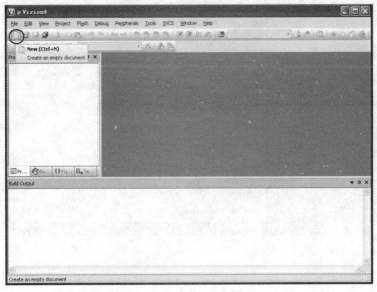

图 3-5　新建文本编辑窗

　　第三步：输入源程序。在新的文本编辑窗中输入源程序，可以输入 C 语言程序，也可以输入汇编语言程序，如图 3-6 所示。

　　第四步：保存源程序。保存文件时必须加上文件的扩展名，如果你使用汇编语言编程，那么保存时文件的扩展名为 ".asm"，如果是 C 语言程序，文件的扩展名使用 "*.C "。

　　注：第 3 步和第 4 步之间的顺序可以互换，即可以先输入源程序后保存，如图 3-7 所示，也可以先保存后输入源程序。

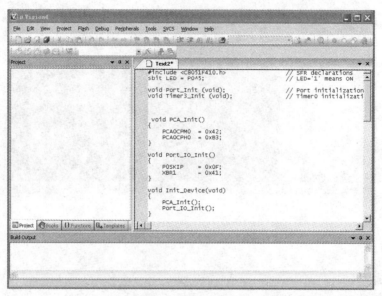

图 3-6　汇编语言程序

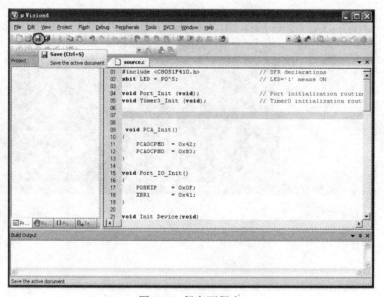

图 3-7　保存源程序

第五步：新建立 Keil 工程。如图 3-8 所示，单击"工程"→"新建工程"命令，将出现保存对话框（图 3-9）。

在保存工程对话框中输入你的工程的文件名，Keil 工程默认扩展名为".uv2"，工程名称不用输入扩展名（图 3-9），一般情况下使工程文件名称和源文件名称相同即可，输入名称后保存，将出现"选择设备"对话框（图 3-10），在对话框中选择 CPU 的型号。

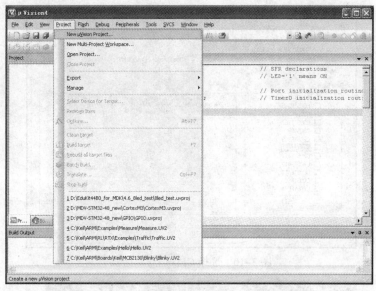

图 3-8　新建工程

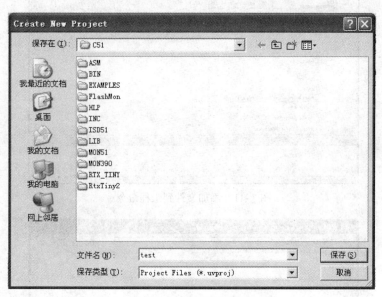

图 3-9　保存工程对话框

第六步：选择 CPU 型号。如图 3-10 所示，为工程选择 CPU 型号，本新建工程选择了 Silicon 公司的 C8051f410 单片机。

第七步：加入源程序到工程中。如图 3-11 所示，在选择好 CPU 型号后，点击"确定"按钮返回主界面，此时可见到工程管理窗中出现"Target 1"，单击"Target 1"前面的"＋"号展开下一层的"Source Group 1"文件夹，此时的新工程是空的，"Source Group 1"文件夹中什么文件都没有，必须把刚才输入的源程序加入到工程当中。浏览选择 C 源程序如图 3-12 所示。

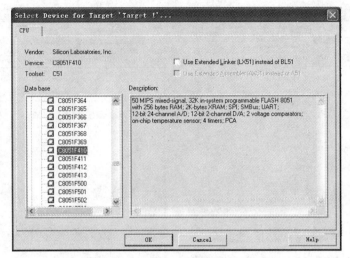

图 3-10　选择 CPU 型号对话框

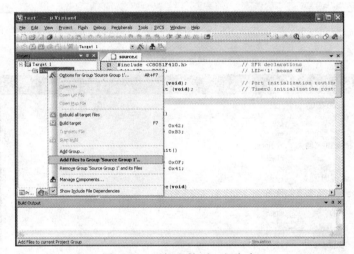

图 3-11　添加文件到工程命令

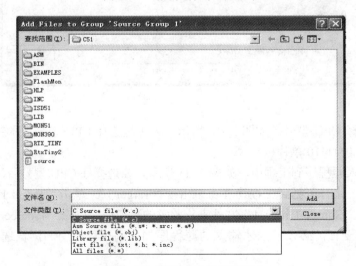

图 3-12　浏览选择 C 源程序

在添加文件对话框（图 3–12）中，找到要添加到工程中的源程序文件。注意：在对话框中的文件类型默认为"C 源文件（*.c）"，如果你要添加到工程中的是汇编语言程序，则在文件类型中必须选中"Asm 源文件（*.a*；*.src）"，以*.asm 为扩展名的汇编源程序才会出现在文件列表框中。

双击该文件 source.c，即可将该文件添加到工程当中，另外也可以单击 source.c 选中该文件，再点击"Add"按钮，也可以把文件加入工程中（图 3–13）。

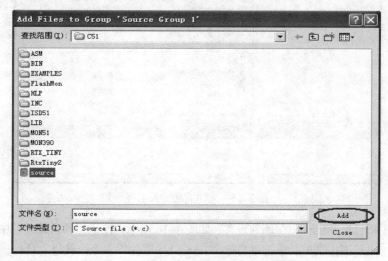

图 3–13　选中 C 源程序，加入到工程中

点击 Add 按钮后，把文件添加到工程中，此时添加文本对话框并不会自动关闭，而是等待继续添加其他文件，初学者往往以为没有加入成功，再次双击该文件，则会出现图 3–14 对话框，表示该文件不再加入目标。此时应该点击"确定"按钮，返回到前一对话框，再点击"关闭"按钮，返回到主界面。

图 3–14　重复加入文件对话框

当给工程添加源程序文件成功后，工程管理器中的"Source Group 1"文件夹的前面会出现一个"+"号，单击"+"号，展开文件夹，可以看到 source.c 已经出现在里面，双击即可

打开该文件进行编辑修改源程序（图3-15）。

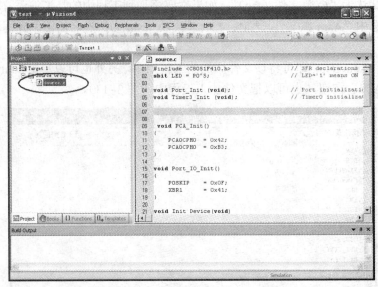

图3-15　文件成功加入工程

第八步：工程目标'Target 1'属性设置。如图3-16所示，在工程项目管理窗中的"Target 1"文件夹上右击，出现下拉菜单，单击"目标'Target 1'属性"命令，就进入目标属性设置界面。

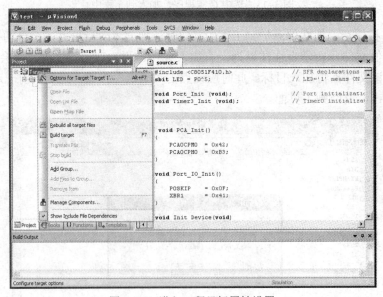

图3-16　进入工程目标属性设置

工程目标'Target 1'属性设置对话框（图3-17）中有8个页面，设置的项目繁多复杂，大部分使用默认设置即可，主要设置其中的"调试"页面，下面对"调试"页面的设置进行详细介绍。

（1）工程调试设置。"调试"页面设置如图3-17所示。该页分为左右两半，左半边是软件仿真设置，而右半边是硬件仿真设置，当你使用软件仿真时，选中左边的"使用软件仿真器"；如果你使用硬件仿真器，那么就按图 3-17 所示设置硬件仿真，同时把仿真器连接到你的电脑串口上。

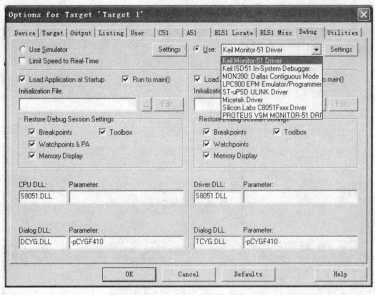

图 3-17　仿真调试设置

（2）串口设置。串口设置如图 3-18 所示。串口号根据你的仿真器实际连接来设置，如你把仿真器接到 COM1，那么就选择 COM1；通信波特率选择 9600 即可。

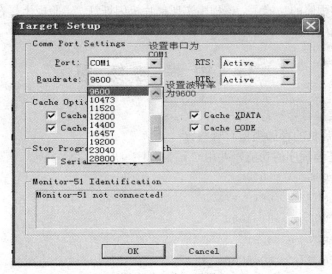

图 3-18　串口设置

第九步：源程序的编译与调试，至此，已经完成了从源程序输入、工程建立、工程详细设置的工作，接下来将完成最后的步骤，此时我们可以在文本编辑窗中继续输入或修改我们的源程序，使程序实现我们的目标，在检查程序无误后保存工程。接着如下图 3-19 所示，点击"构造目标"快捷按钮，进行源程序的编译连接，源程序编译相关的信息会出现在输出窗口中的"构造"页中。图 3-19 显示编译结果为 0 错误，0 警告。如果源程序中有错误，则不能通过编译，错误会在输出窗口中报告出来，双击该错误，就可以定位到源程序的出错行，我们可以对源程序进行反复修改，再编译，直到没有错误为止。注意：每次修改源程序后一定要保存。

图 3-19　编译通过示意图

编译通过后，我们点击 Debug 菜单下的 Start/Stop Debug Session 来进行调试运行，单片机就可以实现我们程序的功能了。该程序实现单片机闪烁灯，实验板上接在 P0.5 端口上的发光二极管会不停地闪烁。

3.4　思 考 与 练 习

1. C51 数据类型有哪些?
2. 标准 51 单片机的存储类型有哪些?
3. 写出下列汇编程序的功能，并用 C 语言程序写出:

```
        ORG     1000H
        MOV     DPTR,#TABLE
        MOV     R1,#08H
        MOV     B,R1
        MOV     R0,#00H
LOOP:   CLR     A
        MOVC    A,@A+DPTR
        ADD     A,R0
        MOV     R0,A
        INC     DPTR
        DJNZ    R1,LOOP
```

```
        DIV   AB
        RET
        ORG   1020H
TABLE:  DB 02H,03H,04H,10H,12H,22H,25H,30H
```

4. 写出下列汇编程序的功能，并用 C 语言程序写出：

```
INBUF   EQU   30H
OUTBUF  EQU   50H
        ORG   1000H
        MOV R0,# INBUF
        MOV R1,# OUTBUF
        MOV R2,#10H
LOOP:   MOV A,@R0
        CLR C
        SUBB A,#0D0H
        JZ LOOP1
        MOV A,@R0
        MOV @R1,A
        INC R1
        INC R0
        DJNZ R2,LOOP
LOOP1:  RET
        END
```

5. 写出下列汇编程序的功能，并用 C 语言程序写出：

```
START:  MOV     A,30H
        ACALL   SQR
        MOV     R1,A
        MOV     A,31H
        ACALL   SQR
        ADD     A,R1
        MOV     32H,A
        SJMP    $
SQR:    MOV     DPTR,#TAB
        MOVC    A,@A+DPTR
        RET
TAB:    DB      0,1,4,9,16 ,25,36,49,64,81
```

6. 若晶振频率为 12MHz，则 1 个机器周期为 1μs。请分别用汇编语言和 C 语言编写延时 10ms 和 1s 的延时子程序。

7. 在计算机中，十进制数要用 BCD 码来表示。通常用 4 位二进制数表示 1 位 BCD 码，用 1B 表示 2 位 BCD 码（称为压缩型 BCD 码）。

【例 3-3】 双字节二进制数转换成 BCD 码。

设（R2R3）为双字节二进制数，（R4R5R6）为转换完的压缩型 BCD 码。

十进制数 B 与一个 8 位的二进制数的关系可以表示为：

$$B = b_7 \times 2^7 + b_6 \times 2^6 + \cdots + b_1 \times 2 + b_0$$

只要依十进制运算法则，将 bi（i＝7，6，…，1，0）按权相加，就可以得到对应的十进制数 B。（逐次得到：$b_7 \times 2^0$；$b_7 \times 2^1 + b_6 \times 2^0$；$b_7 \times 2^2 + b_6 \times 2^1 + b_5 \times 2^0$；…）。

请用 C 语言程序编写双字节二进制数转换成 BCD 码的子程序。

第 4 章 标准 51 单片机的中断与定时

输入/输出（I/O）是 CPU 与外部设备之间进行数据传送的操作，在 CPU 和 I/O 设备之间，可以采用不同的控制方式进行数据传送。通常分为程序直接传送方式，查询传送方式，中断传送方式，直接存储器存取方式（DMA 方式）和 I/O 通道控制方式等。它们在性能、价格、致力解决问题的着重点等各方面都不一样。

本章先介绍输入输出的基本概念，然后叙述中断的概念及其工作过程，最后介绍标准 51 单片机的中断和定时器系统。

4.1 输入输出的基本概念

计算机的输入输出所涉及的内容有输入输出设备、计算机总线、输入输出接口、输入输出方式。

输入/输出设备，又称计算机的外围设备，是有一定操作功能的比较完整、相对独立的精密机械电子装置，用于完成面向计算机操作人员的输入/输出功能。在单片机应用中主要有 LED 显示、LCD 显示、键盘等电路。

总线用于连接计算机的各个部件，构成完整的整机系统，在这些部件之间或者与 I/O 设备之间实现信息的相互沟通与传送。主要有数据总线（DB，Data Bus）、地址总线（AB，Address Bus）和控制总线（CB，Control Bus），称为三总线。

输入/输出接口，则是协调输入输出设备与 CPU 之间工作的电路，在 CPU 和输入/输出设备之间实现正常连接和信息传送。

输入输出方式，是指设备以什么样的方式和 CPU 进行数据交换。在单片机应用中主要有直接传送方式和中断传送方式。

4.1.1 输入输出接口（图 4-1）

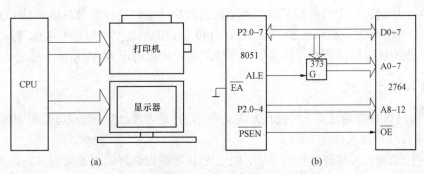

图 4-1 输入输出电路

图 4–1 为输入输出电路，由于 I/O 设备种类繁多，有机械的设备，也有电子的设备。它们的工作速度不相同，同样传送数据的速度也不相同，甚至相差很悬殊。图 4–1（a）中打印机是机械速度，（b）存储器是电子速度，而 CPU 是电子器件速度。因此，CPU 与外设传送数据时，存在以下几个问题：

速度不匹配：速度远低于 CPU，且范围宽，如硬盘比打印机快很多。

- 时序不匹配：与 CPU 的时序不同步。
- 信息格式不匹配：如串行和并行。
- 信息类型不匹配：有数字信号，模拟信号，正逻辑和负逻辑等。

因此 CPU 与 I/O 设备间传送数据时必须要一个起协调作用的电路，即接口电路（图 4–2）。

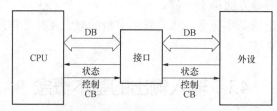

图 4–2　接口电路

接口电路的任务：

- 对数据提供缓冲（时间和电气性能上）：设置数据的寄存、缓冲逻辑。
- 信息格式相容性变换：如串并行的转换；电平转换、数/模或模/数转换等。
- 协调时序差异：提供"准备好""空""满"等状态信号。
- 提供地址译码或设备选择信号。
- 提供中断和 DMA 控制逻辑及管理。

CPU 与外设间的接口信号：

- 数据（Data）：数字、模拟、开关。
- 状态（Status）：输入时："准备好"（Ready），输出时："空"（Empty）、"忙"（Busy）。
- 控制（Control）：外设的启动、停止、读、写。

计算机的接口可以连接多个 I/O 设备，接口中某个具体的输入或输出电路称为端口。I/O 端口是 CPU 与输入输出设备的交换数据的具体场所，通过 I/O 端口，CPU 可以接受从输入设备输入的信息；也可向输出设备发送信息。在计算机系统中，为了区分各类不同的 I/O 端口，如图 4–1 中区分打印机和显示器，用不同的数字给它们进行编号，这种对 I/O 端口的编号就称为 I/O 端口地址。在标准 51 单片机中，I/O 端口的地址空间可达 64KB，即可有 65 536 个端口。这些地址与外部数据存储器单元地址共用，所以可用 MOVX 指令传送。

4.1.2　输入输出方式

单片机的 I/O 操作通常有 3 种控制方式，无条件传送方式、查询传送方式和中断传送方式。

1. 无条件传送方式

无条件传送方式又称直接传送方式，CPU 已认定外设做好输入或输出准备，所以不必查询外设的状态而直接与外设进行数据传送。这种传送方式的特点是：硬件电路和程序设计都很简单，常常用在对外设要求不高的系统，如驱动指示灯、继电器、起动电机等。图 4-3 是继电器驱动电路。

2. 查询传送方式

查询传送方式又称有条件传送方式或程序控制方式。这种传送方式的优点是 CPU 操作与外设的数据传送能够同步，而且电路相对比较简单。缺点是当外设比较慢时，查询等待时间长，CPU 效率低。图 4-4 为查询传送的例子。

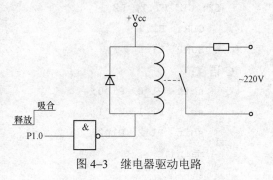

图 4-3　继电器驱动电路

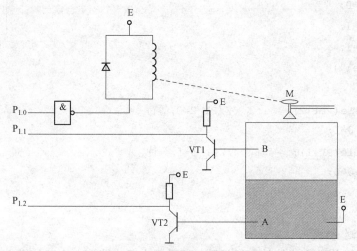

图 4-4　水箱水位自动控制系统

【例 4-1】水池水位自动控制装置。

要求：水位＜A 放水；水位＞B 停放。

电路中：

（1）输出

P1.0=1 时, M 放水；

P1.0=0 时, M 关。

（2）输入

水位＜A, T1、T2 截止→P1.1=1, P1.2=1；

水位＞B, T1、T2 导通→P1.1=0, P1.2=0；

A＜水位＜B, T1 止, T2 通→P1.1=1, P1.2=0。

图 4-5 为程序框图，其汇编语言程序如下：

```
    CLR   P1.0
    SETB  P1.1
    SETB  P1.2
L1: JNB   P1.2,L1
    SETB  P1.0
```

```
    L2: JB   P1.1, L2
        CLR  P1.0
        SJMP L1
```

C 语言：

```
    sbit  P1_0  P1^0;
    sbit  P1_1  P1^1;
    sbit  P1_2  P1^2;
    main()
    {
     P1_0=0;
     P1_1=1;
     P1_2=1;
     while(1)
      {
      while(~P1_2);          //P1_2=0,等待
      P1_0=1;
      while(P1_1);           //P1_1=1,等待
      P1_0=0;
      }
    }
```

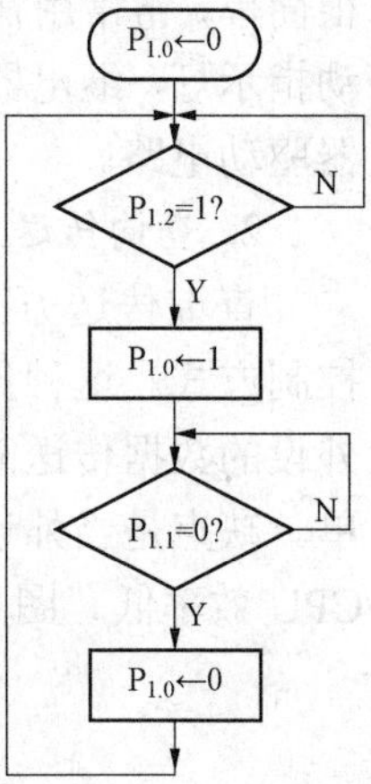

图 4-5　程序框图

3．中断传送方式

为了解决查询传送方式的效率低问题，可采用中断方式。在中断传送方式中，CPU 不主动查询外设，只执行自己的主程序。因出现某种随机事件而收到中断请求，则暂时停止现行程序的执行，转去执行一段中断服务程序，以处理该事件，并在处理完毕后返回被中断的程序继续执行（图 4-6）。

图 4-6　查询方式与中断方式比较

（a）查询方式；（b）中断方式

图 4-6 用秘书接电话来说明查询方式和中断方式的区别。秘书有许多工作，其中一项工作是接听电话，但来电话这个事件是随机的，秘书事先并不知道何时会来电话。假设来电话的通知不是铃声，改成指示灯，如图 4-6（a）所示，秘书要用眼睛观察指示灯，查询有没有来电。这种情况下秘书是主动查询，为了不漏掉一个来电，秘书必须不断查询，无法抽空做

其他事情了，效率低。如图 4-6（b）所示来电是铃声，秘书可以不主动查询，做自己的事，当来电时，秘书放下手头的事，去接电话，不耽误秘书的其他工作，工作效率高。

　　中断可以实现 CPU 分时操作（与多个外设并行工作）、实现实时处理、故障处理。一次完整的中断过程由中断请求、中断响应和中断处理 3 个阶段组成。

　　中断请求：外设向 CPU 发出的"中断申请信号"称"中断请求"。由中断源设备通过置"1"设置在接口上的中断触发器完成。只有当中断源的中断屏蔽触发器为"0"状态时（未屏蔽中断），引发中断的事件到来时才能置"1"中断触发器。

　　中断源：引起中断的原因，或能发出中断申请的源，称为"中断源"。通常中断源有：

- 一般的输入输出设备，如键盘、打印机等。
- 数据通道，如磁盘、磁带等。
- 定时器。
- 故障源，如电源掉电。
- 为调试程序而设的中断，如单步、断点设置等。

中断系统的功能。

- 响应中断及返回。
- 能实现优先权排队。
- 能实现中断嵌套。

中断响应过程：

　　当 CPU 接到中断请求信号（可能多个）时，如果此时允许中断（允许中断触发器为"1"状态），CPU 结束一条指令的执行过程，新请求的中断的优先级（比 CPU 此时刻正处理的任务）更高，这些条件具备时 CPU 才会响应中断请求。中断响应过程：中断源提出申请→CPU 决定是否响应→若响应转去中断处理→完成后返回原中断处。中断嵌套如图 4-7 所示。

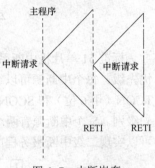

图 4-7　中断嵌套

响应中断条件：

- 有中断请求。
- 中断请求没有被屏蔽。
- 中断是开放的或者是允许的。
- 在现行指令结束后才响应中断。

中断处理：一次中断处理过程通常要经过如下几个步骤完成：

- 关中断：保证在此之后的一小段时间之内 CPU 不能响应新的中断请求。
- 保存断点：断点是指被中断程序的下一条指令的地址，中断处理完成后，保证被中断的程序可以继续正常运行。
- 现场保护：程序中断时，CPU 中累加器、寄存器、程序状态字等的内容称为现场；
- 判别中断源：找到中断服务程序的入口地址。
- 开中断：以便尽快地进入可以响应更高级别中断请求。
- 执行中断服务程序。
- 关中断。
- 恢复现场信息，恢复断点。

● 开中断和中断返回。

4. 中断与子程序比较

中断和子程序调用之间有其相似和不同之处。它们的工作过程非常相似，即：暂停当前程序的执行，转而执行另一程序段，当该程序段执行完时，CPU 都自动恢复原程序的执行。但本质上不同：

相同点：

从一段程序中转到中断服务程序或子程序，完成后，均执行恢复断点操作，即从堆栈中弹出断点给 PC。

不同点：

（1）子程序调用一定是程序员在编写源程序时事先安排好的，是可知的。而中断是由中断源根据自身的需要产生的，执行中断服务程序是随机的，CPU 事先不知道何时有中断请求。

（2）中断操作 CPU 是被动的，而执行子程序 CPU 是主动的。

（3）在标准 51 单片机中中断返回用 RETI 指令，该指令将清"0"响应时所置的优先级触发器，而子程序返回用 RET 指令，该指令没有清除触发器功能。

4.2　标准 51 单片机中断系统

标准 51 单片机中断系统的结构如图 4-8 所示。标准 51 单片机有 5 个中断源，两个中断优先级，每个中断源可以编程为高优先级或低优先级。有 4 个用于中断控制的寄存器 IE、IP、TCON（用 6 位）和 SCON（用 2 位），用来控制中断的类型、中断的开/关和各种中断源的优先级别。5 个中断源有两个中断优先级，每个中断源可以编程为高优先级或低优先级中断，可以实现二级中断服务程序嵌套。

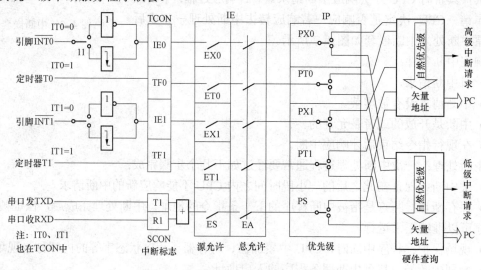

图 4-8　标准 51 单片机中断系统结构图

中断是计算机的一个重要功能。采用中断技术能实现以下的功能：

分时操作。计算机的中断系统可以使 CPU 与外设同时工作。CPU 在启动外设后，便继续执行主程序；而外设被启动后，开始进行准备工作。当外设准备就绪时，就向 CPU 发出中断请求，CPU 响应该中断请求并为其服务完毕后，返回到原来的断点处继续运行主程序。外设在得到服务后，也继续进行自己的工作。因此，CPU 可以使多个外设同时工作，并分时为各外设提供服务，从而大大提高了 CPU 的利用率和输入/输出的速度。

时处理。当计算机用于实时控制时，请求 CPU 提供服务是随机发生的。有了中断系统，CPU 就可以立即响应并加以处理。

故障处理。计算机在运行时往往会出现一些故障，如电源断电、存储器奇偶校验出错、运算溢出等。有了中断系统，当出现上述情况时，CPU 可及时转去执行故障处理程序，自行处理故障而不必停机。

4.2.1 标准 51 单片机中断源

8051 中断系统的 5 个中断源为：

INT0：外部中断 0 请求，低电平有效。通过 P3.2 引脚输入。

INT1：外部中断 1 请求，低电平有效。通过 P3.3 引脚输入。

T0：定时器/计数器 0 溢出中断请求。

T1：定时器/计数器 1 溢出中断请求。

TXD/RXD：串行口中断请求。当串行口完成一帧数据的发送或接收时，便请求中断。每个中断源都对应一个中断请求标志位，它们设置在特殊功能寄存器 TCON 和 SCON 中。当这些中断源请求中断时，相应的标志分别由 TCON 和 SCON 中的相应位来锁存。

通常，中断源有以下几种：

I/O 设备。一般的 I/O 设备（键盘、打印机、A/D 转换器等）在完成自身的操作后，向 CPU 发出中断请求，请求 CPU 为其服务。

硬件故障。例如，电源断电就要求把正在执行的程序的一些重要信息（继续正确执行程序所必需的信息，如程序计数器、各寄存器的内容以及标志位的状态等）保存下来，以便重新供电后能从断点处继续执行。另外，目前绝大多数计算机的 RAM 是使用半导体存储器，故电源断电后，必须接上备用电源，以保护存储器中的内容。所以，通常在直流电源上并联大容量的电容器，当断电时，因电容的容量大，故直流电源电压不能立即变为 0，而是下降很缓慢；当电压下降到一定值时，就向 CPU 发出中断请求，由计算机的中断系统执行上述各项操作。

实时时钟。在控制中常会遇到定时检测和控制的情况。若用 CPU 执行一段程序来实现延时，则在规定时间内，CPU 便不能进行其他任何操作，从而降低了 CPU 的利用率。因此，常采用专门的时钟电路。当需要定时时，CPU 发出命令，启动时钟电路开始计时，待到达规定的时间后，时钟电路发出中断请求，CPU 响应并加以处理。

为调试程序而设置的中断源。一个新的程序编好后，必须经过反复调试才能正确可靠地工作。在调试程序时，为了检查中间结果的正确与否或为寻找问题所在，往往在程序中设置断点或单步运行程序，一般称这种中断为自愿中断。而上述前 3 种中断是由随机事件引起的中断，称为强迫中断。

4.2.2 标准 51 单片机中断控制

8051 中断系统有以下 4 个特殊功能寄存器：

- 定时器控制寄存器 TCON（用 6 位）；
- 串行口控制寄存器 SCON（用 2 位）；
- 中断允许寄存器 IE；
- 中断优先级寄存器 IP。

其中，TCON 和 SCON 只有一部分位用于中断控制。通过对以上各特殊功能寄存器的各位进行置位或复位等操作，可实现各种中断控制功能。

1. 中断请求标志

（1）TCON 中的中断标志位。

TCON 为定时器/计数器 T0 和 T1 的控制寄存器，同时也锁存 T0 和 T1 的溢出中断标志及外部中断 0 和 1 的中断标志等。与中断有关的标志位如图 4-9 所示。

	8FH	8EH	8DH	8CH	8BH	8AH	89H	88H
TCON (88H)	TF1		TF0		IE1	IT1	IE0	IT0

图 4-9　TCON 中的中断标志位

各控制位的含义如下：

TF1：定时器/计数器 T1 的溢出中断请求标志位。当启动 T1 计数以后，T1 从初值开始加 1 计数，计数器最高位产生溢出时，由硬件使 TF1 置 1，并向 CPU 发出中断请求。当 CPU 响应中断时，硬件将自动对 TF1 清 0。

TF0：定时器/计数器 T0 的溢出中断请求标志位。含义与 TF1 相同。

IE1：外部中断 1 的中断请求标志。当检测到外部中断引脚 1 上存在有效的中断请求信号时，由硬件使 IE1 置 1。当 CPU 响应该中断请求时，由硬件使 IE1 清 0。

IT1：外部中断 1 的中断触发方式控制位。

IT1=0 时，外部中断 1 程控为电平触发方式。CPU 在每一个机器周期 S5P2 期间采样外部中断 1 请求引脚的输入电平。若外部中断 1 请求为低电平，则使 IE1 置 1；若外部中断 1 请求为高电平，则使 IE1 清 0。

IT1=1 时，外部中断 1 程控为边沿触发方式。CPU 在每一个机器周期 S5P2 期间采样外部中断 1 请求引脚的输入电平。如果在相继的两个机器周期采样过程中，一个机器周期采样到外部中断 1 请求为高电平，接着的下一个机器周期采样到外部中断 1 请求为低电平，则使 IE1 置 1。直到 CPU 响应该中断时，才由硬件使 IE1 清 0。

IE0：外部中断 0 的中断请求标志。其含义与 IE1 类同。

IT0：外部中断 0 的中断触发方式控制位。其含义与 IT1 类同。

（2）SCON 中的中断标志位。

SCON 为串行口控制寄存器，其低 2 位锁存串行口的接收中断和发送中断标志 RI 和 TI。SCON 中 TI 和 RI 的格式如图 4-10 所示。

各控制位的含义如下：

TI：串行口发送中断请求标志。CPU 将一个数据写入发送缓冲器 SBUF 时，就启动发送。每发送完一帧串行数据后，硬件置位 TI。但 CPU 响应中断时，并不清除 TI，必须在中断服务程序中由软件对 TI 清 0。

RI：串行口接收中断请求标志。在串行口允许接收时，每接收完一个串行帧，硬件置位

RI。同样，CPU 响应中断时不会清除 RI，必须用软件对其清 0。

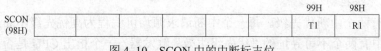

图 4-10 SCON 中的中断标志位

2. 中断允许控制

标准 51 对中断源的开放或屏蔽是由中断允许寄存器 IE 控制的。IE 的格式如图 4-11 所示。

IE (A8H)	AFH	AEH	ADH	ACH	ABH	AAH	A9H	A8H
	EA			ES	ET1	EX1	ET0	EX0

图 4-11 中断允许控制位

中断允许寄存器 IE 对中断的开放和关闭实现两级控制。所谓两级控制，就是有一个总的开关中断控制位 EA（IE.7），当 EA=0 时，屏蔽所有的中断申请，即任何中断申请都不接受；当 EA=1 时，CPU 开放中断，但 5 个中断源还要由 IE 低 5 位的各对应控制位的状态进行中断允许控制（图 4-8）。IE 中各位的含义如下：

EA：中断允许总控制位。EA=0，屏蔽所有中断请求；EA=1，CPU 开放中断。对各中断源的中断请求是否允许，还要取决于各中断源的中断允许控制位的状态。

ES：串行口中断允许位。ES=0，禁止串行口中断；ES=1，允许串行口中断。

ET1：定时器/计数器 T1 的溢出中断允许位。ET1=0，禁止 T1 中断；ET1=1，允许 T1 中断。

EX1：外部中断 1 中断允许位。EX1=0，禁止外部中断 1 中断；EX1=1，允许外部中断 1 中断。

ET0：定时器/计数器 T0 的溢出中断允许位。ET0=0，禁止 T0 中断；ET0=1，允许 T0 中断。

EX0：外部中断 0 中断允许位。EX0=0，禁止外部中断 0 中断；EX0=1，允许外部中断 0 中断。

【例 4-2】假设允许片内定时器/计数器中断，禁止其他中断。试根据假设条件设置 IE 的相应值。

解：（a） 用字节操作指令

```
    MOV    IE,#8AH
```

C 语言：

```
    IE=0X8A;
```

（b） 用位操作指令

```
    SETB    ET0         ;定时器/计数器 0 允许中断
    SETB    ET1         ;定时器/计数器 1 允许中断
    SETB    EA          ;CPU 开中断
```

C 语言：

```
    ET0=1;
    ET1=1;
```

EA=1;

3. 中断优先级控制

标准 51 有两个中断优先级。每一个中断请求源均可编程为高优先级中断或低优先级中断。中断系统中有两个不可寻址的"优先级生效"触发器，一个指出 CPU 是否正在执行高优先级的中断服务程序，另一个指出 CPU 是否正在执行低优先级中断服务程序。这两个触发器为 1 时，则分别屏蔽所有的中断请求。另外，89C51 片内有一个中断优先级寄存器 IP，其格式如图 4-12 所示。

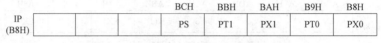

图 4-12　中断优先级寄存器 IP 的控制位

IP 中的低 5 位为各中断源优先级的控制位，可用软件来设定。各位的含义如下：

PS：串行口中断优先级控制位。

PT1：定时器/计数器 T1 中断优先级控制位。

PX1：外部中断 1 中断优先级控制位。

PT0：定时器/计数器 T0 中断优先级控制位。

PX0：外部中断 0 中断优先级控制位。

若某几个控制位为 1，则相应的中断源就规定为高级中断；反之，若某几个控制位为 0，则相应的中断源就规定为低级中断。当同时接收到几个同一优先级的中断请求时，响应哪个中断源则取决于内部硬件查询顺序。其优先级顺序排列如图 4-13 所示。有了 IP 的控制，即可实现如下两个功能。

图 4-13　中断源优先级排列顺序

（1）按内部查询顺序排队。

通常，系统中有多个中断源，因此就会出现数个中断源同时提出中断请求的情况。这样，就必须由设计者事先根据它们的轻重缓急，为每个中断源确定一个 CPU 为其服务的顺序号。当数个中断源同时向 CPU 发出中断请求时，CPU 根据中断源顺序号的次序依次响应其中断请求。

（2）实现中断嵌套。

当 CPU 正在处理一个中断请求时，又出现了另一个优先级比它高的中断请求，这时，CPU 就暂时中止执行对原来优先级较低的中断源的服务程序，保护当前断点，转去响应优先级更高的中断请求，并为其服务。待服务结束，再继续执行原来较低级的中断服务程序。该过程称为中断嵌套（类似于子程序的嵌套），该中断系统称为多级中断系统。二级中断嵌套的中断过程如图 4-14 所示。

【例 4-3】 设 89C51 的外部中断为高优先级，其余中断为低优先级，试设置 IP 值。

解：

用字节操作指令：

```
MOV    IP,#05H
```

C 语言：

```
IP=0X05;
```

用位操作指令：

```
SETB   PX0
SETB   PX1
CLR    PS
CLR    PT0
CLR    PT1
```

C 语言：

```
PX0=1;
PX1=1;
PS=0;
PT0=0;
PT1=0;
```

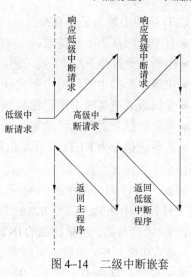

图 4-14 二级中断嵌套

4.2.3 标准 51 单片机中断响应及中断处理过程

在 8051 内部，中断则表现为 CPU 的微查询操作，89C51 在每个机器周期的 S6 中查询中断源，并在下一个机器周期的 S1 中响应相应的中断，并进行中断处理。

中断处理过程可分为：中断响应、中断处理和中断返回 3 个阶段。由于各计算机系统的中断系统硬件结构不同，中断响应的方式也有所不同。在此说明 89C51 单片机的中断处理过程。以外设提出接收数据请求为例，当 CPU 执行主程序到第 K 条指令时，外设向 CPU 发一信号，告知自己的数据寄存器已"空"，提出接收数据的请求（即中断请求）。CPU 接到中断请求信号，在本条指令执行完后，中断主程序的执行并保存断点地址，然后转去准备向外设输出数据（即响应中断）。CPU 向外设输出数据（中断服务），数据输出完毕，CPU 返回到主程序的第 K+1 条指令处继续执行（即中断返回）。在中断响应时，首先应在堆栈中保护主程序的断点地址（第 K+1 条指令的地址），以便中断返回时，执行 RETI 指令能将断点地址从堆栈中弹出到 PC，正确返回。中断处理的流程如图 4-15 所示。

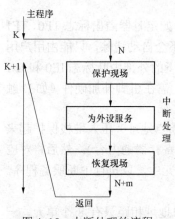

图 4-15 中断处理的流程

由此可见，CPU 执行的中断服务程序如同子程序一样，因此又被称作中断服务子程序。但两者的区别在于，子程序是用 LCALL（或 ACALL）指令来调用的，而中断服务子程序是通过中断请求实现的。所以，在中断服务子程序中也存在保护现场、恢复现场的问题。中断处理的大致流程图如图 4-15 所示。

4.2.3.1 标准 51 单片机中断响应

1. 中断响应条件

CPU 响应中断的条件有：

- 有中断源发出中断请求；
- 中断总允许位 EA=1，即 CPU 开中断；
- 申请中断的中断源的中断允许位为 1，即中断没有被屏蔽；
- 无同级或更高级中断正在被服务；
- 当前的指令周期已经结束；
- 若现行指令为 RETI 或者是访问 IE 或 IP 指令,则该指令以及紧接着的另一条指令已执行完。

例如，CPU 对外部中断的响应，当采用边沿触发方式时，CPU 在每个机器周期的 S5P2 期间采样外部中断输入信号 $\overline{INTx}$（x=0，1）。如果在相邻的两次采样中，第一次采样到的 $\overline{INTx}$ =1，紧接着第二次采样到的 $\overline{INTx}$ =0，则硬件将特殊功能寄存器 TCON 中的 IEx（x=0，1）置 1，请求中断。IEx 的状态可一直保存下去，直到 CPU 响应此中断，进入到中断服务程序时，才由硬件自动将 IEx 清 0。由于外部中断每个机器周期被采样一次，因此，输入的高电平或低电平必须保持至少 12 个振荡周期（一个机器周期），以保证能被采样到。

2. 中断响应的自主操作过程

8051 的 CPU 在每个机器周期的 S5P2 期间顺序采样每个中断源，CPU 在下一个机器周期 S6 期间按优先级顺序查询中断标志。如查询到某个中断标志为 1，则将在接下来的机器周期 S1 期间按优先级进行中断处理。中断系统通过硬件自动将相应的中断矢量地址装入 PC，以便进入相应的中断服务程序。表现为 CPU 的自主操作。标准 51 单片机的中断系统中有两个不可编程的"优先级生效"触发器。一个是"高优先级生效"触发器，用以指明已进行高级中断服务，并阻止其他一切中断请求；一个是"低优先级生效"触发器，用以指明已进行低优先级中断服务，并阻止除高优先级以外的一切中断请求。

标准 51 单片机一旦响应中断，首先置位相应的中断"优先级生效"触发器，然后由硬件执行一条长调用指令 LCALL，把当前 PC 值压入堆栈，以保护断点，再将相应的中断服务程序的入口地址（如外中断 0 的入口地址为 0003H）送入 PC，于是 CPU 接着从中断服务程序的入口处开始执行。

对于有些中断源，CPU 在响应中断后会自动清除中断标志，如定时器溢出标志 TF0、TF1 和边沿触发方式下的外部中断标志 IE0、IE1；而有些中断标志不会自动清除，只能由用户用软件清除，如串行口接收发送中断标志 RI、TI；在电平触发方式下的外部中断标志 IE0 和 IE1 则是根据引脚 $\overline{INT0}$ 和 $\overline{INT1}$ 的电平变化的，CPU 无法直接干预，需在引脚外加硬件（如 D 触发器）使其自动撤销外部中断请求。

CPU 执行中断服务程序之前，自动将程序计数器的内容（断点地址）压入堆栈保护起来（但不保护状态寄存器 PSW 的内容，也不保护累加器 A 和其他寄存器的内容）；然后将对应的中断矢量装入程序计数器 PC，使程序转向该中断矢量地址单元中，以执行中断服务程序。各中断源及与之对应的矢量地址见表 4-1。

由于 8051 系列单片机的两个相邻中断源中断服务程序入口地址相距只有 8 个单元，一般的中断服务程序是容纳不下的，通常是在相应的中断服务程序入口地址中放一条长跳指令

LJMP，这样就可以转到 64KB 的任何可用区域了。若在 2KB 范围内转移，则可存放 AJMP 指令。

中断服务程序从矢量地址开始执行，一直到返回指令 RETI 为止。RETI 指令的操作，一方面告诉中断系统该中断服务程序已执行完毕，另一方面把原来压入堆栈保护的断点地址从栈顶弹出，装入程序计数器 PC，使程序返回到被中断的程序断点处继续执行，如图 4-16 所示。

表 4-1　　　　　　　　　　　　中断源及其对应的矢量地址

中断源	入口地址
外部中断 0 ($\overline{\text{INT0}}$)	0003H
定时/计数器 T0 溢出中断	000BH
外部中断 1 ($\overline{\text{INT1}}$)	0013H
定时/计数器 T1 溢出中断	001BH
串行口中断（TI，RI）	0023H

我们在编写中断服务程序时应注意：

在中断矢量地址单元处放一条无条件转移指令（如 LJMP ××××H），使中断服务程序可灵活地安排在 64KB 程序存储器的任何空间。

在中断服务程序中，用户应注意用软件保护现场，以免中断返回后丢失原寄存器、累加器中的信息。

若要在执行当前中断程序时禁止更高优先级中断，则可先用软件关闭 CPU 中断或禁止某中断源中断，在中断返回前再开放中断。

3．中断响应时间

CPU 不是在任何情况下都对中断请求予以响应的，而且不同情况下对中断响应的时间也是不同的。现以外部中断为例，说明中断响应

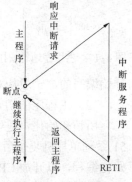

图 4-16　中断流程图

的最短时间。在每个机器周期的 S5P2 期间，$\overline{\text{INT0}}$ 和 $\overline{\text{INT1}}$ 引脚的电平被锁存到 TCON 的 IE0 和 IE1 标志位，CPU 在下一个机器周期才会查询这些值。这时，如果满足中断响应条件，下一条要执行的指令将是一条长调用指令 LCALL，使程序转至中断源对应的矢量地址入口。长调用指令本身要花费 2 个机器周期。这样，从外部中断请求有效到开始执行中断服务程序的第一条指令，中间要隔 3 个机器周期，这是最短的响应时间。如果遇到中断受阻的情况，则中断响应时间会更长一些。例如，一个同级或高优先级的中断正在进行，则附加的等待时间将取决于正在进行的中断服务程序。如果正在执行的一条指令还没有进行到最后一个机器周期，则附加的等待时间为 1～3 个机器周期。因为一条指令的最长执行时间为 4 个机器周期（MUL 和 DIV 指令）。如果正在执行的是 RETI 指令或者是读/写 IE 或 IP 的指令，则附加的时间在 5 个机器周期之内（为完成正在执行的指令，还需要 1 个机器周期，加上为完成下一条指令所需的最长时间为 4 个机器周期，故最长为 5 个机器周期）。若系统中只有一个中断源，则响应时间为 3～8 个机器周期。

4.2.3.2 MCS-51 单片机中断返回

当某一中断源发出中断请求时，CPU 能决定是否响应这个中断请求。若响应此中断请求，

则 CPU 必须在现行（假设）第 K 条指令执行完后，把断点地址（第 K+1 条指令的地址）即现行 PC 值压入堆栈中保护起来（保护断点）。当中断处理完后，再将压入堆栈的第 K+1 条指令的地址弹到 PC（恢复断点）中，程序返回到原断点处继续运行。中断返回也表现为 CPU 的自主操作。

在中断服务程序中，最后一条指令必须为中断返回指令 RETI。CPU 执行此指令时，一方面清除中断响应时所置位的"优先级生效"触发器，一方面从当前栈顶弹出断点地址送入程序计数器 PC，从而返回主程序。若用户在中断服务程序中进行了压栈操作，则在 RETI 指令执行前应进行相应的出栈操作，使栈顶指针 SP 与保护断点后的值相同。也就是说，在中断服务程序中，PUSH 指令与 POP 指令必须成对使用，否则不能正确返回断点。

4.2.3.3　标准 51 单片机中断应用举例

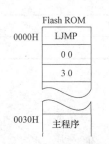

图 4-17　主程序地址安排

中断程序的结构及内容与 CPU 对中断的处理过程密切相关，通常分为两大部分。

1. 主程序

（1）主程序的起始地址。

标准 51 系列单片机复位后，（PC）=0000H，而 0003H～002BH 分别为各中断源的入口地址。所以，编程时应在 0000H 处写一跳转指令（一般为长跳转指令），使 CPU 在执行程序时，从 0000H 跳过各中断源的入口地址。主程序则是以跳转的目标地址作为起始地址开始编写的，一般从 0030H 开始，如图 4-17 所示。

（2）主程序的初始化内容。

所谓初始化，是对将要用到的 89C51 系列单片机内部部件进行初始工作状态设定。标准 51 系列单片机复位后，特殊功能寄存器 IE 和 IP 的内容均为 00H，所以应对 IE 和 IP 进行初始化编程，以开放 CPU 中断，允许某些中断源中断和设置中断优先级等。

2. 中断服务程序

（1）中断服务程序的起始地址。

当 CPU 接收到中断请求信号并予以响应后，CPU 把当前的 PC 内容压入栈中进行保护，然后转入相应的中断服务程序入口处执行。89C51 系列单片机的中断系统对 5 个中断源分别规定了各自的入口地址（表 4-1），但这些入口地址相距很近（仅 8 字节）。如果中断服务程序的指令代码少于 8 字节，则可从规定的中断服务程序入口地址开始，直接编写中断服务程序；若中断服务程序的指令代码大于 8 字节，则应采用与主程序相同的方法，在相应的入口处写一条跳转指令，并以跳转指令的目标地址作为中断服务程序的起始地址进行编程。以 INT0 为例，中断矢量地址为 0003H，中断服务程序从 0200H 开始，如图 4-18 所示。

（2）中断服务程序编写中的注意事项。

需要确定是否保护现场。及时清除那些不能被硬件自动清除的中断请求标志，以免产生错误的中断。

中断服务程序中的压栈（PUSH）与弹栈（POP）指令必须成对使用，以确保中断服务程序的正确返回。

主程序和中断服务程序之间的参数传递与主程序和子程序的

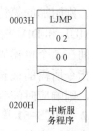

图 4-18　中断服务程序地址

参数传递方式相同。

【例 4-4】如图 4-19 所示，将 P1 口的 P1.4～P1.7 作为输入位，P1.0～P1.3 作为输出位。要求利用 89C51 将开关所设的数据读入单片机内，并依次通过 P1.0～P1.3 输出，驱动发光二极管，以检查 P1.4～P1.7 输入的电平情况（若输入为高电平，则相应的 LED 亮）。现要求采用中断边沿触发方式，每中断一次，完成一次读/写操作。

解： 采用外部中断 0，中断申请从 INT0 输入，并采用了去抖动电路。当 P1.0～P1.3 的任何一位输出 1 时，相应的发光二极管就会发光。当开关 S 来回拨动一次时，将产生一个下降沿信号，通过 INT0 发出中断请求。中断服务程序的矢量地址为 0003H。

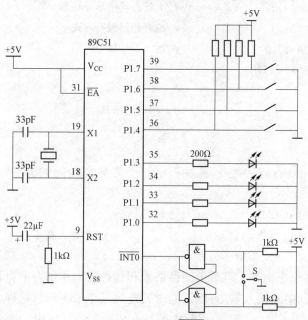

图 4-19 外部中断 $\overline{\text{INT0}}$ 电路

汇编语言源程序如下：

```
            ORG     0000H
            AJMP    MAIN        ;上电,转向主程序
            ORG     0003H       ;外部中断 0 入口地址
            AJMP    INSER       ;转向中断服务程序
            ORG     0030H       ;主程序
    MAIN:   SETB    EX0         ;允许外部中断 0 中断
            SETB    IT0         ;选择边沿触发方式
            SETB    EA          ;CPU 开中断
    HERE:   ……              ;主程序
            SJMP    HERE        ;等待中断
            ORG     0200H       ;中断服务程序
    INSER:  MOV     A,#0F0H
            MOV     P1,A        ;设 P1.4~P1.7 为输入
```

```
        MOV    A,P1              ;取开关数
        SWAP   A                 ;A 的高、低 4 位互换
        MOV    P1,A              ;输出驱动 LED 发光
        RETI                     ;中断返回
        END
```

C 语言程序：

```
Viod main()
  {
    EX0=1;                    //允许外部中断 0 中断
    IT0=1;                    //选择边沿触发方式
    EA=1;                     //CPU 开中断
    while(1)
      {
      ......;                 //主程序,等待中断
      }
  }
Void inser() interrupt 0      //外部中断 0 服务程序
  {
    P1=0xf0;
    P1=(P1>>4)|0xf0;          //P1 口读入高 4 位,从低 4 位输出
  }
```

当外部中断源多于 2 个时，可采用硬件请求和软件查询相结合的办法，把多个中断源经"或非"门引入到外部中断输入端 INTx，同时又连到某个 I/O 口。这样，每个中断源都可能引起中断。在中断服务程序中，读入 I/O 口的状态，通过查询就能区分是哪个中断源引起的中断。若有多个中断源同时发出中断请求，则查询的次序就决定了同一优先级中断中的优先次序。

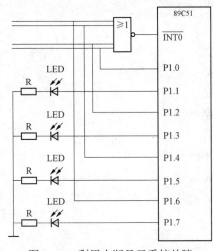

图 4-20 利用中断显示系统故障

【例 4-5】如图 4-20 所示，此中断电路可实现系统的故障显示。当系统的各部分正常工作时，4 个故障源的输入均为低电平，显示灯全不亮。当有某个部分出现故障时，则相应的输入线由低电平变为高电平，相应的发光二极管亮。

解：如图 4-20 所示，当某一故障信号输入线由低电平变为高电平时，会通过 INT0 线引起 89C51 中断（边沿触发方式）。在中断服务程序中，应将各故障源的信号读入，并加以查询，以进行相应的发光显示。

汇编语言源程序如下：

```
        ORG    0000H
        AJMP   MAIN              ;上电,转向主程序
```

```
            ORG     0003H              ;外部中断 0 入口地址
            AJMP    INSER              ;转向中断服务程序
MAIN:       ANL     P1,#55H            ;P1.0,P1.2,P1.4,P1.6 为输入
                                       ;P1.1,P1.3,P1.5,P1.7 输出为 0
            SETB    EX0                ;允许外部中断 0 中断
            SETB    IT0                ;选择边沿触发方式
            SETB    EA                 ;CPU 开中断
HERE:       ……                        ;主程序
            SJMP    HERE               ;等待中断
INSER:      JNB     P1.0,L1            ;查询中断源,(P1.0) =0,转 L1
            SETB    P1.1               ;是 P1.0 引起的中断,使相应的二极管亮
L1:         JNB     P1.2,L2            ;继续查询
            SETB    P1.3
L2:         JNB     P1.4,L3
            SETB    P1.5
L3:         JNB     P1.6,L4
            SETB    P1.7
L4:         RETI
            END
```

C 语言程序：

```
            sbit  P1_0  P1^0;
            sbit  P1_1  P1^1;
            sbit  P1_2  P1^2;
            sbit  P1_3  P1^3;
            sbit  P1_4  P1^4;
            sbit  P1_5  P1^5;
            sbit  P1_6  P1^6;
            sbit  P1_7  P1^7;
            main()
            {
            P1=0x55;
            EX0=1;
            EA=1
            while(1)
               {
               ……;
               }
            }
            Void inser() interrupt 0
```

```
    {
    if(P1_0) P1_1=1;
    if(P1_2) P1_3=1;
    if(P1_4) P1_5=1;
    if(P1_6) P1_7=1;
    }
```

4.3　标准 51 单片机的定时器/计数器

标准 51 单片机片内有两个 16 位定时器/计数器，即定时器 0（T0）和定时器 1（T1）。它们都有定时和事件计数的功能，可用于定时控制、延时、对外部事件计数和检测等场合。

定时器 T0 和 T1 的结构以及与 CPU 的关系如图 4–21 所示。两个 16 位定时器实际上都是 16 位加 1 计数器。其中，T0 由两个 8 位特殊功能寄存器 TH0 和 TL0 构成；T1 由 TH1 和 TL1 构成。每个定时器都可由软件设置为定时工作方式或计数工作方式及其他灵活多样的可控功能方式。这些功能都由特殊功能寄存器 TMOD 和 TCON 所控制。

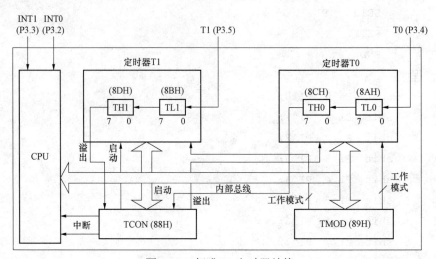

图 4-21　标准 51 定时器结构

设置为定时工作方式时，8051 片内振荡器输出的经 12 分频后的脉冲，即每个机器周期使定时器（T0 或 T1）的数值加 1 直至计满溢出。当 89C51 采用 12MHz 晶振时，一个机器周期为 1μs，计数频率为 1MHz。

设置为计数工作方式时，通过引脚 T0（P3.4）和 T1（P3.5）对外部脉冲信号计数。当输入脉冲信号产生由 1 至 0 的下降沿时，定时器的值加 1。在每个机器周期的 S5P2 期间采样 T0 和 T1 引脚的输入电平，若前一个机器周期采样值为 1，下一个机器周期采样值为 0，则计数器加 1。此后的机器周期 S3P1 期间，新的数值装入计数器。所以，检测一个 1 至 0 的跳变需要两个机器周期，故最高计数频率为振荡频率的 1/24。虽然对输入信号的占空比无特殊要求，但为了确保某个电平在变化之前至少被采样一次，要求电平保持时间至少是一个完整的机器周期。对输入脉冲信号的基本要求如图 4–22 所示，T_{cy} 为机器周期。

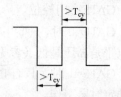

图 4–22 对输入脉冲宽度的要求

不管是定时还是计数工作方式，定时器 T0 或 T1 在对内部时钟或对外部事件计数时，不占用 CPU 时间，除非定时器/计数器溢出，才可能中断 CPU 的当前操作。由此可见，定时器是单片机中效率高而且工作灵活的部件。

除了可以选择定时或计数工作方式外，每个定时器/计数器还有 4 种工作模式，也就是每个定时器可构成 4 种电路结构模式。其中，模式 0～2 对 T0 和 T1 都是一样的，模式 3 对两者是不同的。

4.3.1 标准 51 单片机定时器的控制

定时器共有两个控制字，由软件写入 TMOD 和 TCON 两个 8 位寄存器，用来设置 T0 或 T1 的操作模式和控制功能。当 89C51 系统复位时，两个寄存器所有位都被清 0。

1. 工作模式寄存器 TMOD

TMOD 用于控制 T0 和 T1 的工作模式，其各位的定义格式如图 4–23 所示。

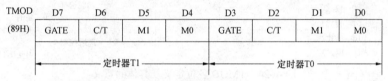

图 4–23 工作模式寄存器 TMOD 的位定义

其中，低 4 位用于 T0，高 4 位用于 T1。

以下介绍各位的功能：

M1 和 M0：操作模式控制位。两位可形成 4 种编码，对应于 4 种操作模式（即 4 种电路结构），见表 4–2。

C/T：定时器/计数器方式选择位。

C/T=0，设置为定时方式，定时器计数 89C51 片内脉冲，亦即对机器周期（振荡周期的 12 倍）计数。

C/T=1，设置为计数方式，计数器的输入是来自 T0（P3.4）或 T1（P3.5）端的外部脉冲。

表 4–2   M1 和 M0 控制的 4 种工作模式

M1	M0	工作模式	功能描述
0	0	模式 0	13 位计数器
0	1	模式 1	16 位计数器
1	0	模式 2	自动再装入 8 位计数器
1	1	模式 3	定时器 0：分成二个 8 位计数器 定时器 1：停止计数

GATE：门控位。

GATE=0 时，只要用软件使 TR0（或 TR1）置 1，就可以启动定时器，而不管 $\overline{INT0}$ 或 $\overline{INT1}$ 的电平是高还是低（参见后面的定时器结构图）。

GATE=1 时，只有 $\overline{INT0}$ 或 $\overline{INT1}$ 引脚为高电平且由软件使 TR0（或 TR1）置 1 时，才能启动定时器工作。

TMOD 不能位寻址，只能用字节设置定时器工作模式，低半字节设定 T0，高半字节设 T1。归纳结论如图 4-24 所示。

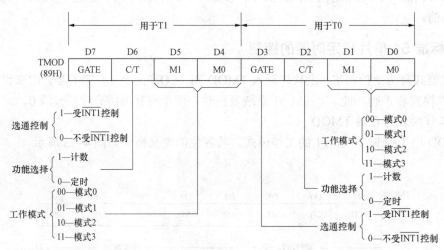

图 4-24　TMOD 各位定义及具体的意义

2. 控制寄存器 TCON

定时器控制寄存器 TCON 除可字节寻址外，各位还可位寻址，各位定义及格式如图 4-25 所示。

TCON	8FH	8EH	8DH	8CH	8BH	8AH	89H	88H
(88H)	TF1	TR1	TF0	TR0	IE1	IT1	IE0	IT0

图 4-25　控制寄存器 TCON 的位定义

TCON 各位的作用如下：

TF1（TCON.7）：T1 溢出标志位。当 T1 溢出时，由硬件自动使中断触发器 TF1 置 1，并向 CPU 申请中断。当 CPU 响应中断进入中断服务程序后，TF1 又被硬件自动清 0。TF1 也可以用软件清 0。

TF0（TCON.5）：T0 溢出标志位。其功能和操作情况同 TF1。

TR1（TCON.6）：T1 运行控制位。可通过软件置 1 或清 0 来启动或关闭 T1。在程序中用指令"SETBTR1"使 TR1 位置 1，定时器 T1 便开始计数。

TR0（TCON.4）：T0 运行控制位。其功能及操作情况同 TR1。

IE1、IT1、IE0 和 IT0（TCON.3～TCON.0）：外部中断 $\overline{INT0}$ 或 $\overline{INT1}$ 请求及请求方式控制位。标准 51 复位时，TCON 的所有位被清 0。归纳结论如图 4-26 所示。

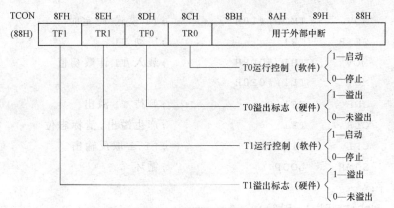

图 4-26　TCON 各位定义及具体的意义

4.3.2　标准 51 单片机定时器的 4 种模式及其应用

标准 51 单片机的定时器/计数器 T0 和 T1 可由软件对特殊功能寄存器 TMOD 中控制位 C/T 进行设置，以选择定时功能或计数功能。对 M1 和 M0 位的设置对应于 4 种工作模式，即模式 0、模式 1、模式 2 和模式 3。在模式 0、模式 1 和模式 2 时，T0 与 T1 的工作模式相同；在模式 3 时，两个定时器的工作模式不同。模式 0 为 TL0（5 位）、TH0（8 位）方式，模式 1 为 TL1（8 位）、TH1（8 位）方式，其余完全相同。通常模式 0 很少用，常以模式 1 替代，本章不再介绍模式 0。

1. 模式 1 及应用

该模式对应的是一个 16 位的定时器/计数器，如图 4-27 所示。

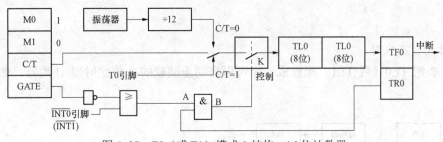

图 4-27　T0（或 T1）模式 1 结构—16 位计数器

其结构与操作几乎与模式 0 完全相同，唯一的差别是：在模式 1 中，寄存器 TH0 和 TL0 是以全部 16 位参与操作。用于定时工作方式时，定时时间为：

$$t=(2^{16}-\text{T0 初值})\times 振荡周期\times 12$$

用于计数工作方式时，计数长度为 $2^{16}=65\ 536$（个外部脉冲）。

【例 4-6】用定时器 T1 产生一个 50Hz 的方波，由 P1.1 输出。仍使用程序查询方式，fOSC =12MHz。

解：方波周期 T=1/（50Hz）=0.02s=20ms，用 T1 定时 10ms，计数初值 X 为：

$$X=2^{16}-12\times 10\times 1000/12=65\ 536-10\ 000=55\ 536=D8F0H$$

汇编语言源程序如下：

```
        MOV       TMOD,#10H          ;T1 模式 1,定时
        SETB      TR1                ;启动 T1
LOOP:   MOV       TH1,#0D8H          ;装入 T1 计数初值
        MOV       TL1,#0F0H
        JNB       TF1,$              ;等待 T1 溢出
        CLR       TF1                ;产生溢出,清标志位
        CPL       P1.1               ;P1.1 取反输出
        SJMP      LOOP               ;循环
```

C 语言程序：

```c
sbit  P1_1  P1^1;
main()
{
  TMOD=0x10;
  TR1=1;
  while(1)
    {
    TH1=0xd8;
    TL1=0xf0;
    while(!TF1);                //等待 T1 溢出
    TF1=0;
    P1_1=! P1_1;               //P1_1 取反
    }
}
```

2. 模式 2 及应用

模式 2 把 TL0（或 TL1）配置成一个可以自动重装载的 8 位定时器/计数器，如图 4-28 所示。

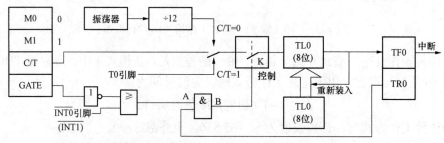

图 4-28　T0（或 T1）模式 2 结构—8 位计数器

TL0 计数溢出时，不仅使溢出中断标志位 TF0 置 1，而且还自动把 TH0 中的内容重新装载到 TL0 中。这里，16 位计数器被拆成两个，TL0 用作 8 位计数器，TH0 用以保存初值。在程序初始化时，TL0 和 TH0 由软件赋予相同的初值。一旦 TL0 计数溢出，便置 TF0，并将 TH0 中的初值再自动装入 TL0，继续计数，循环重复。用于定时工作方式时，其定时时间

（TF0 溢出周期）为：

$$t = (2^8 – TH0\ 初值) \times 振荡周期 \times 12$$

用于计数工作方式时，最大计数长度（TH0 初值=0）为 2^8=256（个外部脉冲）。这种工作模式可省去用户软件中重装常数的语句，并可产生相当精确的定时时间，特别适于作串行口波特率发生器。

【例 4–7】利用定时器 T1 的模式 2 对外部信号计数。要求每计满 100 次，将 P1.0 端取反。

解：选择模式

外部信号由 T1（P3.5）引脚输入，每发生一次负跳变计数器加 1，每输入 100 个脉冲，计数器发生溢出中断，中断服务程序将 P1.0 取反一次，同时自动重装 100 次计数初值。

T1 计数工作方式模式 2 的模式字为 TMOD=60H。T0 不用时，TMOD 的低 4 位可任取，但不能使 T0 进入模式 3，一般取 0。

计算 T1 的计数初值

$$X= 2^8 – 100 = 156 = 9CH$$

因此，TL1 的初值为 9CH，重装初值寄存器 TH1=9CH。

程序清单

主程序：

```
MAIN:    MOV     TMOD, #60H          ;置 T1 为模式 2 计数工作方式
         MOV     TL1, #9CH           ;赋初值
         MOV     TH1, #9CH
         MOV     IE, #88H            ;定时器 T1 开中断
         SETB    TR1                 ;启动计数器
HERE:    SJMP    HERE                ;等待中断
```

中断服务程序：

```
         ORG     001BH               ;中断服务程序入口
         CPL     P1.0
         RETI
```

3. 模式 3 及应用

工作模式 3 对 T0 和 T1 大不相同。

若将 T0 设置为模式 3，则 TL0 和 TH0 被分成两个相互独立的 8 位计数器，如图 4–29 所示。其中，TL0 用原 T0 的各控制位、引脚和中断源，即 C/T、GATE、TR0、TF0 和 T0（P3.4）引脚及 INT0（P3.2）引脚。TL0 除仅用 8 位寄存器外，其功能和操作与模式 0（13 位计数器）和模式 1（16 位计数器）完全相同。TL0 也可工作在定时器方式或计数器方式。

TH0 只可用作简单的内部定时功能（见图 4–29 上半部分）。它占用了定时器 T1 的控制位 TR1 和中断标志位 TF1，其启动和关闭仅受 TR1 的控制。

定时器 T1 无工作模式 3 状态。若将 T1 设置为模式 3，就会使 T1 立即停止计数，也就是保持住原有的计数值，作用相当于使 TR1=0，封锁"与"门，断开计数开关 K。

在定时器 T0 用作模式 3 时，T1 仍可设置为模式 0~2，见图 4–30（a）和（b）。由于 TR1 和 TF1 被定时器 T0 占用，计数器开关 K 已被接通，此时，仅用 T1 控制位 C/T 切换其定时器或计数器工作方式就可使 T1 运行。寄存器（8 位、13 位或 16 位）溢出时，只能将输出送

入串行口或用于不需要中断的场合。一般情况下，当定时器 T1 用作串行口波特率发生器时，定时器 T0 才设置为工作模式 3。此时，常把定时器 T1 设置为模式 2，用作波特率发生器，如图 4–30（b）所示。

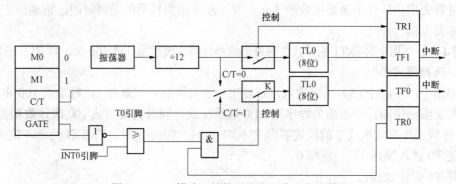

图 4–29　T0 模式 3 结构，分成两个 8 位计数器

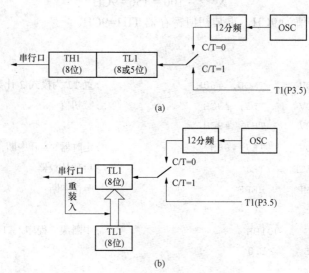

图 4–30　T0 模式 3 时 T1 的结构
（a）T1 模式 1（或模式 0）；（b）T1 模式 2

【例 4–8】设某用户系统中已使用了两个外部中断源，并置定时器 T1 工作在模式 2，作串行口波特率发生器用。现要求再增加一个外部中断源，并由 P1.0 引脚输出一个 5kHz 的方波。f_{osc}=12MHz。

解：为了不增加其他硬件开销，可设置 T0 工作在模式 3 计数方式，把 T0 的引脚作附加的外部中断输入端，TL0 的计数初值为 FFH，当检测到 T0 引脚电平出现由 1 至 0 的负跳变时，TL0 产生溢出，申请中断。这相当于边沿触发的外部中断源。

T0 在模式 3 下，TL0 作计数用，而 TH0 可用作 8 位的定时器，定时控制 P1.0 引脚输出 5kHz 的方波信号。TL0 的计数初值为 FFH，TH0 的计数初值 X 计算如下：

P1.0 的方波频率为 5kHz，故周期 T=1/（5kHz）=0.2ms=200μs 用 TH0 定时 100μs 时，

$$X=256-100×12/12=156$$

汇编语言源程序如下：

```
MAIN:       MOV   TMOD, #27H          ;T0 为模式 3 计数方式,T1 为模式 2,定时
                                      ;方式
            MOV   TL0, #0FFH          ;置 TL0 计数初值
            MOV   TH0, #156           ;置 TH0 计数初值
            MOV   TH1, #data          ;data 是根据波特率要求设置的常数(即初
                                      ;值)
            MOV   TL1, #data
            MOV   TCON, #55H          ;外中断 0、外中断 1 边沿触发,
                                      ;启动 T0、T1
            MOV   IE, #9FH            ;开放全部中断口
```

TL0 溢出中断服务程序(由 000BH 转来)

```
TL0INT:     MOV   TL0, #0FFH          ;TL0 重赋初值
            (中断处理)
            RETI
```

TH0 溢出中断服务程序(由 001BH 转来)

```
TH0INT:     MOV   TH0, #156           ;TH0 重赋初值
            CPL   P1.0                ;P1.0 取反输出
            RETI
```

串行口及外部中断 0、外部中断 1 的服务程序在此不再一一列出。

C 语言程序:

```
main()
{
  TMOD=0X60;
  TL1=0X9C;
  TH1=0X9C;
  IE=0X88
  TR1=1;
  while(1);
}
void intTimer1() interrupt 3
{
  P1_0=~P1_0;
}
```

4.4　定时器/计数器与中断应用举例

【例 4–9】设时钟频率为 6MHz。试编写利用 T0 产生 1s 定时的程序。

解：定时器 T0 工作模式的确定

因定时时间较长,采用哪一种工作模式合适呢?可以算出:

模式 0 最长可定时 16.384ms；

模式 1 最长可定时 131.072ms；

模式 2 最长可定时 512μs。

题中要求定时 1s，可选模式 1，每隔 100ms 中断一次，中断 10 次为 1s。

求计数值 X

因为

$$(2^{16} - X) \times \frac{12}{6 \times 10^6 \, \text{Hz}} = 100 \times 10^{-3} \, \text{s}$$

所以   X=15 536=3CB0H

因此，（TL0）=0B0H，（TH0）=3CH。

实现方法：

对于中断 10 次计数，可使 T0 工作在计数方式，也可用循环程序的方法实现。本例采用循环程序法。

汇编语言源程序：

```
            ORG     0000H
            LJMP    MAIN            ;上电,转向主程序
            ORG     000BH           ;T0 的中断入口地址
            AJMP    SERVE           ;转向中断服务程序
            ORG     0030H           ;主程序
MAIN        MOV     SP, #60H        ;设堆栈指针
            MOV     B, #0AH         ;设循环次数
            MOV     TMOD, #01H      ;设置 T0 工作于模式 1
            MOV     TL0, #0B0H      ;装入计数值低 8 位
            MOV     TH0, #3CH       ;装入计数值高 8 位
            SETB    TR0             ;启动定时器 T0
            SETB    ET0             ;允许 T0 中断
            SETB    EA              ;允许 CPU 中断
            SJMP    $               ;等待中断
```

中断服务程序：

```
            ORG     0100H
SERVE:      MOV     TL0, #0B0H
            MOV     TH0, #3CH       ;重新赋计数值
            DJNZ    B,LOOP
            CLR     TR0             ;1s 定时到,停止 T0 工作
LOOP:       RETI                    ;中断返回
            END
```

C 语言程序：

```
            unsigned char runTimes;
            main()
            {
```

```
            SP=0X60;
            runTimes=10;
            TMOD=0x01;
            TL0=0xB0;
            TH0=0x3C;
            TR0=1;
            ET0=1;
            EA=1;
            while(1);                    //等待
             }
         void intTimer0 interrupt 1
          {
            TL0=0xB0;
            TH0=0x3C;
            if(--runTimes==0)TR0=0;
             }
```

【例 4-10】 设计实时时钟程序。

解： 本例涉及定时器与中断的联合应用。时钟就是以秒、分、时为单位进行计时。

实现时钟计时的基本方法及步骤：

（1）计算计数初值。时钟计时的最小单位是秒，但使用单片机定时器/计数器进行定时，即使按方式 1 工作，其最长定时时间也只能达 131ms。鉴于此，可把定时器的定时时间定为 100ms，这样，计数溢出 10 次即得到时钟计时的最小单位——秒；而 10 次计数可用软件方法实现。

假定使用定时器 T1，以工作模式 1 进行 100ms 的定时。如果单片机晶振频率为 6MHz，为得到 100ms 定时，设计数初值为 X，则

$$(2^{16}-X)\times\frac{12}{6\times10^6\,\mathrm{Hz}}=100\times10^{-3}\mathrm{s}$$
$$X=15\,536=3\mathrm{CB0H}$$

（2）采用中断方式进行溢出次数的累计，计满 10 次即得到秒计时。

（3）从秒到分和从分到时的计时是通过累加和数值比较实现的。

（4）时钟显示及显示缓冲区部分留给读者自己设计。

程序流程及程序清单：

（1）主程序（MAIN）的主要功能是进行定时器 T1 的初始化编程并启动 T1，然后通过反复调用显示子程序，等待 100ms 定时中断的到来。其流程如图 4-31 所示。

（2）中断服务程序（SERVE）的主要功能是进行计时操作。程序开始先判断计数溢出是否满了 10 次，不满 10 次表明还没达到最小计时单位——秒，中断返回；如果满 10 次，则表示已达到最小计时单位——秒，程序继续向下运行，进行计时操作。

要求满 1s 则"秒位"32H 单元内容加 1，满 60s 则"分位"31H 单元内容加 1，满 60min 则"时位"30H 单元内容加 1，满 24h 则将 30H、31H 和 32H 的内容全部清 0。中断服务程

序流程图如图 4-32 所示。

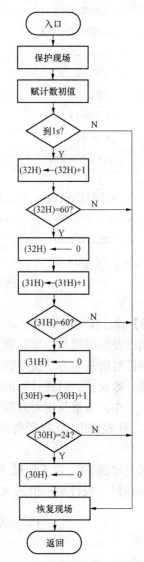

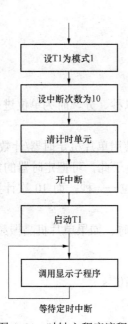

图 4-31　时钟主程序流程　　　　图 4-32　中断服务程序流程图

汇编语言源程序：

```
          ORG     0000H
          AJMP    MAIN              ;上电,转向主程序
          ORG     001BH             ;T1 的中断入口地址
          AJMP    SERVE             ;转向中断服务程序
MAIN:     MOV     TMOD, #10H        ;设 T1 工作于模式 1
          MOV     20H, #0AH         ;装入中断次数
          CLR     A
          MOV     30H, A            ;时单元清 0
          MOV     31H, A            ;分单元清 0
```

```
            MOV      32H, A             ;秒单元清 0
            SETB     ET1                ;允许 T1 中断
            SETB     EA                 ;允许 CPU 中断
            MOV      TH1, #3CH
            MOV      TL1, #0B0H         ;赋计数初值
            SETB     TR1                ;启动定时器 T1
            SJMP     $                  ;等待中断 (可反复调用显示子程序)
            ORG      0100H              ;中断服务程序地址
SERVE:      PUSH     PSW                ;保护现场
            PUSH     ACC                ;保护现场
            MOV      TH1, #3CH
            MOV      TL1, #0B0H         ;重新赋 100ms 计数初值
            DJNZ     20H,RETUNT         ;1s 未到,返回
            MOV      20H, #0AH          ;1s 到,重置中断次数
            MOV      A, #01H
            ADD      A,32H              ;"秒位"加 1
            DA       A
            MOV      32H, A             ;转换为 BCD 码
            CJNE     A, #60,RETUNT      ;未计满 60s,返回
            MOV      32H, #00H          ;计满 60s,"秒位"清 0
            MOV      A, #01H
            ADD      A,31H              ;"分位"加 1
            DA       A                  ;十进制调整
            MOV      31H, A             ;转换为 BCD 码
            CJNE     A, #60,RETUNT      ;未计满 60min,返回
            MOV      31H, #00H          ;计满 60min,"分位"清 0
            MOV      A, #01H
            ADD      A,30H              ;"时位"加 1
            DA       A
            MOV      30H, A             ;转换为 BCD 码
            CJNE     A, #24,RETUNT      ;未计满 24h,返回
            MOV      30H, #00H          ;计满 24h,"时位"清 0
RETUNT:
            POP      ACC
            POP      PSW                ;恢复现场
            RETI                        ;中断返回
            END
```

C 语言程序:

```
unsigned char hour,min,sec;
```

```
main()
 {
   TMOD=0X10;
   runTimes=10;
   hour=0;
   min=0;
   sec=0;
   ET1=1;
   EA=1;
   TH1=0x3C;
   TL1=0xB0;
   TR1=1;
   while(1);
    }
void intTimer1() interrupt 3
 {
   TH1=0x3C;
   TL1=0xB0;
   if(--runTimes==0)
    {
    runTimes=10;
    if(++sec>=60)
     {
     sec=0;
     if(++min>=60)
      {
      min=0;
      if(++hour>=24)hour=0;
      }
     }
    }
 }
```

4.5 思 考 与 练 习

1. 什么是中断？
2. 为什么要引进中断机制？
3. 中断响应的条件是什么？
4. 用中断方式的按键 K1，控制一个 LED 灯的亮和灭两种状态（需要去抖动操作，否则按键抖动会引起多种中断）。

5. 用定时器 0 以工作方式 2 产生 100μs 定时，在 P1.0 输出周期为 200μs 的连续正方波脉冲。已知晶振频率为 6MHz（用 C 语言编写程序）。

6. 在 P1.0 脚上输出周期为 2.5s，占空比为 20%的脉冲信号（12MHz）用汇编语言。

7. 用 P1.0 口测试矩形波的脉宽和周期（将测量到的脉宽放到 BUF 和 BUF+1 单元中，周期放到 BUF1 和 BUF1+1 单元中）。

8. 编写实现运算式 c=a*2+b*2。假定 a，b，c 三个数分别存放于内部 RAM 的 DA、DB、DC 单元中，另有平方运算子程序 SQR 供调用。

9. 试编写程序实现比较两个 ASCII 码字符串是否相等，字符串的长度在内部 RAM41H 单元中，第一个字符串的首地址为 42H，第二个字符串的首地址为 52H。如果两个字符串相等，则置内部 RAM40H 单元为 00H；否则为 FFH。

10. 在外部 RAM 首地址为 table 的数据表中，有 10 字节数据。试编程实现每个字节的最高位无条件置 1。

第 5 章　标准 51 单片机串行通信

标准 51 单片机的 P3.0、P3.1 引脚是一个进行发送和接收的全双工串行通信口接口，根据单片机串口的工作方式，接口可以作 UART（Universal Asynchronous Receiver/Transmitter，通用异步接收和发送器）用，也可以作驱动同步移位寄存器用。应用串行口可以实现单片机系统之间点对点的串行通信和多机通信，也可以实现单片机与 PC 通信。标准 51 内部除含有 4 个并行 I/O 接口外，还有一个串行通信 I/O 口，通过该串行口可以实现与其他计算机系统的串行通信。本章在介绍关于串行通信的基础知识后，详细论述标准 51 的串行口及其通信应用。

5.1　串行口结构与工作原理

5.1.1　并行和串行通信

常用的通信方式分为串行和并行两种。并行通信是指数据的各位同时进行传送（发送或接收）的通信方式。其优点是数据的传送速度快，缺点是传输线多，数据有多少位，就需要多少传输线。并行通信一般适用于高速短距离的应用场合，典型的应用是计算机和打印机之间的连接。

串行通信是指数据一位一位按顺序传送的通信方式，其突出特点是只需少数几条线就可以在系统间交换信息（电话线即可用作传输线），大大降低了传送成本，尤其适用于远距离通信，但串行通信的速度相对比较低。串行通信的传送方向有单工、半双工和全双工 3 种。单工方式下只允许数据向一个方向传送，要么只能发送，要么只能接收；半双工方式下允许数据往两个相反的方向传送，但不能同时传送，只能交替进行。为了避免双方同时发送，需另加联络线或制定软件协议；全双工是指数据可以同时往两个相反的方向传送，需要两个独立的数据线分别传送两个相反方向的数据。

串行通信中必须规定一种双方都认可的同步方式，以便接收端完成正确的接收。串行通信有同步和异步两种基本方式。

在串行异步通信中，数据按帧传送，用一位起始位（"0"电平）表示一个字符的开始，接着是数据位，低位在前，高位在后，用停止位（"1"电平）表示字符的结束。有时在信息位和停止位之间可以插入一位奇偶校验位，这样构成一个数据帧。因此，在异步串行通信中，收发的每一个字符数据是由 4 个部分按顺序组成的，如图 5–1 所示。通信的双方若时钟略有微小的误差，两个信息字符之间的停止间隔将为这种误差提供缓冲余地，因此异步通信方式的优点是允许有较小的频率偏移。

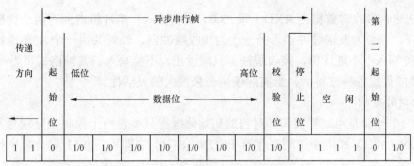

图 5-1　异步通信的数据帧格式

起始位：标志着一个新数据帧的开始。当发送设备要发送数据时，首先发送一个低电平信号，起始位通过通信线传向接收设备，接收设备检测到这个逻辑低电平后就开始准备接收数据信号。

数据位：起始位之后就是 5、6、7 或 8 位数据位，IBM PC 中经常采用 7 位或 8 位数据传送。当数据位为 1 时，收发线为高电平，反之为低电平。

奇偶校验位：用于检查在传送过程中是否发生错误。奇偶校验位可有可无，可奇可偶。若选择奇校验，则各位数据位加上校验位使数据中为"1"的位为奇数；若选择偶校验，其和将是偶数。

停止位：停止位是高电平，表示一个数据帧传送的结束。停止位可以是一位、一位半或两位。

在异步数据传送中，通信双方必须规定数据格式，即数据的编码形式。例如，起始位占 1 位，数据位为 7 位，1 个奇偶校验位，加上停止位，于是一个数据帧就由 10 位构成。也可以采用数据位为 8 位，无奇偶校验位等格式。

5.1.2　串行通信的波特率

波特率是指数据的传输速率，表示每秒钟传送的二进制代码的位数，单位是位/秒（bit per second，bit/s）。假如数据传送的格式是 7 位，加上校验位、1 个起始位以及 1 个停止位，共 10 个数据位，而数据传送的速率如果是 960bit/s，则传送的波特率为：

$$10×960bit/s＝9600bit/s$$

波特率的倒数为每一位的传送时间，即：

$$T＝(1/9600)ms≈0.104ms$$

由上述的异步通信原理可知，相互通信的 A、B 站点双方必须具有相同的波特率，否则就无法实现通信。波特率是衡量传输通道频宽的指标，它和传送数据的速率并不一致。异步通信的波特率一般在 50～19 200bit/s 之间。

数据通信规程是通信双方为了有效地交换信息而建立起来的一些规约，在规程中对数据的编码同步方式、传输速度传输控制步骤、校验方式、报文方式等问题给予统一的规定。通信规程也称为通信协议。

5.1.3　标准 51 单片机的串行接口

标准 51 单片机片内有一个可编程的全双工串行口，串行发送时数据由单片机的 TXD（即

P3.1）引脚送出，接收时数据由 RXD（即 P3.0）引脚输入。单片机内部有两个物理上独立的缓冲器 SBUF，一个为发送缓冲器，另一个为接收缓冲器，二者共用一个 SFR 地址 99H。发送缓冲器只能写入，不能读出，接收缓冲器只能读出，不能写入。其帧格式可为 8 位、10 位或 11 位，并能设置各种波特率，给实际使用带来很大的灵活性。

1. 串行口的结构

单片机的串行口是可编程接口，对它的初始化编程只需对两个控制字分别写入特殊功能寄存器 SCON（98H）和电源控制寄存器 PCON（87H）中即可。8051 单片机串行口的结构如图 5-2 所示。

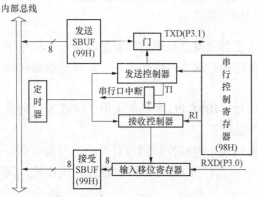

图 5-2　单片机串行口结构

单片机的串行口主要由两个数据缓冲器 SBUF、一个输入移位寄存器、一个串行控制寄存器 SCON 和一个波特率发生器 T1 等组成，见图 5-2 所示单片机内部串行口结构。串行口数据缓冲器 SBUF 是可以直接寻址的专用寄存器。在物理上，一个作发送缓冲器，一个作接收缓冲器。但两个缓冲器共用一个口地址 99H，由读/写信号区分。CPU 写 SBUF 时为发送缓冲器，读 SBUF 时为接收缓冲器。接收缓冲器是双缓冲的，以避免在接收下一帧数据之前，CPU 未能及时响应接收器的中断，把上一帧数据读走，而产生两帧数据重叠的问题而设置的双缓冲结构。对于发送缓冲器，为了保持最大的传输速率，一般不需要双缓冲，因为发送时 CPU 是主动的，不会产生写重叠的问题。

特殊功能寄存器 SCON 用来存放串行口的控制和状态信息。T1 用做串行口的波特率发生器，其波特率是否增倍可由特殊功能寄存器 PCON 的最高位控制。

2. 与串行通信有关的寄存器

与串行通信有关的寄存器有串行口控制寄存器 SCON、电源控制寄存器 PCON 以及与串行通信中断有关的控制寄存器 IE 和 IP。另外，串行通信的波特率还要用到 T1 的控制寄存器 TMOD 和 TCON。

（1）串行口控制寄存器 SCON。

8051 单片机串行通信的方式选择、接收和发送控制以及串行口的状态标志等均由特殊功能寄存器 SCON 控制和指示。SCON 的字节地址是 98H，支持位操作。其控制字格式及具体意义如下：

位序号	D7	D6	D5	D4	D3	D2	D1	D0
位地址	9FH	9EH	9DH	9CH	9BH	9AH	99H	98H
位名称	SM0	SM1	SM2	REN	TB8	RB8	TI	RI

SM0、SM1：串行口的工作方式控制位。具体的工作方式见表 5-1，其中 f_{osc} 是振荡频率。

SM2：多机通信控制位，主要用于方式 2 和方式 3。若置 SM2＝1，则允许多机通信。多机通信协议规定，第 9 位数据（D8）为 1，说明本帧数据为地址帧；若第 9 位为 0，则本帧为数据帧。当一个 8051 单片机（主机）与多个 8051 单片机（从机）通信时，所有从机的 SM2 都置 1。主机先发送的一帧数据为地址，即某从机的机号，其中第 9 位为 1，所有的从机接收到数据后，将其中第 9 位装入 RB8 中。各个从机根据收到的第 9 位数据（RB8 中）的值来决定从机能否再接收主机的信息。若 RB8＝0，说明是数据帧，则使接收中断标志位 RI＝0，信息丢失；若 RB8＝1，说明是地址帧，数据装入 SBUF 并置 RI＝1，中断所有从机，被寻址的目标从机将 SM2 复位，以接收主机发送来的一帧数据。其他从机仍然保持 SM2＝1。若 SM2＝0，即不属于多机通信的情况，则接收一帧数据后，不管第 9 位数据是 0 还是 1，都置 RI＝1，接收到的数据装入 SBUF 中。在方式 1 时，若 SM2＝1，则只有接收到有效的停止时，RI 才置 1，以便接收下一帧数据。在方式 0 时，SM2 必须是 0（表 5–1）。

表 5–1　　　　　　　　　　　　　　　串 行 口 的 工 作 方 式

SM0　SM1	工作方式	功能说明	波　特　率
0　　0	方式 0	同步移位寄存器	$f_{OSC}/12$
0　　1	方式 1	10 位异步收发器	波特率可变（T1 溢出率/N）
1　　0	方式 2	11 位异步收发器	$f_{OSC}/32$ 或 $f_{OSC}/64$
1　　1	方式 3	11 位异步收发器	波特率可变（T1 溢出率/N）

REN：允许接收控制位。由软件置 1 或清零。只有当 Ren＝1 时才允许接收数据。在串行通信接收控制程序中，如满足 RI＝0，REN＝1 的条件，就会启动一次接收过程，一帧数据就装入接收缓冲器 SBUF 中。

TB8：方式 2 和方式 3 时，TB8 为发送的第 9 位数据，根据发送数据的需要由软件置位或复位，可作奇偶校验位，也可在多机通信中作为发送地址帧或数据帧的标志位。对于后者，TB8＝1 时，说明发送该帧数据为地址；TB8＝0，说明发送该帧数据为数据字节。在方式 0 和方式 1 中，该位未用。

RB8：方式 2 和方式 3 时，RB8 为接收的第 9 位数据。SM2＝1 时，如果 RB8＝1，说明收到的数据为地址帧。RB8 一般是约定的奇偶校验位，或是约定的地址/数据标志位。在方式 1 中，若 SM2＝0（即不是多机通信情况），RB8 中存放的是已接收到的停止位。方式 0 中该位未用。

TI：发送中断标志，在一帧数据发送完时被置位。在方式 0 中发送第 8 位数据结束时，或其他方式发送到停止位的开始时由硬件置位，向 CPU 申请中断，同时可用软件查询。TI 置位表示向 CPU 提供"发送缓冲器 SBUF 已空"的信息，CPU 可以准备发送下一帧数据。串行口发送中断被响应后，TI 不会自动复位，必须由软件清零。

RI：接收中断标志，在接收到一帧有效数据后由硬件置位。在方式 0 中接收到第 8 位数据时，或其他方式中接收到停止位中间时，由硬件置位，向 CPU 申请中断，也可用软件查询。RI＝1 表示一帧数据接收结束，并已装入接收 SBUF 中，要求 CPU 取走数据。RI 必须由软件清零，以清除中断请求，准备接收下一帧数据。

由于串行发送中断标志 TI 和接收中断标志 RI 共用一个中断源，CPU 并不知道是 TI 还是 RI 产生的中断请求。因此，在进行串行通信时，必须在中断服务程序中用指令来判断。复位后 SCON 的所有位都清零。

（2）电源控制寄存器 PCON。

PCON 中的最高位 SMOD 是与串行口的波特率设置有关的选择位，其余 7 位都和串行通信无关。SMOD＝1 时，方式 1、2、3 的波特率加倍。

位序号	D7	D6	D5	D4	D3	D2	D1	D0
位名称	SMOD							

串行通信的波特率是由单片机的定时器 T1 产生，并且串行通信占用一个单片机的一个中断，因此串行通信还要用的 T1 以及中断有关的寄存器，如 IE、IP、TMOD，在第二章一对中断和定时器应用做了介绍，利用这些寄存器进行串行通信时会在程序中再次体现。

5.2 串行通信工作方式

8051 单片机的串行口有 4 种工作方式：方式 0、1、2、3，分为 8 位、10 位和 11 位 3 种帧格式。

5.2.1 串行口方式 0

方式 0 以 8 位数据为一帧，不设起始位和停止位，先发送或接收最低位，主要用于移位输入和输出。其帧格式为：

...	D0	D1	D2	D3	D4	D5	D6	D7	...

方式 0 为同步移位寄存器输入/输出方式，一般用于扩展 I/O 口。串行数据通过 RXD 输入或输出，TXD 端用于输出同步移位脉冲，作为外接器件的同步信号。图 5-3 为发送电路和接收电路。方式 0 不适用于两个 8951 单片机之间的数据通信，但可通过外接移位寄存器来扩展单片机的接口。例如，采用 74LS164 可以扩展并行输出口，74LS165 可以扩展输入口。方式 0 中，收/发的数据为 8 位，低位在前，无起始位、奇偶位及停止位，波特率固定为系统振荡频率 f_{osc} 的 1/12。

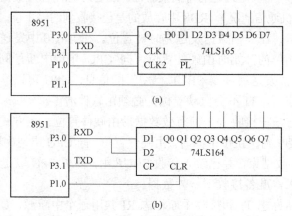

图 5-3 方式 0 的发送电路和接收电路

（a）发送电路；（b）接收电路

发送过程中，当执行一条数据写入发送缓冲器（99H）的指令时，串行口把 SBUF 中的 8 位数据由低位到高位以 f_{osc}/12 的波特率从 RXD 端输出，即每个机器周期送出 1 位数据。发送结束时置位中断标志 TI。

5.2.2　串行口方式 1

方式 1 以 10 位为一帧进行传输，有 1 个起始位"0"，8 个数据位和 1 个停止位"1"，其帧格式为：

起始	D0	D1	D2	D3	D4	D5	D6	D7	停止

方式 1 是 10 位波特率可调的异步通信方式，其中 1 位起始位"0"，8 位数据位（低位在前），一位停止位"1"，起始位和停止位是在发送时自动插入的。TXD 和 RXD 分别用于发送和接收一位数据。接收时，停止位进入 SCON 的 RB8。

方式 1 发送时，数据从 TXD 端输出，当执行数据写入发送缓冲器 SBUF 的指令时，就启动发送器开始发送，发送的条件是 TI＝0。发送时的定时信号，即发送移位脉冲（TX 时钟），是由定时器 T1 送来的溢出信号经过 16 或 32 分频（取决于 SMOD 的值）而取得的。TX 时钟就是发送的波特率，所以方式 1 的波特率是可变的。发送开始后，每过一个 TX 时钟周期，TXD 端输出 1 个数据位，8 位数据发送完后，置位 TI，并置 TXD 端为"1"作为停止位。

接收时，用软件置位 REN（同时 RI＝0），即开始接收。于是，将数据字节从低位到高位一位一位地接收下来并装入 SBUF 中，接收完成后 RI 被置位。一帧数据接收完毕，可进行下一帧的接收。图中 74LS165 是 TTL"并入串出"移位寄存器。

方式 1 接收时，数据从引脚 RXD（P30）输入。接收的前提是 SCON 中 REN＝1，并检测到起始位（RXD 上检测到"1"到"0"的跳变）而开始的。接收时有两种定时信号，一种是接收移位时钟（RXD 时钟），其频率和波特率相同，是由定时器 T1 的溢出信号经 16 或 32 分频而得到的；另一种是位检测器采样脉冲，其频率是 RXD 时钟的 16 倍，即以 16 倍于波特率的速率对 RXD 进行采样。为了接收准确无误，在正式接收数据之前，还必须判定这个"1"到"0"的跳变是否是干扰引起的。为此，在这位的中间（即一位时间分为 16 等份，在第 7、8、9 等份）连续对 RXD 采样 3 次，取其中两次相同的值进行判断，这样就能较好地消除干扰。当确认是真正的起始位"0"后，就开始接收一帧数据。在一帧数据接收完后，必须同时满足以下两个条件，这次接收才真正有效，把数据位和停止位分别装入 SBUF 和 RB8 中。

（1）RI＝0，即上一帧数据接收完时，RI＝1 发出的中断申请已被响应，SBUF 中的数据已被取走。由软件使 RI＝0 以提供"接收缓冲器已空"的信息。

（2）SM2＝0 或接收到的停止位为"1"，则将接收到的数据装入 SBUF，并置位 RI。否则放弃接收的结果。

5.2.3　串行口方式 2 和方式 3

方式 2 和 3 以 11 位为一帧进行传输，有 1 个起始位"0"，8 个数据位，1 个附加的第 9 位数据 D8 和 1 个停止位"1"，其帧格式为：

起始	D0	D1	D2	D3	D4	D5	D6	D7	D8	停止

方式 2 和方式 3 都是每帧 11 位异步通信格式，由 TXD 和 RXD 发送和接收。其操作过程完全相同，不同的只是波特率。每一帧数据中包括 1 位起始位 "0"，8 位数据位（低位在前），1 位可编程的第 9 位数据位和一位停止位 "1"。发送时，第 9 位数据位（TB8）可设置为 1 或 0，也可将奇偶校验位装入 TB8 以进行奇偶校验；接收时，第 9 数据位进入 SCON 的 RB8。

发送前，先根据通信协议由软件设置 TB8（如作奇偶校验位或地址/数据标志位），然后将要发送的数据写入 SBUF，就能启动发送过程。串行口自动把 TB8 取出并装入到第 9 位数据的位置，再逐一发送出去，发送完毕时置位 TI。

接收时，先使 SCON 的 REN=1，允许接收。当检测到 RXD 端有 "1" 到 "0" 的跳变（起始位）时，开始接收 9 位数据，送入移位寄存器。当满足 RI=0 且 SM2=0 或接收到的第 9 位数据为 1 时，前 8 位数据送入 SBUF，附加的第 9 位数据送入 SCON 中的 RB8，置位 RI；否则放弃接收结果，也不置位 RI。

5.2.4 波特率设定

在串行通信中，收发双方对发送或接收的数据速率要有一定的约定。在应用中通过对 8051 单片机串行口编程可约定 4 种工作方式。其中方式 0 和方式 2 的波特率是固定的，而方式 1 和方式 3 的波特率是可变的，由定时器 T1 的溢出率确定。

（1）方式 0 的波特率。

方式 0 时，其波特率固定为振荡频率的十二分之一，并且不受 PCON 中 SMOD 位的影响。因而，方式 0 的波特率=$f_{osc}/12$。

（2）方式 2 的波特率。

方式 2 的波特率由系统的振荡频率 f_{osc} 和 PCON 的最高位 SMOD 确定，即为 $2^{SMOD} \times f_{osc}/64$。在 SMOD=0 时，波特率为 $f_{osc}/64$，SMOD=1 时，波特率=$f_{osc}/32$。

方式 1 和方式 3 的通信波特率由定时器 T1 的溢出率和 SMOD 的值共同确定，即：

$$方式 1、3 的波特率 = 2^{SMOD} \times （T1 溢出率）$$

当 SMOD=0 时，波特率为 T1 溢出率/32，SMOD=1 时，波特率为 T1 溢出率/16。其中，T1 的溢出率取决于 T1 的计数速率（计数速率=$f_{osc}/12$）和 T1 的设定值。若定时器 T1 采用模式 1，波特率公式为：

$$方式 1、3 波特率 = （2^{SMOD}/32） \times （f_{osc}/16） / （2^{16} - 初始值）$$

定时器 T1 作波特率发生器使用时，通常采用定时器模式 2（自动重装初值的 8 位定时器）比较实用。设置 T1 为定时方式，让 T1 对系统振荡脉冲进行计数，计数速率为 $f_{osc}/12$。应注意禁止 T1 中断，以免溢出而产生不必要的中断。设 T1 的初值为 X，则每过 $（2^8 - X）$ 个机器周期，T1 就会产生一次溢出，即：

$$T1 溢出率 = （f_{osc}/12） / （2^8 - X）$$

从而可以确定串行通信方式 1、3 波特率：

$$方式 1、3 波特率 = （2^{SMOD}/32） f_{osc}/[12（256 - X）]$$

因而可以得出 T1 模式 2 的初始值 X：

$$X = 256 - (SMOD + 1) f_{osc} / (384 × 波特率)$$

表 5-2 列出了方式 0~3 的常用波特率及其初值。系统振荡频率选为 11.059 2MHz 是为了使初值为整数，从而产生精确的波特率。

表 5-2　　　　　　　　　　　　常用波特率与其他参数的关系

串行口工作方式	波特率	f_{osc}	SMOD	定时器 T1		
				C/T	模式	定时器初值
方式 0	1MHz		X			
方式 2	375K	12MHz	1	X	X	X
	187.5K		0			
方式 1 或方式 3	62.5K		1			FFH
	19.2K		1			FDH
	9.6K					FDH
	4.8K	11.059 2MHz		0	2	FAH
	2.4K					FAH
	1.2K		0			E8H
	137.5					1DH
	110	12MHz			1	FEEBH
方式 0	500K		X			
方式 2	187.5K			X	X	X
方式 1 或方式 3	19.2K		1			FEH
	9.6K					FDH
	4.8K	6MHz				FDH
	2.4K			0	2	FAH
	1.2K		0			F4H
	600					E8H
	110					72H
	55				1	FEEBH

如果串行通信选用很低的波特率，可将定时器 T1 置于模式 0 或模式 1，即 13 位或 16 位定时方式。但在这种情况下，T1 溢出时，需用中断服务程序重装初值。中断响应时间和指令执行时间会使波特率产生一定的误差，需要用改变初值的方法加以调整。

5.3　串行口应用举例

5.3.1　双机通信硬件电路

如果两个 51 单片机系统距离较近，就可以将它们的串行口直接相连，实现双机通信，如图 5-4 所示。

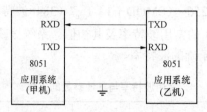

图 5-4 双机异步通信接口电路

为了增加通信距离，减少通道和电源干扰，可以在通信线路上采用光电隔离的方法，利用 RS-422 标准进行双机通信，实用的接口电路如图 5-5 所示。

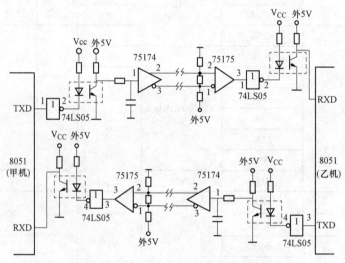

图 5-5 RS-422 双机异步通信接口电路

发送端的数据由串行口 TXD 端输出，通过 74LS05 反向驱动，经光电耦合器送到驱动芯片 75 174 的输入端，75 174 将输出的 TTL 信号转换为符合 RS-422 标准的差动信号输出，经传输线（双绞线）将信号送到接收端，接收芯片 75 175 将差动信号转换为 TTL 信号，通过反向后，经光电耦合器到达接收机串行口的接收端。

每个通道的接收端都有 3 个电阻 R1，R2，R3。R1 为传输线的匹配电阻，取值在 $100 \sim 1k\Omega$ 之间，其他两个电阻是为了解决第一个数据的误码而设置的匹配电阻。值得注意的是，光电耦合器必须使用两组独立的电源，只有这样才能起到隔离、抗干扰的作用。

对于双机异步通信的程序通常采用两种方法：查询方式和中断方式。下面通过程序示例介绍这两种方法。

1. 查询方式

（1）甲机发送。

编程将甲机片外 1000H～101FH 单元的数据块从串行口输出。定义方式 2 发送，TB8 为奇偶校验位。发送波特率 375kHz，晶振为 12MHz，所以 SMOD=1。

汇编语言发送子程序：

```
                MOV  SCON, #80H             ;设置串行口为方式2
                MOV  PCON, #80H             ;SMOD=1
                MOV  DPTR, #1000H           ;设数据块指针
                MOV  R7, #20H               ;设数据块长度
        START:  MOVX A, @DPTR              ;取数据给A
                MOV  C, P
                MOV  TB8, C                 ;奇偶位 P 给 TB8
                MOV  SBUF, A                ;数据送 SBUF，启动发送
        WAIT:   JBC  TI, CONT               ;判断一帧是否发送完。若发送完，清 TI，取
                                            ;下一个数据
                AJMP WAIT                   ;未完等待
        CONT:   INC  DPTR                   ;更新数据单元
                DJNZ R7, START              ;循环发送至结束
                RET
```

C51 发送程序：

```c
                #include <reg52.h>
                #define uchar unsigned char
                uchar xdata sour[32] _at_ 0x1000;  //定义数组首址在外部数据存储器0x1000
                void main (void)
                {
                  uchar data i = 0;
                  SCON = 0x80;                    //设置串行口为方式2
                  PCON |= 0x80;                   //SMOD=1
                  TI = 0;
                  for(i=0;i<32;i++)
                    {
                        ACC = sour[i];           //取数据给A
                        CY = P;
                        TB8 = CY;                //奇偶位P给TB8
                        SBUF = ACC;              //数据送SBUF，启动发送
                        while(!TI);              //判断一帧是否发送完。若发送完，清TI，
                                                 //取下一个数据
                        TI = 0;
                    }
                  while (1);                      //发送完毕，进入待机状态
                }
```

（2）乙机接收。

编程使乙机接收甲机发送过来的数据块，并存入片内 50H～6FH 单元。接收过程要求判断 RB8，若出错置 F0 标志为 1，正确则置 F0 标志为 0，然后返回。

在进行双机通信时，两机应采用相同的工作方式和波特率。

接收子程序参考如下：

```
        MOV SCON, #80H       ;设置串行口为方式 2
        MOV PCON, #80H       ;SMOD=1
        MOV R0, #50H         ;设置数据块指针
        MOV R7, #20H         ;设置数据块长度
        SETB REN             ;启动接收
WAIT:   JBC RI, READ         ;判断接收完一帧？若完清 RI，转读入数据
        AJMP WAIT            ;未完等待
READ:   MOV A, SBUF          ;读入一帧数据
        JNB PSW.0,PZ         ;奇偶位为 0 则转
        JNB RB8, ERR         ;P=1，RB8=0，则出错
        SJMP RIGHT           ;二者全为 1，则正确
PZ:     JB RB8, ERR          ;P=0，RB8=1，则出错
RIGHT:  MOV @R0, A           ;正确，存放数据
        INC R0               ;更新地址指针
        DJNZ R7, WAIT        ;判断数据块是否接收完
        CLR PSW.5            ;接收正确，且接收完清 F0 标志
        RET                  ;返回
ERR:    SETB PSW.5           ;出错，置 F0 标志为 1
        RET                  ;返回
```

C51 接收程序：

```
#include <reg52.h>
define uchar unsigned char
uchar data dest[32] _at_ 0x50;
void main (void)
{
  uchar data i = 0;
  SCON = 0x80;              //设置串行口为方式2
  PCON |= 0x80;             //SMOD=1
  RI = 0;
  REN = 1;                 //启动接收
  for(i=0;i<32;i++)
    {
        while(!RI);          //判断是否接收完一帧。若完清RI，读入数据
        RI = 0;
        ACC = SBUF;          //读入一帧数据给A
        if((P==1 && RB8 ==0) || (P==0 && RB8 ==1))
```

```
                              {               //P=1, RB8=0，或P=0, RB8=1，则出错
                                F0 = 1;       //置F0标志为1
                                break;
                              }
                              dest[i] = ACC;   //存放数据
                            }
                            F0 = 0;            //接收正确，且接收完清F0标志
                            while (1);         //接收结束，进入等待状态
                          }
```

在上述查询方式的双机通信中，因为发送双方单片机的串行口均按方式 2 工作，所以帧格式是 11 位的，收发双方采用奇偶位 TB8 来进行校验的。传送数据的波特率与定时器无关，所以程序中没有涉及定时器的编程。

2. 中断方式

在很多应用中，双机通信的接收方都采用中断的方式来接收数据，以提高 CPU 的工作效率；发送方仍然采用查询方式发送。

（1）甲机发送。

上面的通信程序，收发双方是采用奇偶位 TB8 来进行校验的，这里介绍一种用累加和进行校验的方法。

编程将甲机片内 60H～6FH 单元的数据块从串行口发送，在发送之前将数据块长度发送给乙机，当发送完 16 个字节后，在发送一个累加校验和。定义双机串行口方式 1 工作，晶振为 11.059MHz，波特率 2400，定时器 T1 按方式 2 工作，经计算或查表 8–2 得到定时器预置值为 0F4H，SMOD=0。发送程序的 C51 代码参考如下：

```
#include <reg52.h>
#include "stdio.h"
#define uchar unsigned char
uchar data sour[16] _at_ 0x60;
void main (void)
{
  uchar data i = 0;
  uchar sum = 0;             //累加校验和初始化
  TMOD = 0x20;               //设置定时器1为方式2
  TL1 = 0xF4;                //设置预置值
  TH1 = 0xF4;
  SCON = 0x50;               //设置串行口为方式1，允许接收
  TR1 = 1;                   //启动定时器1
  SBUF = 16;                 //发送数据长度
  while(!TI);                //等待发送
  TI = 0;
```

```
            for(i=0;i<16;i++)
                {
                SBUF = sour[i];          //发送数据
                sum = sum + sour[i];     //形成累加和
                while(!TI);              //等待发送
                TI = 0;
                }
            SBUF = sum;                  //发送累加校验和
            while(!TI);                  //等待发送
            TI = 0;
            while(!RI);                  //等待乙机回答
            RI = 0;
            ACC = SBUF;                  //接收乙机数据
            if(ACC == 0)                 //发送正确
            printf("发送成功! ");
        else
            printf("发送失败! ");
            while(1);
            }
```

（2）乙机接收。

乙机接收甲机发送的数据，并存入以2000H开始的片外数据存储器中，首先接收数据长度，接着接收数据，当接收完 16 个字节后，接收累加和校验码，进行校验。数据传送结束后，根据校验结果向甲机发送一个状态字，00H 表示正确，0FFH 表示出错，出错则甲机重发。

接收采用中断方式。设置两个标志位（7FH，7EH 位）来判断接收到的信息是数据块长度、数据还是累加校验和。接收程序的 C51 参考代码如下：

```
#include <reg52.h>
#define uchar unsigned char
uchar xdata dest[16] _at_ 0x2000;

bit chang,shuju;                        //长度和数据块标志位
uchar sum;                              //累加和
uchar length;                           //数据长度
uchar i;                                //循环变量

/* 串口配置函数 */
void ConfigUART()
{
    TMOD = 0x20;                        //设置定时器1为方式2
    TL1 = 0xF4;                         //设置预置值
```

```
    TH1 = 0xF4;
    SCON = 0x50;                    //设置串行口为方式 1，允许接收
    chang = 1;                      //长度标志位为 1
    shuju = 1;                      //数据块标志位为 1
    i =0;                           //循环变量初始化为 0
    sum = 0;                        //累加和为 0
    EA = 1;                         //使能总中断
    ES  = 1;                        //使能串口中断
    TR1 = 1;                        //启动 T1
}


void main (void)
{
    ConfigUART();
    while (1);
}


/* UART 中断服务函数 */
void InterruptUART() interrupt 4
{
    EA = 0;                         //关中断
    if (RI)                         //接收到字节
    {
        RI = 0;                     //清零接收中断标志位
        if(chang == 1)              //是数据块长度？
        {
            length = SBUF;          //接收长度
            chang = 0;              //清长度标志位
        }
        else if(shuju == 1)         //是数据块？
        {
            dest[i] = SBUF;         //接收数据,存入片外 RAM
            sum = sum + dest[i];    //形成累加和
            i++;                    //修改片外 RAM 的地址
            if(i >= 16)             //判断数据块是否接收完
            {
                shuju = 0;          //接收完,清数据块标志位
            }
        }
```

```
    else                        //是校验和?
    {
        ACC = SBUF;             //接收校验和
        if(ACC == sum)          //接收正确
        {
            SBUF = 0;           //正确, 向甲机发送 00H
        }
        else                    //二者不相等, 错误, 向甲机发送 FFH
        {
            SBUF = 0xFF;
        }
    }
}
if (TI)                         //字节发送完毕
    {
        TI = 0;                 //手动清零发送中断标志位
    }
    EA = 1;                     //开中断
}
```

在上述应用中，收发双方串行口均按方式 1 即 10 位的帧格式进行通信，在一帧信息中，没有可编程的奇偶校验位，因此收发双方采用传送数据的累加和进行校验的。在方式 1 中，传送数据的波特率与定时器 T1 的溢出率有关，定时器的初始值可以查表 8-2 得到。

5.3.2 PC 和单片机之间的通信

在数据处理和过程控制应用领域，通常需要一台 PC，由它来管理一台或若干台以单片机为核心的智能测量控制仪表。这时，也就是要实现 PC 和单片机之间的通信。本节介绍 PC 和单片机的通信接口设计和软件编程。

PC 与单片机之间可以由 RS-232C、RS-422 或 RS-423 等接口相连，关于这些标准接口的特征已经在前面的章节中介绍过。

在 PC 系统内都装有异步通信适配器，利用它可以实现异步串行通信。该适配器的核心元件是可编程的 Intel 8250 芯片，它使 PC 有能力与其他具有标准的 RS-232C 接口的计算机或设备进行通信。而 MCS-51 单片机本身具有一个全双工的串行口，因此只要配以电平转换的驱动电路、隔离电路就可组成一个简单可行的通信接口。同样，PC 和单片机之间的通信也分为双机通信和多机通信。

PC 和单片机最简单的连接是零调制三线经济型。这是进行全双工通信所必须的最少线路。因为 MCS-51 单片机输入、输出电平为 TTL 电平，而 PC 配置的是 RS-232C 标准接口，二者的电气规范不同，所以要加电平转换电路。常用的有 MC1488、MC1489 和 MAX232，图 5-6 给出了采用 MAX232 芯片的 PC 和单片机串行通信接口电路，与 PC 相连采用 9 芯标准插座。

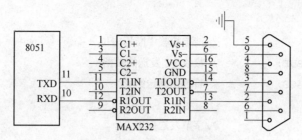

图 5-6 PC 和单片机串行通信接口

这里，列举一个实用的通信测试软件，其功能为：将 PC 键盘的输入发送给单片机，单片机收到 PC 发来的数据后，回送同一数据给 PC，并在屏幕上显示出来。只要屏幕上显示的字符与所键入的字符相同，说明二者之间的通信正常。

通信双方约定：波特率为 2400；信息格式为 8 个数据位，1 个停止位，无奇偶校验位。

1. 单片机通信软件

MCS-51 通过中断方式接收 PC 发送的数据，并回送。单片机串行口工作在方式 1，晶振为 6MHz，波特率 2400，定时器 T1 按方式 2 工作，经计算定时器预置值为 0F3H，SMOD=1。相应的 C51 程序代码参考如下：

```c
#include <reg52.h>
/* 串口配置函数 */
void ConfigUART()
{
    TMOD = 0x20;            //设置定时器 1 为方式 2
    TL1 = 0xF3;            //设置预置值
    TH1 = 0xF3;
    SCON = 0x50;            //设置串行口为方式 1，允许接收
    PCON = 0x80;
    EA = 1;                //使能总中断
    ES = 1;                //使能串口中断
    TR1 = 1;               //启动 T1
}
void main (void)
{
    ConfigUART();
    while (1);
}
/* UART 中断服务函数 */
void InterruptUART() interrupt 4
{
    EA = 0;                //关中断
    if (RI)                //接收到字节
```

```
    {
        RI = 0;              //清零接收中断标志位
        ACC = SBUF;          //接收 PC 发送的数据
        SBUF = ACC;          //将数据回送给 PC
    }
    if (TI)                  //字节发送完毕
    {
        TI = 0;              //手动清零发送中断标志位
    }
    EA = 1;                  //开中断
}
```

2. PC 通信软件

PC 方面的通信程序可以用汇编语言编写，也可以用其他高级语言例如 VC、VB 来编写。这里只介绍用 8086 的汇编语言编写的程序。

参考程序如下：

```
stack   Segment para stack 'code'
        Db      256  dup(0)
Stack   ends
Code    Segment para public 'code'
Start   proc    far
        Assume  cs:code,ss:stack
            PUSH  DS
            MOV   AX,0
            PUSH  AX
            CLI
INPUT:      MOV AL,80H           ;置 DLAB=1
            MOV DX,3FBH          ;写入通信线控制寄存器
            OUT DX,AL
            MOV AL,30H           ;置产生 2400baud 除数低位
            MOV DX,3F8H
            OUT DX,AL            ;写入除数锁存器低位
            MOV AL,00H           ;置产生 2400baud 除数高位
            MOV DX,3F9H
            OUT DX,AL            ;写入除数锁存器高位
            MOV AL,03H           ;设置数据格式
            MOV DX,3FBH          ;写入通信线路控制寄存器
            OUT DX,AL
            MOV AL,00H           ;禁止所有中断
            MOV DX,3F9H
```

```
                 OUT  DX,AL
WAIT1:    MOV  DX,3FDH            ;发送保持寄存器不空则循环等待
          IN  AL,DX
          TEST AL,20H
          JZ  WAIT1
WAIT2:    MOV  AH,1               ;检查键盘缓冲区，无字符则循环等待
          INT  16H
          JZ  WAIT2
          MOV  AH,0               ;若有，则取键盘字符
          INT  16H
SEND:     MOV  DX,3F8H            ;发送键入的字符
          OUT  DX,AL
RECE:     MOV  DX,3FDH            ;检查接收数据是否准备好
          IN  AL,DX
          TEST AL,01H
          JZ RECE
          TEST AL,1AH             ;判断接收到的数据是否出错
          JNZ ERROR
          MOV  DX,3F8H
          IN  AL,DX              ;读取数据
          AND  AL,7EH            ;去掉无效位
          PUSH AX
          MOV  BX,0              ;显示接收字符
          MOV  AH,14
          INT  10H
          POP  AX
          CMP  AL,0DH            ;接到的字符若不是回车则返回
          JNZ  WAIT1
          MOV  AL,0AH            ;是回车则回车换行
          MOV  BX,0
          MOV  AH,14H
          INT  10H
          JMP  WAIT1
ERROR:    MOV  DX,3F8H           ;读接收寄存器，清除错误字符
          IN  AL,DX
          MOV  AL,'?'            ;显示'?'号
          MOV  BX,0
          MOV  AH,14H
          INT  10H
```

```
            JMP  WAIT1              ;继续循环
Start    ends
Code     ends
end      start
```

5.4 本 章 小 结

计算机之间的通信有并行通信和串行通信两种方式。异步串行通信接口主要有 RS–232C、RS–449 及 20mA 电流环三种标准。

MCS–51 系列单片机内部具有一个全双工的异步串行通信 I/O 口，该串行口的波特率和帧格式可以编程设定。MCS–51 串行口有四种工作方式：方式 0、1、2、3。帧格式有 10 位、11 位。方式 0 和方式 2 的传送波特率是固定的，方式 1 和方式 3 的波特率是可变的，由定时器的溢出率决定。

单片机与单片机之间以及单片机与 PC 之间都可以进行通信，异步通信的程序通常采用两种方法：查询法和中断法。

5.5 思 考 与 练 习

1. 什么是串行异步通信？有哪几种帧格式？

2. 定时器 T1 作串行口波特率发生器时，为什么采用方式 2？

3. 设计并编程，完成单片机的双机通信程序，将甲机片外 RAM1000H～100FH 的数据块通过串行口传送到乙机的 20H～2FH 单元。

4. 利用串行口设计四位静态 LED 显示，画出电路图并编写程序，要求四位 LED 每隔 1S 交替显示"1234"和"5678"。

5. 根据电路连接双机通信电路，对甲乙机编程完成甲机键盘扫描，通过串行口将键号送给乙机，并在乙机最右边的 LED 中显示键号。

第6章 C8051F410 单片机的结构与原理

在我国大部分大专院校采用 MCS–51 单片机作为教学机型，许多系统工程师也熟悉 MCS–51 单片机。前面几章以 Intel MCS–51 单片机作为标准 51 单片机，介绍了单片机的基本原理。然而随着一些高集成度、高性能的 RISC 单片机的推出，MCS–51 单片机已退出了市场。因此一些半导体公司开始对传统 8051 内核进行大的改造，主要是提高速度和增加片内模拟和数字外设，以期大幅度提高单片机的整体性能。Silabs 公司推出的 C8051F 单片机是这类 MCS–51 单片机的典型代表，也是目前功能最全，速度最快的 8051 衍生单片机。本章开始将以 Silabs 公司的 C8051F410 芯片为例，介绍其原理和应用设计方法。

6.1 C8051F410 单片机系统结构

C8051F410 单片机是 C8051F 单片机家族中的一款性价比较高的成员。是一种集成混合信号的片上系统单片机（SoC），具有与标准 Intel MCS–51 兼容的高速 CIP–51 内核，与 Intel MCS–51 指令集完全兼容。除了具有标准 8051 的数字外设部件之外，片内还集成了数据采集和控制系统中常用的模拟部件和其他数字外设及功能部件。这些外设或功能部件包括模拟多路选择器、可编程增益放大器、ADC、DAC、电压比较器、电压基准、温度传感器、SMBUS、I2C、UART、SPI、定时器、可编程计数器、定时器阵列（PCA）、数字 I/O 端口、电源监视器、看门狗定时器（WDT）和时钟振荡器等。所有器件都有内置的 FLASH 程序存储器和 256 字节的内部 RAM。

6.1.1 系统概述

C8051F41x 器件是完全集成的低功耗混合信号片上系统型单片机。下面列出了一些主要特性，有关某一产品的具体特性见表 6–1。

- 高速、流水线结构的 8051 兼容的微控制器核（可达 50MIPS）。
- 全速、非侵入式的在系统调试接口（片内）。
- 真 12 位 200ksps 的 24 通道 ADC，带模拟多路器。
- 两个 12 位电流输出 DAC。
- 高精度可编程的 24.5MHz 内部振荡器。
- 达 32KB 的片内 FLASH 存储器。
- 2304 字节片内 RAM。
- 硬件实现的 SMBus/I2C、增强型 UART 和增强型 SPI 串行接口。

- 4 个通用的 16 位定时器。
- 具有 6 个捕捉/比较模块和看门狗定时器功能的可编程计数器/定时器阵列（PCA）。
- 硬件实时时钟（smaRTClock），工作电压可低至 1V，带 64 字节电池后备 RAM 和后备稳压器。
- 硬件 CRC 引擎。
- 片内上电复位、VDD 监视器和温度传感器。
- 片内电压比较器。
- 多达 24 个端口 I/O。

具有片内上电复位、VDD 监视器、看门狗定时器和时钟振荡器的 C8051F41x 器件是真正能独立工作的片上系统。FLASH 存储器还具有在系统重新编程能力，可用于非易失性数据存储，并允许现场更新 8051 固件。用户软件对所有外设具有完全的控制，可以关断任何一个或所有外设以节省功耗。

片内 Silicon Labs 二线（C2）开发接口允许使用安装在最终应用系统上的产品 MCU 进行非侵入式（不占用片内资源）、全速、在系统调试。调试逻辑支持观察和修改存储器和寄存器，支持断点、单步、运行和停机命令。在使用 C2 进行调试时，所有的模拟和数字外设都可全功能运行。两个 C2 接口引脚可以与用户功能共享，使在系统调试功能不占用封装引脚。

每种器件都可在工业温度范围（–40℃～+85℃）内用 2.0～2.75V 的电压工作（使用片内稳压器时电源电压可达 5.25V）。C8051F41x 有 28 脚 QFN（也称为 MLP 或 MLF）和 32 脚 LQFP 两种封装。产品选择指南见表 6–1。

表 6–1　　　　　　　　　　产 品 选 择 指 南

器件型号	MIPS（峰值）	FLASH存储器（KB）	RAM（字节）	校准的内部24.5MHz振荡器	时钟乘法器	SMBus/I²C	SPI	UART	定时器（16位）	可编程计数器/定时器阵列	端口I/O	12位ADC	SmaTRClock（实时时钟）	两个12位电流输出DAC	内部电压基准	温度传感器	模拟比较器	封装
C8051F410–GQ	50	32	2368	√	√	√	√	√	4	√	24	√	√	√	√	√	√	LQFP–32
C8051F411–GM	50	32	2368	√	√	√	√	√	4	√	20	√	√	√	√	√	√	QFN–28
C8051F412–GQ	50	16	2368	√	√	√	√	√	4	√	24	√	√	√	√	√	√	LQFP–32
C8051F413–GM	50	16	2368	√	√	√	√	√	4	√	20	√	√	√	√	√	√	QFN–28

6.1.2 系统内部结构（图 6-1～图 6-4）

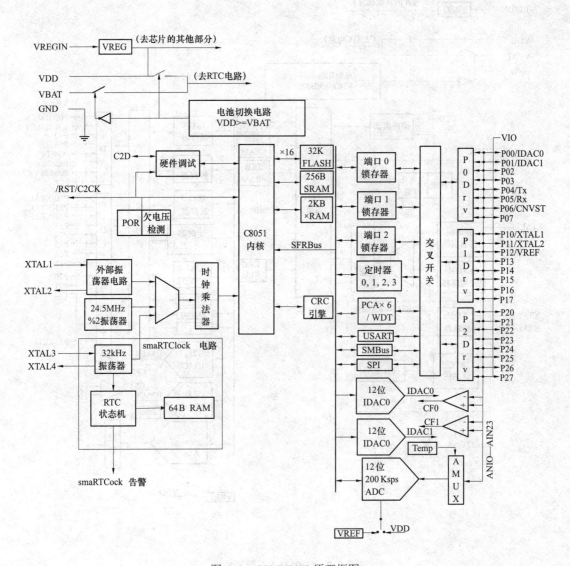

图 6-1 C8051F410 原理框图

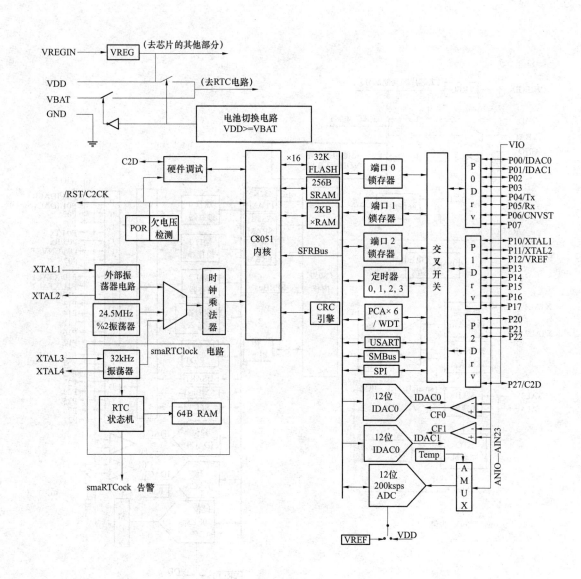

图 6-2　C8051F411 原理框图

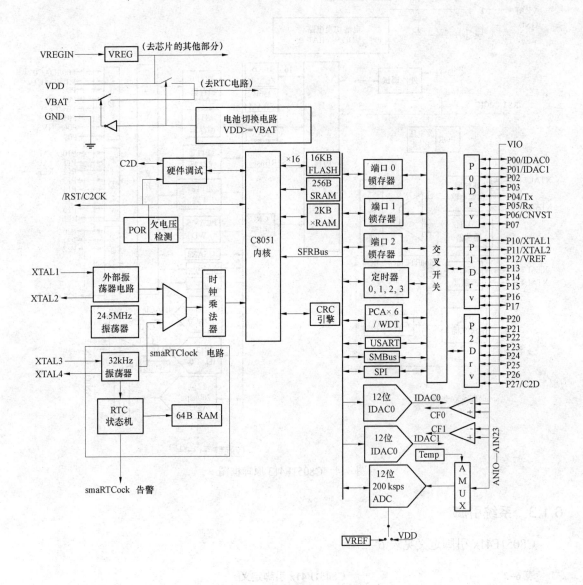

图 6-3　C8051F412 原理框图

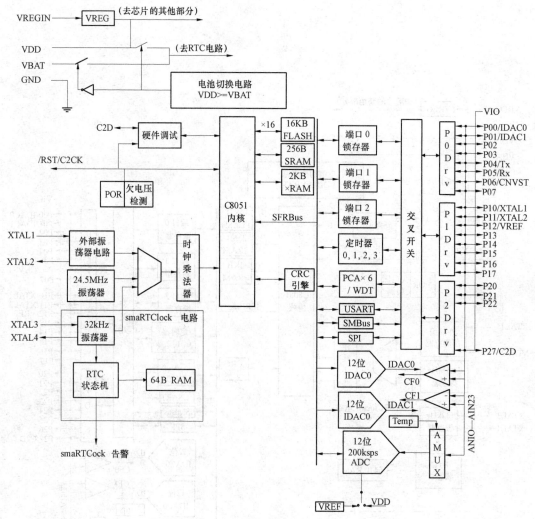

图 6-4　C8051F413 原理框图

6.1.3　系统引脚

C8051F41x 引脚定义见表 6-2。

表 6-2　　　　　　　　　　　　　　　　C8051F41x 引脚定义

引脚名称	引脚号（F410/2）	引脚号（F411/3）	引脚类型	说　　明
V_{DD}	7	6		内核电源
V_{IO}	1	28		I/O 电源
GND	6	5		地
$V_{RTC-BACKUP}$	3	2		smaRTClock 后备电源
V_{REGIN}	8	7		内部稳压输入

续表

引脚名称	引脚号 （F410/2）	引脚号 （F411/3）	引脚类型	说　明
/RST C2CK	2	1	数字 I/O 数字 I/O	器件复位。内部上电复位或 VDD 监视器的漏极开路输出。一个外部电源可以通过将该引脚驱动为低电平（至少 14μs）来启动一次系统复位。建议在该引脚和 VDD 之间接 1kΩ 的上拉电阻 C2 调试接口的时钟信号
P2.7 C2D	32	27	数字 I/O 数字 I/O	端口 P2.7 C2 调试接口的双向数据信号
XTAL3	5	4	模拟输入	smaRTClock 振荡器晶体输入
XTAL4	4	3	模拟输出	smaRTClock 振荡器晶体输出
P0.0 IDAC0	18	17	数字 I/O 或模拟输入 模拟输出	端口 P0.0 IDAC0 输出
P0.1 IDAC1	18	17	数字 I/O 或模拟输入 模拟输出	端口 P0.1 IDAC1 输出
P0.2	19	18	数字 I/O 或模拟输入	端口 P0.2
P0.3	20	19	数字 I/O	端口 P0.3
P0.4 Tx	21	20	数字 I/O 或模拟输入 数字输出	端口 P0.4 USART Tx 引脚
P0.5 Rx	22	21	数字 I/O 或模拟输入 数字输入	端口 P0.4 USART Rx 引脚
P0.6 CNVSTR	23	22	数字 I/O 或模拟输入 数字输入	端口 P0.6 ADC0，IDA0 和 IDA1 的外部转换启动输入
P0.7	24	23	数字 I/O 或模拟输入	端口 P0.7
P1.0 XTAL1	9	8	数字 I/O 或模拟输入 模拟输入	端口 P1.0 外部时钟输入。对于晶体或陶瓷谐振器，该引脚是外部振荡器电路的反馈输入
P1.1 XTAL2	10	9	数字 I/O 或者模拟输入 模拟 I/O 或数字输入	端口 P1.1 外部时钟输出。该引脚是晶体或者陶瓷谐振器的激励驱动器。对于 CMOS 时钟，电容或者 RC 振荡器配置，该引脚是外部时钟输入
P1.2 VREF	11	10	数字 I/O 或模拟输入 模拟输入	端口 P1.2 外部 VREF 输入
P1.3	12	11	数字 I/O 或模拟输入	端口 P1.3
P1.4	13	12	数字 I/O 或模拟输入	端口 P1.4
P1.5	14	13	数字 I/O 或模拟输入	端口 P1.5
P1.6	15	14	数字 I/O 或模拟输入	端口 P1.6
P1.7	16	15	数字 I/O 或模拟输入	端口 P1.7
P2.0	25	24	数字 I/O 或模拟输入	端口 P2.0
P2.1	26	25	数字 I/O 或模拟输入	端口 P2.1
P2.2	27	26	数字 I/O 或模拟输入	端口 P2.2
P2.3[①]	28		数字 I/O 或模拟输入	端口 P2.3
P2.4[①]	29		数字 I/O 或模拟输入	端口 P2.4
P2.5[①]	30		数字 I/O 或模拟输入	端口 P2.5
P2.6[①]	31		数字 I/O 或模拟输入	端口 P2.6

①　仅限于 C8051F410/2。

LQFP–32 引脚如图 6–5 所示。QFN–28 引脚如图 6–6 所示。

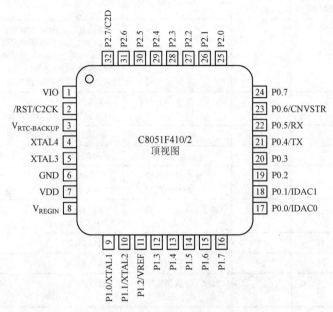

图 6–5　LQFP–32 引脚图（顶视图）

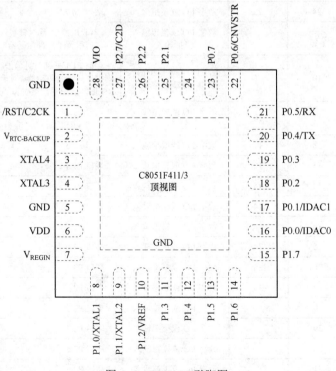

图 6–6　QFN–28 引脚图

6.2　C8051F410 存储器组织

CIP-51 有标准 8051 的程序和数据地址配置。它包括 256 字节的数据 RAM，其中高 128 字节为双映射。用间接寻址访问通用 RAM 的高 128 字节，用直接寻址访问 128 字节的 SFR 地址空间。数据 RAM 的低 128 字节可用直接或间接寻址方式访问。前 32 个字节为 4 个通用寄存器区，接下来的 16 字节既可以按字节寻址也可以按位寻址。

程序存储器包含 32KB（F410/1）或 16KB（F412/3）的 FLASH。该存储器以 512 字节为一个扇区，可以在系统编程，且不需特别的编程电压。图 6-7 给出了单片机系统的存储器结构。

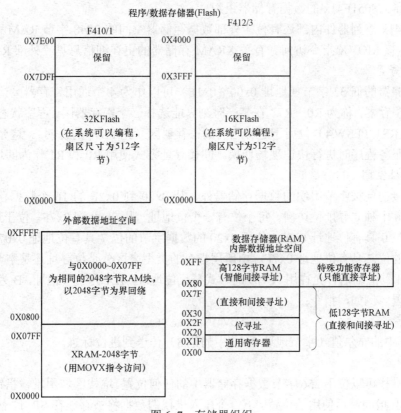

图 6-7　存储器组织

1. 程序存储器

CIP-51 有 64KB 的程序存储器空间。C8051F410/1 在这个程序存储器空间中实现了 32KB 的可在系统编程的 FLASH 存储器，组织在一个连续的存储块内（0x0000 – 0x7DFF）。注意：0x7E00 以上的地址保留。C8051F412/3 实现了 16KB 的 FLASH 存储器，地址范围为 0x0000～0x3FFF。

程序存储器通常被认为是只读的。但 C8051F41x 可以通过设置程序存储写允许位（PSCTL.0）用 MOVX 指令对程序存储器写入。这一特性为 CIP-51 提供了更新程序代码和将程序存储器空间用于非易失性数据存储的机制。更详细的信息见"FLASH 存储器"。

2. 数据存储器

CIP-51 的数据存储器空间中有 256 字节的内部 RAM，位于 0x00～0xFF 的地址空间。数据存储器中的低 128 字节用于通用寄存器和临时存储器。可以用直接或间接寻址方式访问数据存储器的低 128 字节。0x00～0x1F 为 4 个通用寄存器区，每个区有 8 个 8 位寄存器。接下来的 16 字节，地址 0x20～0x2F，既可以按字节寻址又可以作为 128 个位地址用直接寻址方式访问。

数据存储器中的高 128 字节只能用间接寻址访问。该存储区与特殊功能寄存器（SFR）占据相同的地址空间，但物理上与 SFR 空间是分开的。当寻址高于 0x7F 的地址时，指令所用的寻址方式决定了 CPU 是访问数据存储器的高 128 字节还是访问 SFR。使用直接寻址方式的指令将访问 SFR 空间，间接寻址高于 0x7F 地址的指令将访问数据存储器的高 128 字节。图 6-7 示出了 C8051F41x 的数据存储器组织。

C8051F41x 系列器件内部还有位于外部数据存储器空间的 2048 字节 RAM。该 RAM 可以用 CIP-51 核 MOVX 指令访问。有关 XRAM 存储器的更详细信息见"外部 RAM"。

3. 通用寄存器

数据存储器的低 32 字节（地址 0x00～0x1F）可以作为 4 个通用寄存器区访问。每个区有 8 个 8 位寄存器，称为 R0～R7。在某一时刻只能选择一个寄存器区。程序状态字中的 RS0（PSW.3）和 RS1（PSW.4）位用于选择当前的寄存器区（见 PSW 的说明）。这允许在进入子程序或中断服务程序时进行快速现场切换。间接寻址方式使用 R0 和 R1 作为间址寄存器。

4. 位寻址空间

除了直接访问按字节组织的数据存储器外，从 0x20 到 0x2F 的 16 个数据存储器单元还可以作为 128 个独立寻址位访问。每个位有一个位地址，从 0x00 到 0x7F。位于地址 0x20 的数据字节的位 0 具有位地址 0x00，位于 0x20 的数据字节的位 7 具有位地址 0x07。位于 0x2F 的数据字节的位 7 具有位地址 0x7F。由所用指令的类型来区分是位寻址还是字节寻址。

MCS-51™ 汇编语言允许用 XX.B 的形式替代位地址，XX 为字节地址，B 为寻址位在该字节中的位置。例如，指令：

```
MOV  C, 22.3H
```

将 0x13 中的布尔值（字节地址 0x22 中的位 3）传送到进位标志。

5. 堆栈

程序的堆栈可以位于 256 字节数据存储器中的任何位置。堆栈区域用堆栈指针（SP，0x81）SFR 指定。SP 指向最后使用的位置。下一个压入堆栈的数据将被存放在 SP+1，然后 SP 加 1。复位后堆栈指针被初始化为地址 0x07，因此第一个被压入堆栈的数据将被存放在地址 0x08，这也是寄存器区 1 的第一个寄存器（R0）。如果使用不止一个寄存器区，SP 应被初始化为数据存储器中不用于数据存储的位置。堆栈深度最大可达 256 字节。

6. 特殊功能寄存器

从 0x80 到 0xFF 的直接寻址存储器空间为特殊功能寄存器（SFR）。SFR 提供对 CIP-51 资源和外设的控制及 CIP-51 与这些资源和外设之间的数据交换。CIP-51 具有标准 8051 中的全部 SFR，还增加了一些用于配置和访问专有子系统的 SFR。这就允许在保证与 MCS-51™ 指令集兼容的前提下增加新的功能。表 6-3 列出了 CIP-51 系统控制器中的全部 SFR。

任何时刻用直接寻址方式访问 0x80～0xFF 的存储器空间将访问特殊功能寄存器（SFR）。地址以 0x0 或 0x8 结尾的 SFR（例如 P0、TCON、IE 等）既可以按字节寻址也可以按位寻址，所有其他 SFR 只能按字节寻址。SFR 空间中未使用的地址保留为将来使用，访问这些地址会产生不确定的结果，应予避免。有关每个寄存器的详细说明见本数据表的相关部分（表 6-4 中已标明）。

表 6-3 特殊功能寄存器（SFR）存储器映象

	0（8）可位寻址	1（9）	2（A）	3（B）	4（C）	5（D）	6（E）	7（F）
F8	SPI0CN	PCA0L	PCA0H	PCA0CPL0	PCA0CPH0	PCA0CPL4	PCA0CPH4	VDM0CN
F0	B	P0MDIN	P1MDIN	P2MDIN	IDA1L	IDA1H	EIP1	EIP2
E8	ADC0CN	PCA0CPL1	PCA0CPH1	PCA0CPL2	PCA0CPH2	PCA0CPL3	PCA0CPH3	RSTSRC
E0	ACC	XBR0	XBR1	PFE0CN	IT01CF		EIE1	EIE2
D8	PCA0CN	PCA0MD	PCA0CPM0	PCA0CPM1	PCA0CPM2	PCA0CPM3	PCA0CPM4	CRC0FLIP
D0	PSW	REF0CN	PCA0CPL5	PCA0CPH5	P0SKIP	P1SKIP	P2SKIP	P0MAT
C8	TMR2CN	REG0CN	TMR2RLL	TMR2RLH	TMR2L	TMR2H	PCA0CPM5	P1MAT
C0	SMB0CN	SMB0CF	SMB0DAT	ADC0GTL	ADC0GTH	ADC0LTL	ADC0LTH	P0MASK
B9	IP	IDA0CN	ADC0TK	ADC0MX	ADC0CF	ADC0L	ADC0H	P1MASK
B0	P0ODEN	OSCXCN	OSCICN	OSCICL		IDA1CN	FLSCL	FLKEY
A8	IE	CLKSEL	EMI0CN	CLKMUL	TRC0ADR	RTC0DAT	RTC0KEY	ONESHOT
A0	P2	SPI0CFG	SPI0CKR	SPI0DAT	P0MDOUT	P1MDOUT	P2MDOUT	
98	SCON0	SBUF0	CPT1CN	CPT0CN	CPT1MD	CPT0MD	CPT1MX	CPT0MX
90	P1	TMR3CN	TMR3RLL	TMR3RLH	TMR3L	TMR3H	IDA0L	IDA0H
88	TCON	TMOD	TL0	TL1	TH0	TH1	CKCON	PSCTL
80	P0	SP	DPL	DPH	CRC0CN	CRC0IN	CRC0DAT	PCON

表 6-4 特殊功能寄存器

寄存器	地址	说明	页码
ACC	0xE0	累加器	
ADC0CF	0xBC	ADC0 配置寄存器	
ADC0CN	0XE8	ADC0 控制寄存器	
ADC0H	0XBE	ADC0 数据高字节	
ADC0L	0XBD	ADC0 数据低字节	
ADC0GTH	0XC4	ADC0 下限（大于）比较字高字节	
ADC0GTL	0XC3	ADC0 下限（大于）比较字低字节	
ADC0LTH	0XC6	ADC0 上限（小于）比较字高字节	
ADC0LTL	0XC5	ADC0 上限（小于）比较字低字节	
ADC0MX	0XBA	ADC0 通道选择寄存器	
B	0XF0	B 寄存器	
CKC0N	0X8E	时钟控制寄存器	

续表

寄存器	地址	说　明	页码
CKMUL	0XAB	时钟乘法寄存器	
CLKSEL	0XA9	时钟选择寄存器	
CPT0CN	0X9B	比较 0 方式寄存器	
CPT0MD	0X9D	比较 0 方式选择寄存器	
CPT0MX	0X9F	比较 0MUX 选择寄存器	
CPT1CN	0X9A	比较 1 控制寄存器	
CPT1MD	0X9C	比较 1 方式选择寄存器	
CPT1MX	0X9E	比较器 1MUX 选择寄存器	
CRC0CN	0X84	CRC0 控制寄存器	
CRC0IN	0X84	CRC0 数据输入寄存器	
CRC0DAT	0X86	CRC0 数据输出寄存器	
CRC0FLIP	0XDF	CRC0 位翻转寄存器	
DPH	0X83	数据指针高字节	
DPL	0X82	数据指针低字节	
EIE1	0XE6	扩展中断允许寄存器 1	
EIE2	0XE7	扩展中断允许寄存器 2	
EIP1	0XF6	扩展中断优先级寄存器 1	
EIP2	0XF7	扩展中断优先级寄存器 2	
EMI0CN	0XAA	外部存储器接口控制寄存器	
FLKEY	0XB7	FLASH 锁存和关键码寄存器	
FLSCL	0XB6	FLASH 存储器读定时控制寄存器	
IDA0CN	0XB9	电流模式 DAC0 控制寄存器	
IDA0H	0X97	电流模式 DAC0 数据字高字节	
IDA0L	0X96	电流模式 DAC0 数据字低字节	
IDA1CN	0XB5	电流模式 DAC1 控制寄存器	
IDA1H	0XF5	电流模式 DAC1 数据字高字节	
IDA1L	0XF4	电流模式 DAC1 数据字低字节	
IE	0XA8	中断允许寄存器	
IP	0XB8	中断优先级寄存器	
IT01CF	0XE4	INT0/INT1 配置寄存器	
ONESHOT	0XE4	FLASH 单次读定时周期寄存器	
OSCICL	0XB3	内部振荡器校准寄存器	
OSCICN	0XB2	内部振荡器控制寄存器	
OSCXCN	0XB1	外部振荡器控制寄存器	
P0	0X80	端口 0 锁存器	
P0MASK	0XC7	端口 0 屏蔽寄存器	

续表

寄存器	地址	说　　明	页码
P0MAT	0XD7	端口 0 匹配寄存器	
P0MDIN	0XF1	端口 0 输入方式配置寄存器	
P0MDOUT	0XA4	端口 0 输出方式配置寄存器	
P0ODEN	0XB0	端口 0 驱动方式寄存器	
P0SKIP	0XD4	端口 0 跳过寄存器	
P1	0X90	端口 1 锁存器	
P1MASK	0XBF	端口 1 屏蔽寄存器	
P1MAT	0XCF	端口 1 匹配寄存器	
P1MDIN	0XF2	端口 1 输入方式配置寄存器	
P1MDOUT	0XA5	端口 1 输出方式配置寄存器	
P1SKIP	0XD5	端口 1 跳过寄存器	
P2	0XA0	端口 2 锁存器	
P2MDIN	0XF3	端口 2 输入方式配置寄存器	
P2MDOUT	0XA6	端口 2 输出方式配置寄存器	
P2SKIP	0XD6	端口 2 跳过寄存器	
PCA0CN	0XD8	PCA 控制寄存器	
PCA0CPH0	0XFC	PCA 捕捉模块 0 高字节	
PCA0CPH1	0XEA	PCA 捕捉模块 1 高字节	
PCA0CPH2	0XEC	PCA 捕捉模块 2 高字节	
PCA0CPH3	0XEE	PCA 捕捉模块 3 高字节	
PCA0CPH4	0XFE	PCA 捕捉模块 4 高字节	
PCA0CPH5	0XD3	PCA 捕捉模块 5 高字节	
PCA0CPL0	0XFB	PCA 捕捉模块 0 低字节	
PCA0CPL1	0XE9	PCA 捕捉模块 1 低字节	
PCA0CPL2	0XEB	PCA 捕捉模块 2 低字节	
PCA0CPL3	0XED	PCA 捕捉模块 3 低字节	
PCA0CPL4	0XFD	PCA 捕捉模块 4 低字节	
PCA0CPL5	0XD2	PCA 捕捉模块 5 低字节	
PCA0CPM0	0XDA	PCA 模块 0 方式寄存器	
PCA0CPM1	0XDB	PCA 模块 1 方式寄存器	
PCA0CPM2	0XDC	PCA 模块 2 方式寄存器	
PCA0CPM3	0XDD	PCA 模块 3 方式寄存器	
PCA0CPM4	0XDE	PCA 模块 4 方式寄存器	
PCA0CPM5	0XCE	PCA 模块 5 方式寄存器	
PCA0H	0XFA	PCA 计数器高字节	
PCAOL	0XF9	PCA 计数器低字节	

寄存器	地址	说　明	页码
PCAOMD	0XD9	PCA 方式寄存器	
PCON	0X87	电源控制寄存器	
PFE0CN	0X87	预取引擎控制寄存器	
PSCTL	0X8F	程序存储读/写控制寄存器	
PSW	0XD0	程序状态字	
REF0CN	0XD1	电压基准控制寄存器	
PEG0CN	0XC9	稳压器控制寄存器	
RSTSRC	0XEF	复位源寄存器	
SBUF0	0X99	USART0 数据缓冲器	
SCON0	0X98	USART0 控制寄存器	
SMB0CF	0XC1	SMBus 配置寄存器	
SMB0CN	0XC0	SMBus 控制寄存器	
SMB0DAT	0XC2	SMBus 数据寄存器	
SP	0X81	堆栈指针	
SPI0CFG	0XA1	SPI 配置寄存器	
SPI0CKR	0XA2	SPI 时钟频率控制寄存器	
SPI0CN	0XF8	SPI 控制寄存器	
SPI0DAT	0XA3	SPI 数据寄存器	
TCON	0X88	计数器/定时器控制寄存器	
TH0	0X8C	计数器/定时器 0 高字节	
TH1	0X8D	计数器/定时器 1 高字节	
TL0	0X8A	计数器/定时器 0 低字节	
TL1	0X8B	计数器/定时器 1 低字节	
TMOD	0X89	计数器/定时方式寄存器	
TMR2CN	0XC8	计数器/定时器 2 控制寄存器	
TMR2H	0XCD	计数器/定时器 2 高字节	
TMR2L	0XCC	计数器/定时器 2 低字节	
TMR2RLH	0XCB	计数器/定时器 2 重载值高字节	
TMR2RLL	0XCA	计数器/定时器 2 重载值低字节	
TMR3CN	0X91	计数器/定时器 3 控制寄存器	
TMR3H	0X95	计数器/定时器 3 高字节	
TMR3L	0X94	计数器/定时器 3 低字节	
TMR3RLH	0X93	计数器/定时器 3 重载值高字节	
TMR3RLL	0X92	计数器/定时器 3 重载值高字节	
VDM0CN	0XFF	VDD 监视器控制寄存器	
XBR0	0XE1	端口 I/O 交叉开关控制 0	
XBR1	0XE2	端口 I/O 交叉开关控制 1	

注：SFR 以字母顺序排列，所有未定义的 SFR 位置保留。

6.3 C8051F410 端口输入/输出

6.3.1 端口输入/输出

C8051F41x 器件最多有 24 个 I/O 引脚,数字和模拟资源可以通过 24 个 I/O 引脚使用。端口引脚被组织为三个 8 位端口。每个端口引脚都可以被定义为通用 I/O(GPIO)或模拟输入/输出。P0.0~P2.7 可以被分配给内部数字资源,如图 6-8 所示。设计者完全控制数字功能的引脚分配,只受物理 I/O 引脚数的限制。这种资源分配的灵活性是通过使用优先权交叉开关译码器实现的。注意,不论交叉开关的设置如何,端口 I/O 引脚的状态总是可以被读到相应的端口锁存器。

交叉开关根据优先权译码表的外设优先顺序为所选择的内部数字资源分配 I/O 引脚。寄存器 XBR0 和 XBR1(表 6-5 和表 6-6)用于选择内部数字功能。

所有端口 I/O 都耐 5V 电压,工作在 VIO 的电压范围。P1 和 P2 不应被驱动到高于 VIO 的电平,否则会吸收电流。端口 I/O 单元电路示于图 6-9。端口 I/O 单元可以被配置为漏极开路或推挽方式(在端口输出方式寄存器 PnMDOUT 中设置,n = 0,1,2)。

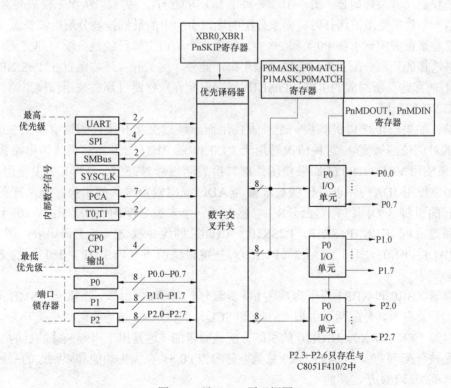

图 6-8 端口 I/O 原理框图

151

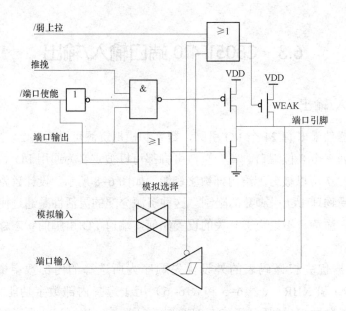

图 6-9   端口 I/O 单元框图

6.3.2   优先权交叉开关译码器

优先权交叉开关译码器（图 6-10）为每个 I/O 功能分配优先权，从优先权最高的 UART0 开始。当一个数字资源被选择时，尚未分配的端口引脚中的最低位被分配给该资源（UART0 除外，它总是被分配到引脚 P0.4 和 P0.5）。如果一个端口引脚已经被分配，则交叉开关在为下一个被选择的资源分配引脚时将跳过该引脚。此外，交叉开关还将跳过在 PnSKIP 寄存器中被置 1 的那些位所对应的引脚。PnSKIP 寄存器允许软件跳过那些被用作模拟输入、特殊功能或 GPIO 的引脚。

注意：如果一个端口引脚被一个外设使用而不经过交叉开关，则该引脚在 PnSKIP 寄存器中的对应位应置 1。这种情况适用于 P1.0 和/或 P1.1（如果外部振荡器电路被使能）、P1.2（如果使用 VREF）、P0.6（如果使用外部转换启动信号 NVSTR）、P0.0（如果使用 IDA0）、P0.1（如果使用 IDA1），以及任何被选择为 ADC 或比较器输入的引脚。交叉开关跳过那些被选择的引脚（如同将它们已分配），移向下一个未被分配的引脚。图 6-10 示出没有引脚被跳过（P0SKIP，P1SKIP，P2SKIP = 0x00）的优先权交叉开关译码表；图 6-11 给出了 XTAL1（P1.0）脚和 XTAL2（P1.1）脚被跳过情况下（P1SKIP = 0x03）的交叉开关优先权译码表。

寄存器 XBR0 和 XBR1 用于为数字 I/O 资源分配物理 I/O 引脚。注意，当 SMBus 被选择时，交叉开关将为其分配两个引脚（SDA 和 SCL）。当 UART 被选择时，交叉开关也为其分配两个引脚（TX 和 RX）。UART0 的引脚分配是固定的（这是出于引导装载的目的）：UART TX0 总是被分配到 P0.4；UART RX0 总是被分配到 P0.5。在优先功能和要跳过的引脚被分配之后，标准端口 I/O 是连续的。

注意：SPI 可以工作在三线或四线方式，由 SPI0CN 寄存器中的 NSSMD1-NSSMD0 位指定。根据 SPI 方式，NSS 信号可以连到端口引脚，也可以不连到端口引脚。

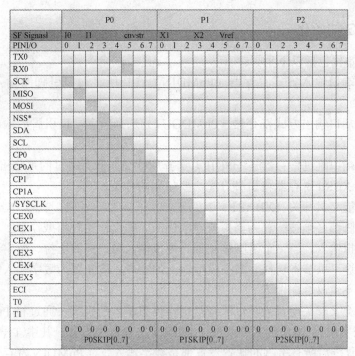

图 6-10　没有引脚被跳过的交叉开关优先权译码表

	P0								P1								P2							
SF Signasl	I0	I1		cnvstr					X1	X2	Vref													
PINI/O	0	1	2	3	4	5	6	7	0	1	2	3	4	5	6	7	0	1	2	3	4	5	6	7
TX0																								
RX0																								
SCK																								
MISO																								
MOSI																								
NSS*																								
SDA																								
SCL																								
CP0																								
CP0A																								
CP1																								
CP1A																								
/SYSCLK																								
CEX0																								
CEX1																								
CEX2																								
CEX3																								
CEX4																								
CEX5																								
ECI																								
T0																								
T1																								
	0	0	0	0	0	0	0	0	0	0	0	0	0	0	0	0	0	0	0	0	0	0	0	0
		P0SKIP[0..7]								P1SKIP[0..7]								P2SKIP[0..7]							

图 6-11　晶振引脚被跳过的交叉开关优先权译码表

说明：NSS* 行在 P1 区域标注为（4-WireSPIonly）

- 可分配给外设的引脚
- SF Signasl　特殊功能型号，不由交叉开关分配引脚，当这些信号被使能时，交叉开关必须被配置为跳过它们对应的交叉引脚

6.3.3 端口 I/O 初始化

端口 I/O 初始化包括以下步骤：

第一步：用端口输入方式寄存器（PnMDIN）选择所有端口引脚的输入方式（模拟或数字）。

第二步：用端口输出方式寄存器（PnMDOUT）选择所有端口引脚的输出方式（漏极开路或推挽）。

第三步：用端口跳过寄存器（PnSKIP）选择应被交叉开关跳过的那些引脚。

第四步：用 XBRn 寄存器将引脚分配给要使用的外设。

第五步：使能交叉开关（XBARE = 1）。

所有端口引脚都必须被配置为模拟或数字输入。被用作比较器或 ADC 输入的任何引脚都应被配置为模拟输入。当一个引脚被配置为模拟输入时，其弱上拉、数字驱动器和数字接收器都被禁止，这可以节省功耗并减小模拟输入的噪声。被配置为数字输入的引脚仍可被模拟外设使用，但不建议这样做。

此外，应将交叉开关配置为跳过所有被用作模拟输入的引脚（通过将 PnSKIP 寄存器中的对应位置 1 来实现）。端口输入方式在 PnMDIN 寄存器中设置，其中 1 表示数字输入，0 表示模拟输入。复位后所有引脚的缺省设置都是数字输入。对 PnMDIN 寄存器的详细说明见 SFR 定义 18.4。

注意：端口 0 引脚耐 5V 电压（在整个 VIO 工作范围），图 6–12 示出了 P0 引脚被过驱动到到高于 VIO（当 VIO 为 3.3V 时）电平时的输入电流范围。端口 0 有两种过驱动方式：正常方式和高阻抗方式。当 P0ODEN 中的对应位为逻辑 0 时，选择正常过驱动方式。在这种方式下，当端口引脚电压达到约 VIO+0.7V 时，引脚需要 150μA 的峰值过驱动电流。当 P0ODEN 中的对应位为逻辑 1 时，选择高阻抗过驱动方式，端口引脚电压不需要任何额外的过驱动电流。引脚被配置为高阻抗过驱动方式时从 VIO 电源消耗的电流比配置为正常过驱动方式时稍大。注意：端口 1 和端口 2 引脚不能被过驱动到高于 VIO 的电平。

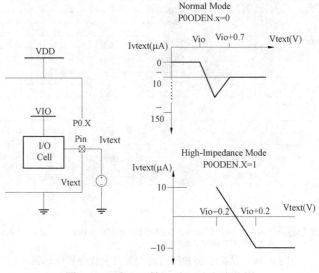

图 6–12 端口 0 输入过驱动电流范围

【例 6–1】 用端口 P2.1 驱动 LED，试定义端口。

```
P2MDIN  | = 0x02;              //设置 P2.1 为数字输入
P2MDOUT | = 0x02;              //设置 P2.1 为推挽输出
P2SKIP  | = 0x02;              //CrossBar 跳过 P2.1
```

【例 6–2】 P2.2 作为模拟输入。

```
P2MDIN  & = ~0x04;             //设置 P2.2 为模拟输入
P2SKIP  | = 0x04;              //跳过 P2.2
```

【例 6–3】 配置 P2.1 为 PCA 的 CEXO 的输出。

```
P2MDIN  | = 0x02;              //P2.1 为数字输入
P2MDOUT | = 0x02;              //P2.1 为推挽输出
P0SKIP  | = 0xFF;              //跳过 P0 的端口
P1SKIP  | = 0xFF;              //跳过 P1 的端口
P2SKIP  | = 0xFF;              //跳过 P2 的端口
XBR1    & = ~0x07;
XBR1    | =0x01;               //CEX0 转到 P2.1
XBR1    | =0x40;               //使能 CrossBar
```

【例 6–4】 P0.0 定义为模拟信号输入，用作 AD 转换，P0.1 用来驱动一个 LED，P0.4 和 P0.5 用作 UART，PCA 的 CEXO 输出到 P0.7。

```
P0MDIN  & = ~0x01;             //定义 P0.0 模拟输入
P0MDIN  | = 0xB2;              //P0.1 为数字输入，P0.4、P0.5、P0.7 为数字输入
P0MDOUT | = 0x12;              //P0.1、P0.4 为推挽输出
P0SKIP  | = 0x4F;              //跳过
XBR0    | = 0x01;
XBR1    & = ~0x07;
XBR1    | = 0x41;
```

I/O 引脚的输出驱动器特性由端口输出方式寄存器 PnMDOUT 中的对应位决定，每个端口输出驱动器都可被配置为漏极开路或推挽方式。不管交叉开关是否将端口引脚分配给某个数字外设，都需要对端口驱动器的输出方式进行设置。唯一的例外是 SMBus 引脚（SDA，SCL），不管 PnMDOUT 的设置如何，这两个引脚总是被配置为漏极开路。

当 XBR1 寄存器中的 WEAKPUD 位为 0 时，输出方式为漏极开路的所有引脚的弱上拉都被使能。WEAKPUD 不影响被配置为推挽方式的端口 I/O。当漏极开路输出被驱动为逻辑 0 或引脚被配置为模拟输入方式时，弱上拉被自动关断（禁止）以避免不必要的功率消耗。

寄存器 XBR0 和 XBR1 必须被装入正确的值以选择所需要的数字 I/O 功能（表 6–5 和表 6–6）。将 XBR1 中的 XBARE 位置 1 即使能交叉开关。不管 XBRn 寄存器的设置如何，在交叉开关被使能之前，外部引脚保持标准端口 I/O 方式（输入）。对于给定的 XBRn 寄存器设置，可以使用优先权译码表确定 I/O 引脚分配。

表 6–5   **XBR0：端口 I/O 交叉开关寄存器 0**

注意：为使端口引脚工作在标准端口 I/O 的输出方式，交叉开关必须被使能。当交叉开关被禁止时，端口输出驱动器被禁止。

（复位值：00000000，SFR 地址：0xE1）

R/W	R/W	R/W	R/W	R/W	R/W	R/W	R/W
CP1AE	CP1E	CP0AE	CP0E	SYSCKE	SMB0E	SPI0	URT0E
位 7	位 6	位 5	位 4	位 3	位 2	位 1	位 0

位 7：CA1AE 比较器 1 异步输出使能位

    0：CP1A 不连到端口引脚

    1：CP1A 连到端口引脚

位 6：CP1E：比较器 1 输出使能位

    0：CP1 不连到端口引脚

    1：CP1 连到端口引脚

位 5：CP0AE：比较器 0 异步输出使能位

    0：CP0A 不连到端口引脚

    1：CP0A 连到端口引脚

位 4：CP0E：比较器 0 输出使能位

    0：CP0 不连到端口引脚

    1：CP0 连到端口引脚

位 3：SYSCKE：/SYSCLK 输出使能位

    0：/SYSCLK 不连到端口引脚

    1：/SYSCLK 连到端口引脚

位 2：SMB0E：SMBus I/O 使能位

    0：SMBus I/O 不连到端口引脚

    1：SMBus I/O 连到端口引脚

位 1：SPI0E：SPI I/O 使能位

    0：SPI I/O 不连到端口引脚

    1：SPI I/O 连到端口引脚。注意：SPI 可以被分配 3 个或 4 个 GPIO 引脚

位 0：URT0E：UART I/O 使能位

    0：UART I/O 不连到端口引脚

    1：UART TX0，RX0 连到端口引脚 P0.4 和 P0.5

表 6–6　　　　　　　　　　　　**XBR1：端口 I/O 交叉开关寄存器 1**

R/W	R/W	R/W	R/W	R/W	R/W	R/W	R/W
WEAKPUD	XBARE	T1E	T0E	ECIE	PCA0ME		
位 7	位 6	位 5	位 4	位 3	位 2	位 1	位 0

（复位值：00000000，SFR 地址：0xE2）

位 7：WEAKPUD：端口 I/O 弱上拉禁止位

　　0：弱上拉使能（被配置为模拟输入的端口 I/O 除外）

　　1：弱上拉禁止

位 6：XBARE：交叉开关使能

　　0：交叉开关禁止

　　1：交叉开关使能

位 5：T1E：T1 使能位

　　0：T1 不连到端口引脚

　　1：T1 连到端口引脚

位 4：T0E：T0 使能位

　　0：T0 不连到端口引脚

　　1：T0 连到端口引脚

位 3：ECIE：PCA0 外部计数输

　　0：ECI 不连到端口引脚

　　1：ECI 连到端口引脚

位 2–0：PCA0ME：PCA 模块 I/O 使能位

　　000：所有的 PCA I/O 都不连到端口引脚

　　001：CEX0 连到端口引脚

　　010：CEX0、CEX1 连到端口引脚

　　011：CEX0、CEX1、CEX2 连到端口引脚

　　100：CEX0、CEX1、CEX2、CXE3 连到端口引脚

　　101：CEX0、CEX1、CEX2、CXE3、CXE4 连到端口引脚

　　110：CEX0、CEX1、CEX2、CXE3、CXE4、CXE5 连到端口引脚

　　111：保留

6.3.4　通用端口 I/O（表 6–7～表 6–24）

　　未被交叉开关分配的端口引脚和未被模拟外设使用的端口引脚都可以作为通用 I/O。通过对应的端口数据寄存器访问端口 P0～P2，这些寄存器既可以按位寻址也可以按字节寻址。向端口写入时，数据被锁存到端口数据寄存器中，以保持引脚上的输出数据值不变。读端口数据寄存器（或端口位）将总是返回引脚本身的逻辑状态，而与 XBRn 的设置值无关，即使在引脚被交叉开关分配给其他信号时，端口寄存器总是读其对应的端口 I/O 引脚。但在对端口锁存器执行下面的读–修改–写指令（ANL、ORL、XRL、JBC、CPL、INC、DEC、DJNZ）和对端口 SFR 中的某一位执行 MOV、CLR、SETB 期间例外。这些指令读端口寄存器（而不是引脚）的值，修改后再写回端口 SFR。

　　除了执行通用 I/O 功能之外，P0 和 P1 还可以产生端口匹配事件（如果端口输入引脚的

逻辑电平与一个软件控制值匹配）。如果（P0 & P0MASK）不等于（P0MATCH & P0MASK）或如果（P1 & P1MASK）不等于（P1MATCH & P1MASK），则会产生端口匹配事件。该功能允许在 P0 或 P1 输入引脚发生某种变化时软件会得到通知，与 XBRn 的设置无关。如果 EMAT（EIE2.1）被置 1，端口匹配事件可以产生中断。端口匹配事件可以将内部振荡器从 SUSPEND 方式唤醒，详见"内部振荡器挂起方式"。

表 6–7 端 口 0 寄 存 器

（复位值：11111111，SFR 地址：0x80，可位寻址）							
R/W	R/W	R/W	R/W	R/W	R/W	R/W	R/W
P0.7	P0.6	P0.5	P0.4	P0.3	P0.2	P0.1	P0.0
位 7	位 6	位 5	位 4	位 3	位 2	位 1	位 0

位 7–0：P0.[7:0]

　　写 – 输出出现在 I/O 引脚（根据交叉开关寄存器的设置）

　　0：逻辑低电平输出

　　1：逻辑高电平输出。（若相应的 P0MDOUT.n 位= 0，则为高阻态）

　　读 – 读那些在 P0MDIN 中被选择为模拟输入的引脚时总是返回 0。被配置为数字输入时直接读端口引脚

　　0：P0.n 为逻辑低电平

　　1：P0.n 为逻辑高电平

表 6–8 **P0MDIN：端口 0 输入方式寄存器**

（复位值：11111111，SFR 地址：0xF1,）							
R/W	R/W	R/W	R/W	R/W	R/W	R/W	R/W
位 7	位 6	位 5	位 4	位 3	位 2	位 1	位 0

位 7–0：P0.7 – P0.0 模拟输入配置位（分别对应）

　　当端口引脚被配置为模拟输入时，其弱上拉、数字驱动器和数字接收器都被禁止

　　0：对应的 P0.n 引脚被配置为模拟输入

　　1：对应的 P0.n 引脚不配置为模拟输入

表 6–9 **P0MDOUT：端口 0 输出方式寄存器**

（复位值：00000000，SFR 地址：0xA4）							
R/W	R/W	R/W	R/W	R/W	R/W	R/W	R/W
位 7	位 6	位 5	位 4	位 3	位 2	位 1	位 0

位 7–0：P0.7 – P0.0 输出方式配置位（分别对应）。如果 P0MDIN 寄存器中的对应位为逻辑 0，则输出方式配置位被忽略

　　0：对应的 P0.n 输出为漏极开路

　　1：对应的 P0.n 输出为推挽方式

　　注：当 SDA 和 SCL 出现在端口引脚时，总是被配置为漏极开路，与 P0MDOUT 的设置值无关

表 6—10　　　　　　　　　　　　　　**P0 SKIP：端口 0 跳过寄存器**

（复位值：0x00000000，SFR 地址：0xD4）							
R/W	R/W	R/W	R/W	R/W	R/W	R/W	R/W
位 7	位 6	位 5	位 4	位 3	位 2	位 1	位 0

位 7~0：P0SKIP.[7:0]：端口 0 交叉开关跳过使能位

　　这些位选择被交叉开关译码器跳过的端口引脚。作为模拟输入（ADC 或比较器）或特殊功能（VREF 输入、外部振荡器电路、CNVSTR 输入）的引脚应被交叉开关跳过

　　0：对应的 P0.n 不被交叉开关跳过

　　1：对应的 P0.n 被交叉开关跳过

表 6—11　　　　　　　　　　　　　　**P0 MAT：端口 0 匹配寄存器**

（复位值：0x11111111，SFR 地址：0xD7）							
R/W	R/W	R/W	R/W	R/W	R/W	R/W	R/W
位 7	位 6	位 5	位 4	位 3	位 2	位 1	位 0

位 7~0：P0MAT[7:0]：端口 0 匹配值

　　这些位控制未被屏蔽的 P0 端口引脚的比较值。如果（P0 & P0MASK）不等于（P0MATCH & P0MASK），则会产生端口匹配事件

表 6—12　　　　　　　　　　　　　　**P0 MASK：端口 0 屏蔽寄存器**

（复位值：0x00000000，SFR 地址：0xC7）							
R/W	R/W	R/W	R/W	R/W	R/W	R/W	R/W
位 7	位 6	位 5	位 4	位 3	位 2	位 1	位 0

位 7~0：P0MASK[7:0]：端口 0 屏蔽值

　　这些位选择哪些端口引脚与 P0MAT 中存储器的值比较

　　0：对应的 P0.n 引脚被忽略，不能产生端口匹配事件

　　1：对应的 P0.n 引脚被与 P0MAT 中的对应位比较

表 6—13　　　　　　　　　　　　　　**P0 ODEN：端口 0 过驱动方式寄存器**

（复位值：0x00000000，SFR 地址：0xB0）							
R/W	R/W	R/W	R/W	R/W	R/W	R/W	R/W
位 7	位 6	位 5	位 4	位 3	位 2	位 1	位 0

位 7~0：P0.7~P0.0 的高阻抗过驱动方式使能位（分别对应）

　　端口引脚被配置为高阻抗过驱动方式时不需要额外的过驱动电流，但选择该方式会导致电源电流稍有增加。当端口引脚被配置为正常过驱动方式时，引脚电压达到约 VIO+0.7V 时，需要约 150μA 的峰值过驱动电流

　　0：对应的 P0.n 被配置为正常过驱动方式

　　1：对应的 P0.n 被配置为高阻抗过驱动方式

表 6-14   **P1： 端 口 1 寄 存 器**

（复位值：0x11111111，SFR 地址：0x90，可位寻址）

R/W	R/W	R/W	R/W	R/W	R/W	R/W	R/W
P1.7	P1.6	P1.5	P1.4	P1.3	P1.2	P1.1	P1.0
位 7	位 6	位 5	位 4	位 3	位 2	位 1	位 0

位 7-0：P1.[7:0]

　　写 – 输出出现在 I/O 引脚（根据交叉开关寄存器的设置）

　　0：逻辑低电平输出

　　1：逻辑高电平输出。（若相应的 P1MDOUT.n 位=0，则为高阻态）

　　读 – 读那些在 P1MDIN 中被选择为模拟输入的引脚时总是返回 0。被配置为数字输入时直接读端口引脚

　　0：P1.n 为逻辑低电平

　　1：P1.n 为逻辑高电平

表 6-15   **P1 MDIN：端口 1 输入方式寄存器**

（复位值：0x11111111，SFR 地址：0xF2）

R/W	R/W	R/W	R/W	R/W	R/W	R/W	R/W
位 7	位 6	位 5	位 4	位 3	位 2	位 1	位 0

位 7-0：P1.7 – P1.0 模拟输入配置位（分别对应）

　　当端口引脚被配置为模拟输入时，其弱上拉、数字驱动器和数字接收器都被禁止

　　0：对应的 P1.n 引脚被配置为模拟输入

　　1：对应的 P1.n 引脚不配置为模拟输入

表 6-16   **P1 MDOUT：端口 1 输出方式寄存器**

（复位值：0x00000000，SFR 地址：0xA5）

R/W	R/W	R/W	R/W	R/W	R/W	R/W	R/W
位 7	位 6	位 5	位 4	位 3	位 2	位 1	位 0

位 7-0：P1.7 – P1.0 输出方式配置位（分别对应）。如果 P1MDIN 寄存器中的对应位为逻辑 0，则输出方式配置位被忽略

　　0：对应的 P1.n 输出为漏极开路

　　1：对应的 P1.n 输出为推挽方式

表 6-17   **P1 SKIP：端口 1 跳过寄存器**

（复位值：0x00000000，SFR 地址：0xD5）

R/W	R/W	R/W	R/W	R/W	R/W	R/W	R/W
位 7	位 6	位 5	位 4	位 3	位 2	位 1	位 0

位 6-0：P1SKIP[7:0]：端口 1 交叉开关跳过使能位

　　这些位选择被交叉开关译码器跳过的端口引脚。用作模拟输入（ADC 或比较器）或特殊功能（VREF 输入、外部振荡器电路、CNVSTR 输入）的引脚应被交叉开关跳过

　　0：对应的 P1.n 不被交叉开关跳过

　　1：对应的 P1.n 被交叉开关跳过

表 6-18　　　　　　　　　　　　　　　　**P1 MAT：端口 1 匹配寄存器**

（复位值：0x11111111，SFR 地址：0xCF）							
R/W	R/W	R/W	R/W	R/W	R/W	R/W	R/W
位 7	位 6	位 5	位 4	位 3	位 2	位 1	位 0

位 7-0：P1MAT[7:0]：端口 1 匹配值

这些位控制未被屏蔽的 P1 端口引脚的比较值。如果（P1 & P1MASK）不等于（P1MATCH & P1MASK），则会产生端口匹配事件

表 6-19　　　　　　　　　　　　　　　　**P1 MASK：端口 1 屏蔽寄存器**

（复位值：0x00000000，SFR 地址：0xBF）							
R/W	R/W	R/W	R/W	R/W	R/W	R/W	R/W
位 7	位 6	位 5	位 4	位 3	位 2	位 1	位 0

位 7-0：P1MASK[7:0]：端口 1 屏蔽值

这些位选择哪些端口引脚与 P1MAT 中存储器的值比较

0：对应的 P1.n 引脚被忽略，不能产生端口匹配事件

1：对应的 P1.n 引脚被与 P1MAT 中的对应位比较

表 6-20　　　　　　　　　　　　　　　　**P2：　端 口 2 寄 存 器**

（复位值：0x11111111，SFR 地址：0xA0，可位寻址）							
R/W	R/W	R/W	R/W	R/W	R/W	R/W	R/W
P2.7	P2.6	P2.5	P2.4	P2.3	P2.2	P2.1	P2.0
位 7	位 6	位 5	位 4	位 3	位 2	位 1	位 0

位 7-0：P2.[7:0]

写 - 输出出现在 I/O 引脚（根据交叉开关寄存器的设置）

0：逻辑低电平输出

1：逻辑高电平输出。（若相应的 P2MDOUT.n = 0，则为高阻态）

读 - 直接读端口引脚

0：P2.n 为逻辑低电平

1：P2.n 为逻辑高电平

表 6-21　　　　　　　　　　　　　　　　**P2 MDIN：端口 2 输入方式寄存器**

（复位值：0x11111111，SFR 地址：0xF3）							
R/W	R/W	R/W	R/W	R/W	R/W	R/W	R/W
位 7	位 6	位 5	位 4	位 3	位 2	位 1	位 0

位 7-0：P2.7 - P2.0 模拟输入配置位（分别对应）

当端口引脚被配置为模拟输入时，其弱上拉、数字驱动器和数字接收器都被禁止

0：对应的 P1.n 引脚被配置为模拟输入

1：对应的 P1.n 引脚不配置为模拟输入

表 6-22　　　　　　　　　**P2 MDOUT：端口 2 输出方式寄存器**

<table>
<tr><td colspan="8">（复位值：0x00000000，SFR 地址：0xA6）</td></tr>
<tr><td>R/W</td><td>R/W</td><td>R/W</td><td>R/W</td><td>R/W</td><td>R/W</td><td>R/W</td><td>R/W</td></tr>
<tr><td></td><td></td><td></td><td></td><td></td><td></td><td></td><td></td></tr>
<tr><td>位 7</td><td>位 6</td><td>位 5</td><td>位 4</td><td>位 3</td><td>位 2</td><td>位 1</td><td>位 0</td></tr>
</table>

位 7-0：P2.7 – P2.0 输出方式配置位（分别对应）。如果 P2MDIN 寄存器中的对应位为逻辑 0，则输出方式配置位被忽略

　　0：对应的 P2.n 输出为漏极开路

　　1：对应的 P2.n 输出为推挽方式

表 6-23　　　　　　　　　**P2SKIP：端口 2 跳过寄存器**

<table>
<tr><td colspan="8">（复位值：0x00000000，SFR 地址：0xD6）</td></tr>
<tr><td>R/W</td><td>R/W</td><td>R/W</td><td>R/W</td><td>R/W</td><td>R/W</td><td>R/W</td><td>R/W</td></tr>
<tr><td></td><td></td><td></td><td></td><td></td><td></td><td></td><td></td></tr>
<tr><td>位 7</td><td>位 6</td><td>位 5</td><td>位 4</td><td>位 3</td><td>位 2</td><td>位 1</td><td>位 0</td></tr>
</table>

位 7-0：P2SKIP[7:0]：端口 2 交叉开关跳过使能位

　　这些位选择被交叉开关译码器跳过的端口引脚。用作模拟输入（ADC 或比较器）或特殊功能（VREF 输入、外部振荡器电路、CNVSTR 输入）的引脚应被交叉开关跳过

　　0：对应的 P2.n 不被交叉开关跳过

　　1：对应的 P2.n 被交叉开关跳过

表 6-24　　　　　　　　　**端口 I/O 直流电气特性**

参　数	条　件	最小值	典型值	最大值	单位
输出高电压 V_{OH}	$I_{OH}=-3mA$，端口 I/O 为推挽方	1.5	—	—	V
	$I_{OH}=-70\mu A$，端口 I/O 为推挽方式	1.95	—	—	
输出低电压 VOL	VIO = 2.0V				mV
	$I_{OL}= 70\mu A$		—	50	
	$I_{OL}= 8.5mA$		—	750	
	VIO = 4.0V				
	$I_{OL}= 70\mu A$		—	40	
	$I_{OL}= 8.5mA$		—	400	
输入高电压 VIH		TBD	—	—	V
输入低电压 VIL			—	TBD	V
输入漏电流	弱上拉禁止		<0.1	TBD	μA
弱上拉阻抗		—	100	—	kΩ

注：VDD = 2.0～5.25V，−40℃～+85℃（除非特别说明）。

6.4 C8051F410 中断系统

6.4.1 C8051F410 中断系统概述

C8051F41x 包含一个扩展的中断系统，支持 18 个中断源（标准 8051 只有 5 个中断源），每个中断源有两个优先级。允许大量的模拟和数字外设中断微控制器。一个中断驱动的系统需要较少的 MCU 干预，却有更高的执行频率。在设计一个多任务实时系统时，这些增加的中断源是非常有用的。中断源在片内外设与外部输入引脚之间的分配随器件的不同而变化。每个中断源可以在一个 SFR 中有一个或多个中断标志。当一个外设或外部源满足有效的中断条件时，相应的中断标志被置为逻辑 1。

如果一个中断源被允许，则在中断标志被置位时将产生中断请求。一旦当前指令执行结束，CPU 产生一个 LCALL 到预定地址，开始执行中断服务程序（ISR）。每个 ISR 必须以 RETI 指令结束，使程序回到中断前执行的那条指令的下一条指令。如果中断未被允许，中断标志将被硬件忽略，程序继续正常执行。中断标志置 1 与否不受中断允许/禁止状态的影响。

每个中断源都可以用中断允许或扩展中断允许寄存器中的使能位来允许或禁止，但是必须首先将 EA 位（IE.7）置 1，以保证每个单独的中断允许位有效。不管每个中断允许位的设置如何，清除 EA 位将禁止所有中断。在 EA 位被清 0 期间所发生的中断请求被挂起，直到 EA 位被置 1 后才能得到服务。

某些中断标志在 CPU 进入 ISR 时被自动清除，但大多数中断标志不是由硬件清除的，必须在 ISR 返回前用软件清除。如果一个中断标志在 CPU 执行完中断返回（RETI）指令后仍然保持置位状态，则会立即产生一个新的中断请求，CPU 将在执行完下一条指令后再次进入该 ISR。

1. MCU 中断源和中断向量

MCU 支持 18 个中断源。软件可以通过将任何一个中断标志设置为逻辑 1 来模拟一个中断。如果中断标志被允许，系统将产生一个中断请求，CPU 将转向与该中断标志对应的 ISR 地址。表 6–25 给出了 MCU 中断源、对应的向量地址、优先级和控制位一览表。关于外设有效中断条件和中断标志位工作状态方面的详细信息，请见与特定外设相关的章节。

2. 中断优先级

每个中断源都可以被独立地编程为两个优先级中的一个：低优先级或高优先级。一个低优先级的中断服务程序可以被高优先级的中断所中断，但高优先级的中断不能被中断。每个中断在 SFR（IP 或 EIP1、EIP2）中都有一个配置其优先级的中断优先级设置位，缺省值为低优先级。如果两个中断同时发生，具有高优先级的中断先得到服务。如果这两个中断的优先级相同，则由固定的优先级顺序决定哪一个中断先得到服务（表 6–25）。

3. 中断响应时间

中断响应时间取决于中断发生时 CPU 的状态。中断系统在每个系统时钟周期对中断请求标志采样并对优先级译码。最快的响应时间为 7 个系统时钟周期：一个周期用于检测中断，一个周期用于执行一条指令，5 个周期用于完成对 ISR 的长调用（LCALL）。如果中断标志有效时 CPU 正在执行 RETI 指令，则需要再执行一条指令才能进入中断服务程序。因此，最长的中断响应时间（没有其他中断正被服务或新中断具有较高优先级）发生在 CPU 正在执行 RETI 指令，而下一条指令是 DIV 的情况。在这种情况下，响应时间为 19 个系统时钟周期：1 个时钟周期检测中断，5 个时钟周期执行 RETI，8 个时钟周期完成 DIV 指令，5 个时钟周期执行对 ISR 的长调用（LCALL）。如果 CPU 正在执行一个具有相同或更高优先级的中断的 ISR，则新中断要等到当前 ISR 执行完（包括 RETI 和下一条指令）才能得到服务。

表 6-25   中 断 一 览 表

中断源	中断向量	优先级	中断标志	位寻址	硬件清除	中断允许	优先级控制
复位	0x0000	最高	无	N/A	N/A	始终允许	总是最高
外部中断 0（/INT0）	0x0003	0	IE0（TCON.1）	Y	Y	EX0（IE.0）	PX0（IP.0）
定时器 0 溢出	0x000B	1	TF0（TCON.5）	Y	Y	ET0（IE.1）	PT0（IP.1）
外部中断 1（/INT1）	0x0013	2	IE1（TCON.3）	Y	Y	EX1（IE.2）	PX1（IP.2）
定时器 1 溢出	0x001B	3	TF1（TCON.7）	Y	Y	ET1（IE.3）	PT1（IP.3）
UART0	0x0023	4	RI0（SCON0.0） TI0（SCON0.1）	Y	N	ES0（IE.4）	PS0（IP.4）
定时器 2 溢出	0x002B	5	TF2H（TMR2CN.7） TF2L（TMR2CN.6）	Y	N	ET2（IE.5）	PT2（IP.5）
SPI0	0x0033	6	SPIF（SPI0CN.7） WCOL（SPI0CN.6） MODF（SPI0CN.5） RXOVRN（SPI0CN.4）	Y	N	ESPI0（IE.6）	PSPI0（IP.6）
SMB0	0x003B	7	SI（SMB0CN.0）	Y	N	ESMB0（EIE1.0）	PSMB0（EIP1.0）
smaRTClock	0x0043	8	ALRM（RTC0CN.2） OSCFAIL（RTC0CN.5）	N	N	ERTC0（EIE1.1）	PRTC0（EIP1.1）
ADC0 窗口比较	0x004B	9	AD0WINT（ADC0CN.3）	Y	N	EWADC0（EIE1.2）	PWADC0（EIP1.2）
ADC0 转换结束	0x0053	10	AD0INT（ADC0CN.5）	Y	N	EADC0C（EIE1.3）	PADC0（EIP1.3）
可编程计数器阵列	0x005B	11	CF（PCA0CN.7） CCFn（PCA0CN.n）	Y	N	EPCA0（EIE1.4）	PPCA0（EIP1.4）
比较器 0	0x0063	12	CP0FIF（CPT0CN.4） CP0RIF（CPT0CN.5）	N	N	ECP0（EIE1.5）	PCP0（EIP1.5）
比较器 1	0x006B	13	CP1FIF（CPT1CN.4） CP1RIF（CPT1CN.5）	N	N	ECP1（EIE1.6）	PCP1（EIP1.6）
定时器 3 溢出	0x0073	14	TF3H（TMR3CN.7） TF3L（TMR3CN.6）	N	N	ET3（EIE1.7）	PT3（EIP1.7）
稳压器电压降落	0x007B	15	N/A	N/A	N/A	EREG0（EIE2.0）	PREG0（EIP2.0）
端口匹配	0x0083	16	N/A	N/A	N/A	EMAT（EIE2.1）	PMAT（EIP2.1）

6.4.2　中断寄存器说明

下面介绍用于允许中断源和设置中断优先级的特殊功能寄存器。关于外设有效中断条件和中断标志位工作状态方面的详细信息，请见与特定片内外设相关的章节（表 6-26～表 6-31）。

表 6-26　　　　　　　　　　　　　IE：中断允许寄存器

（复位值：0x00000000，SFR 地址：0xA8，可位寻址）							
R/W	R/W	R/W	R/W	R/W	R/W	R/W	R/W
EA	ESPI0	ET2	ES0	ET1	EX1	ET0	EX0
位 7	位 6	位 5	位 4	位 3	位 2	位 1	位 0

位 7：EA：允许所有中断

该位允许/禁止所有中断。它超越所有的单个中断屏蔽设置

0：禁止所有中断源

1：开放中断。每个中断由它对应的中断屏蔽设置决定

位 6：ESPI0：串行外设接口（SPI0）中断允许位

该位用于设置 SPI0 的中断屏蔽

0：禁止 SPI0 中断

1：允许 SPI0 的中断请求

位 5：ET2：定时器 2 中断允许位

该位用于设置定时器 2 的中断屏蔽

0：禁止定时器 2 中断

1：允许 TF2L 或 TF2H 标志的中断请求

位 4：ES0：UART0 中断允许位

该位设置 UART0 的中断屏蔽

0：禁止 UART0 中断

1：允许 UART0 中断

位 3：ET1：定时器 1 中断允许位

该位用于设置定时器 1 的中断屏蔽

0：禁止定时器 1 中断

1：允许 TF1 标志位的中断请求

位 2：EX1：外部中断 1 允许位

该位用于设置外部中断 1 的中断屏蔽

0：禁止外部中断 1

1：允许/INT1 引脚的中断请求

位 1：ET0：定时器 0 中断允许位

该位用于设置定时器 0 的中断屏蔽

0：禁止定时器 0 中断

1：允许 TF0 标志位的中断请求

位 0：EX0：外部中断 0 允许位

该位用于设置外部中断 0 的中断屏蔽

0：禁止外部中断 0

1：允许/INT0 引脚的中断请求

表 6–27 **IP：中断优先级寄存器**

（复位值：0x10000000，SFR 地址：0xB8，可位寻址）							
R/W	R/W	R/W	R/W	R/W	R/W	R/W	R/W
—	PSPI0	PT2	PS0	PT1	PX1	PT0	PX0
位 7	位 6	位 5	位 4	位 3	位 2	位 1	位 0

位 7：未用。读=1b，写=忽略

位 6：PSPI0：串行外设接口（SPI0）中断优先级控制

　　该位设置 SPI0 中断的优先级

　　0：SPI0 为低优先级

　　1：SPI0 为高优先级

位 5：PT2：定时器 2 中断优先级控制

　　该位设置定时器 2 中断的优先级

　　0：定时器 2 为低优先级

　　1：定时器 2 为高优先级

位 4：PS0：UART0 中断优先级控制

　　该位设置 UART0 中断的优先级

　　0：UART0 为低优先级

　　1：UART1 为高优先级

位 3：PT1：定时器 1 中断优先级控制

　　该位设置定时器 1 中断的优先级

　　0：定时器 1 为低优先级

　　1：定时器 1 为高优先级

位 2：PX1：外部中断 1 优先级控制

　　该位设置外部中断 1 的优先级

　　0：外部中断 1 为低优先级

　　1：外部中断 1 为高优先级

位 1：PT0：定时器 0 中断优先级控制

　　该位设置定时器 0 中断的优先级

　　0：定时器 0 为低优先级

　　1：定时器 0 为高优先级

位 0：PX0：外部中断 0 优先级控制

　　该位设置外部中断 0 的优先级

　　0：外部中断 0 为低优先级

　　1：外部中断 0 为高优先级

表 6–28   **EIE1：扩展中断允许 1**

（复位值：0x00000000，SFR 地址：0xE6）							
R/W	R/W	R/W	R/W	R/W	R/W	R/W	R/W
ET3	ECP1	ECP0	EPCA0	EADC0	EWADC0	ERTC0	ESMB0
位 7	位 6	位 5	位 4	位 3	位 2	位 1	位 0

位 7：ET3：定时器 3 中断允许位

该位设置定时器 3 的中断屏蔽

0：禁止定时器 3 中断

1：允许 TF3L 或 TF3H 标志的中断请求

位 6：ECP1：比较器 1（CP1）中断允许位

该位设置 CP1 的中断屏蔽

0：禁止 CP1 中断

1：允许 CP1RIF 或 CP1FIF 标志产生的中断请求

位 5：ECP0：比较器 0（CP0）中断允许位

该位设置 CP0 的中断屏蔽

0：禁止 CP0 中断

1：允许 CP0RIF 或 CP0FIF 标志产生的中断请求

位 4：EPCA0：可编程计数器阵列（PCA0）中断允许位

该位设置 PCA0 的中断屏蔽

0：禁止所有 PCA0 中断

1：允许 PCA0 的中断请求

位 3：EADC0：ADC0 转换结束中断允许位

该位设置 ADC0 转换结束中断屏蔽

0：禁止 ADC0 转换结束中断

1：允许 AD0INT 标志的中断请求

位 2：EWADC0：ADC0 窗口比较中断允许位

该位设置 ADC0 窗口比较中断屏蔽

0：禁止 ADC0 窗口比较中断

1：允许 ADC0 窗口比较标志（AD0WINT）的中断请求

位 1：ERTC0：smaRTClock 中断允许位

该位设置 smaRTClock 中断屏蔽

0：禁止 smaRTClock 中断

1：允许 ALRM 和 OSCFAIL 标志产生的中断请求

位 0：ESMB0：SMBus 中断允许位

该位设置 SMBus（SMB0）的中断屏蔽

0：禁止 SMB0 中断

1：允许 SMB0 的中断请求

表 6–29   **EIP1：扩展中断优先级 1**

（复位值：0x00000000，SFR 地址：0xF6）							
R/W	R/W	R/W	R/W	R/W	R/W	R/W	R/W
PT3	PCP1	PCP0	PPCA0	PADC0	PWADC0	PRTC0	PSMB0
位 7	位 6	位 5	位 4	位 3	位 2	位 1	位 0

位 7：PT3：定时器 3 中断优先级控制

    该位设置定时器 3 中断的优先级

    0：定时器 3 中断为低优先级

    1：定时器 3 中断为高优先级

位 6：PCP1：比较器 1（CP1）中断优先级控制

    该位设置 CP1 中断的优先级

    0：CP1 中断为低优先级

    1：CP1 中断为高优先级

位 5：PCP0：比较器 0（CP0）中断优先级控制

    该位设置 CP0 中断的优先级

    0：CP0 中断为低优先级

    1：CP0 中断为高优先级

位 4：PPCA0：可编程计数器阵列（PCA0）中断优先级控制

    该位设置 PCA0 中断的优先级

    0：PCA0 中断为低优先级

    1：PCA0 中断为高优先级

位 3：PADC0：ADC0 转换结束中断优先级控制

    该位设置 ADC0 转换结束中断的优先级

    0：ADC0 转换结束中断为低优先级

    1：ADC0 转换结束中断为高优先级

位 2：PWADC0：ADC0 窗口比较器中断优先级控制

    该位设置 ADC0 窗口中断的优先级

    0：ADC0 窗口中断为低优先级

    1：ADC0 窗口中断为高优先级

位 1：PRTC0：smaRTClock 中断优先级控制

    该位设置 smaRTClock 中断的优先级

    0：smaRTClock 窗口中断为低优先级

    1：smaRTClock 窗口中断为高优先级

位 0：PSMB0：SMBus（SMB0）中断优先级控制

    该位设置 SMB0 中断的优先级

    0：SMB0 中断为低优先级

    1：SMB0 中断为高优先级

表 6–30　　　　　　　　　　　　　　　　EIE2：扩展中断允许 2

（复位值：0x00000000，SFR 地址：0xE7）							
R/W	R/W	R/W	R/W	R/W	R/W	R/W	R/W
—	—	—	—	—	—	EMAT	EREG0
位 7	位 6	位 5	位 4	位 3	位 2	位 1	位 0

位 7–2：未用。读= 000000b，写= 忽略

　　　位 1：EMAT：端口匹配中断允许位

　　　该位设置端口匹配中断屏蔽

　　　0：禁止端口匹配中断

　　　1：允许端口匹配中断

位 0：EREG0：稳压器中断允许位

　　　该位设置稳压器电压降落中断屏蔽

　　　0：禁止稳压器电压降落中断

　　　1：允许稳压器电压降落中断

表 6–31　　　　　　　　　　　　　　　　EIP2：扩展中断优先级 2

（复位值：0x00000000，SFR 地址：0xF7）							
R/W	R/W	R/W	R/W	R/W	R/W	R/W	R/W
—	—	—	—	—	—	PMAT	PREG0
位 7	位 6	位 5	位 4	位 3	位 2	位 1	位 0

位 7–2：未用。读= 000000b，写= 忽略

位 1：PMAT：端口匹配中断优先级控制

　　　该位设置端口匹配中断的优先级

　　　0：端口匹配中断为低优先级

　　　1：端口匹配中断为高优先级

位 0：PREG0：稳压器中断优先级控制

　　　该位设置稳压器电压降落中断的优先级

　　　0：稳压器中断为低优先级

　　　1：稳压器中断为高优先级

6.4.3　外部中断

　　两个外部中断源/INT0 和/INT1 可被配置为低电平有效或高电平有效,边沿触发或电平触发。IT01CF 寄存器中的 IN0PL（/INT0 极性）和 IN1PL（/INT1 极性）位用于选择高电平有效还是低电平有效；TCON 中的 IT0 和 IT1 用于选择电平或边沿触发。下面的表列出了可能的配置组合，见表 6–32 和表 6–33。

表 6–32　　　　　　　　　　　　INT0 中断触发方式

IT0	IN0PL	/INT0 中断
1	0	低电平有效，边沿触发
1	1	高电平有效，边沿触发
0	0	低电平有效，电平触发
0	1	高电平有效，电平触发

表 6-33   INT1 中断触发方式

IT1	IN1PL	/INT1 中断
1	0	低电平有效，边沿触发
1	1	高电平有效，边沿触发
0	0	低电平有效，电平触发
0	1	高电平有效，电平触发

　　/INT0 和/INT1 所使用的端口引脚在 IT01CF 寄存器中定义（表 6-34）。注意，/INT0 和 /INT0 端口引脚分配与交叉开关的设置无关。/INT0 和/INT1 监视分配给它们的端口引脚，不影响被交叉开关分配了相同引脚的外设。如果要将一个端口引脚只分配给/INT0 或/INT1，则应使交叉开关跳过这个引脚。这可以通过设置寄存器 XBR0 中的相应位来实现（有关配置交叉开关的详细信息见"优先权交叉开关译码器"）。

　　IE0（TCON.1）和 IE1（TCON.3）分别为外部中断/INT0 和/INT1 的中断标志。如果/INT0 或/INT1 外部中断被配置为边沿触发，CPU 在转向 ISR 时用硬件自动清除相应的中断标志。当被配置为电平触发时，在输入有效期间（根据极性控制位 IN0PL 或 IN1PL 的定义）中断标志将保持在逻辑 1 状态；在输入无效期间该标志保持逻辑 0 状态。电平触发的外部中断源必须一直保持输入有效直到中断请求被响应，在 ISR 返回前必须使该中断请求无效，否则将产生另一个中断请求。

表 6-34   IT01CF：INT0/INT1 配置寄存器

（复位值：0x00000001，SFR 地址：0xE4）							
R/W	R/W	R/W	R/W	R/W	R/W	R/W	R/W
IN1PL	IN1SL2	IN1SL1	IN1SL0	IN0PL	IN0SL2	IN0SL1	IN0SL0
位 7	位 6	位 5	位 4	位 3	位 2	位 1	位 0

位 7：IN1PL：/INT1 极性

　　0：/INT1 为低电平有效

　　1：/INT1 为高电平有效

位 6-4：IN1SL2-0：/INT1 端口引脚选择位

　　这些位用于选择分配给/INT1 的端口引脚。注意，该引脚分配与交叉开关无关

　　/INT1 将监视分配给它的端口引脚，但不影响被交叉开关分配了相同引脚的外设。如果将交叉开关配置为跳过这个引脚（通过将寄存器 P0SKIP 中的对应位置 1 来实现），则该引脚将不会被分配给外设

位 3：IN0PL：/INT0 极性

　　0：/INT0 为低电平有效

　　1：/INT0 为高电平有效

位 2-0：IN0SL2-0：/INT0 端口引脚选择位

　　这些位用于选择分配给/INT0 的端口引脚。注意，该引脚分配与交叉开关无关

　　/INT0 将监视分配给它的端口引脚，但不影响被交叉开关分配了相同引脚的外设。如果将交叉开关配置为跳过这个引脚（通过将寄存器 P0SKIP 中的对应位置 1 来实现），则该引脚将不会被分配给外设

6.5 复位与时钟

复位源、上电/掉电复位、外部复位、内部复位、系统时钟。

6.5.1 复位源

复位电路允许很容易地将控制器置于一个预定的缺省状态。在进入复位状态时，将发生以下过程：

- CIP-51 停止程序执行；
- 特殊功能寄存器（SFR）被初始化为所定义的复位值；
- 外部端口引脚被置于一个已知状态；
- 中断和定时器被禁止。

所有的 SFR 都被初始化为预定值，SFR 中各位的复位值在 SFR 的详细说明中定义。在复位期间内部数据存储器的内容不发生改变，复位前存储的数据保持不变。但由于堆栈指针 SFR 被复位，堆栈实际上已丢失，尽管堆栈中的数据未发生变化。

端口 I/O 锁存器的复位值为 0xFF（全部为逻辑 1），处于漏极开路方式。在复位期间和复位之后弱上拉被使能。对于 VDD 监视器和上电复位，/RST 引脚被驱动为低电平，直到器件退出复位状态。

在退出复位状态时，程序计数器（PC）被复位，MCU 使用内部振荡器作为默认的系统时钟。有关选择和配置系统时钟源的详细说明见"振荡器"。看门狗定时器被使能，使用系统时钟的 12 分频作为其时钟源(有关使用看门狗定时器的详细信息见"看门狗定时器方式")。程序从地址 0x0000 开始执行。复位源框图如图 6-13 所示。

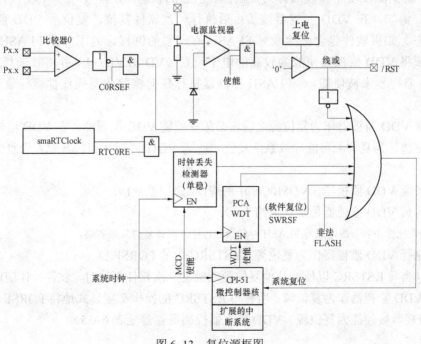

图 6-13 复位源框图

6.5.2 上电复位

在上电期间，器件保持在复位状态，/RST 引脚被驱动到低电平，直到 VDD 上升到超过 V_{RST} 电平。从复位开始到退出复位状态要经过一个延时；该延时随着 VDD 上升时间的增大而减小（VDD 上升时间被定义为 VDD 从 0V 上升到 V_{RST} 的时间）。图 6-14 给出了上电和 VDD 监视器复位的时序。对于有效的上升时间（小于 1ms），上电复位延时（TPORDelay）通常小于 0.3ms。

注：最大的 VDD 上升时间为 1ms；上升时间超过该最大值时可能导致器件在 VDD 达到 V_{RST} 电平之前退出复位状态。

在退出复位状态时，PORSF 标志（RSTSRC.1）被硬件置为逻辑 1。当 PORSF 标志被置位时，RSTSRC 寄存器中的所有其他复位标志都是不确定的。PORSF 被任何其他复位源清 0。由于所有的复位都导致程序从同一个地址（0x0000）开始执行，软件可以通过读 PORSF 标志来确定是否为上电产生的复位。在一次上电复位后，内部数据存储器中的内容应被认为是不确定的。在上电复位后，VDD 监视器被禁止。

6.5.3 掉电复位和 VDD 监视器

当 VDD 监视器被选择为复位源并且发生掉电或因电源波动导致 VDD 降到 V_{RST} 以下时，电源监视器将 /RST 引脚驱动为低电平并使 CIP-51 保持复位状态（图 6-14）。当 VDD 又回到高于 V_{RST} 的电平时，CIP-51 将退出复位状态。注意，尽管内部数据存储器的内容可能没有因掉电复位而发生改变，但无法确定 VDD 是否降到了数据保持所要求的最低电平以下。如果 PORSF 标志的读出值为 1，则内部 RAM 的数据可能不再有效。在上电复位后 VDD 监视器被使能并被选择为复位源，但它的状态（使能/禁止）不受任何其他复位源的影响。例如，在 VDD 监视器被禁止后执行一次软件复位，复位后 VDD 监视器仍然为禁止状态。如果软件包含擦除或写 FLASH 存储器的例程，为了保护 FLASH 内容的完整性，必须将 VDD 监视器使能为较高的电平设置（VDMLVL = 1）并将其选择为复位源。如果 VDD 监视器未被使能，对 FLASH 存储器执行任何擦除或写操作都将导致 FLASH 错误器件复位。

在选择 VDD 监视器作为复位源之前，必须先使能 VDD 监视器。在 VDD 监视器被使能或稳定之前选其为复位源可能导致系统复位。使能 VDD 监视器和将其配置为复位源的步骤如下：

（1）使能 VDD 监视器（VDM0CN 中的 VDMEN 位 = 1）；

（2）等待 VDD 监视器稳定（大约 5μs）；

注：如果软件中包含擦除或写 FLASH 存储器的程序，则该延时应被省略。

（3）选择 VDD 监视器作为复位源（RSTSRC 中的 PORSF 位 = 1）。

注意：当写 RSTSRC 以使能其他复位源或触发一次软件复位时，软件操作应谨慎，以防意外禁止 VDD 监视器作为复位源。所有写 RSTSRC 的操作都应显式地将 PORSF 置 1，以保持 VDD 监视器被使能为复位源。VDD 监视器控制寄存器见表 6-35。

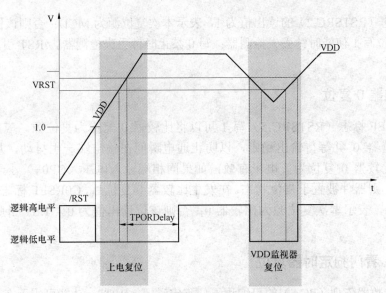

图 6-14　上电和 VDD 监视器复位时序

表 6-35 　　　　　　　　　　　**VDM0CN：VDD 监视器控制寄存器**

（复位值：可变，SFR 地址：0xFF）							
R/W	R/W	R/W	R/W	R/W	R/W	R/W	R/W
VDMEN	VDDSTAT	VDMLVL	保留	保留	保留	保留	保留
位 7	位 6	位 5	位 4	位 3	位 2	位 1	位 0

位 7：VDMEN：VDD 监视器使能位

该位控制 VDD 监视器电源的通断。VDD 监视器在被选择为复位源之前不可能产生系统复位。在被选择为复位源之前，VDD 监视器必须稳定。在 VDD 监视器稳定之前选其为复位源可能导致系统复位

0：禁止 VDD 监视器

1：使能 VDD 监视器（缺省）

位 6：VDDSTAT：VDD 状态

该位指示当前电源状态（VDD 监视器输出）

0：VDD 等于或低于 VDD 监视器阈值

1：VDD 高于 VDD 监视器阈值

位 5-0：保留。读= 可变，写= 忽略

6.5.4　外部复位

外部/RST 引脚提供了使用外部电路强制 MCU 进入复位状态的手段。在/RST 引脚上加一个低电平有效信号将产生复位，最好能提供一个外部上拉和/或对/RST 引脚去耦以防止强噪声引起复位。从外部复位状态退出后，PINRSF 标志（RSTSRC.0）被置 1。

6.5.5　时钟丢失检测器复位

时钟丢失检测器（MCD）实际上是由系统时钟触发的单稳态电路。如果系统时钟保持在高电平或低电平的时间大于 100μs，单稳态电路将超时并产生复位。在发生 MCD 复位后，

MCDRSF 标志（RSTSRC.2）的读出值为 1，表示本次复位源为 MCD；否则该位读出值为 0。向 MCDRSF 位写 1 使能时钟丢失检测器；写 0 禁止时钟丢失检测器。/RST 引脚的状态不受该复位的影响。

6.5.6 比较器 0 复位

向 C0RSEF 标志（RSTSRC.5）写 1 可以将比较器 0 配置为复位源。应在写 C0RSEF 之前使能比较器 0 并等待输出稳定，以防止通电瞬间在输出端产生抖动，从而导致不希望的复位。比较器 0 复位为低电平有效：如果同相端输入电压（CP0+）小于反相端输入电压（CP0−），则器件被置于复位状态。在发生比较器 0 复位后，C0RSEF 标志（RSTSRC.5）的读出值为 1，表示本次复位源为比较器 0；否则该位读出值为 0。/RST 引脚的状态不受该复位的影响。

6.5.7 PCA 看门狗定时器复位

可编程计数器阵列（PCA）的可编程看门狗定时器（WDT）功能可用于在系统出现错误的情况下防止软件运行失控。可以通过软件使能或禁止 PCA 的 WDT 功能（见"看门狗定时器方式"）。在每次复位后，WDT 被使能并使用 SYSCLK/12 作为时钟。如果因系统出错使用户软件不能更新 WDT，则 WDT 将产生复位，WDTRSF 位（RSTSRC.5）被置 1。/RST 引脚的状态不受该复位的影响。

6.5.8 FLASH 错误复位

如果 FLASH 读/写/擦除操作的地址或程序读地址为非法地址，将发生系统复位。下述的任何一种情况都会导致 FLASH 操作错误复位：

● FLASH 写或擦除地址超出了用户代码空间。这种情况发生在 PSWE 被置 1，并且 MOVX 写操作的地址大于锁定字节地址时。

● FLASH 读地址超出了用户代码空间，即 MOVC 操作的地址大于锁定字节地址。

● 程序读超出了用户代码址空间。这种情况发生在用户代码试图转移到大于锁定字节地址地址时。

● 当 FLASH 读、写或擦除被安全设置禁止时（见"安全选项"）。

● 当 VDD 监视器被禁止时，试图进行 FLASH 写或擦除操作。

在发生 FLASH 错误复位后，FERROR 位（RSTSRC.6）被置 1。/RST 引脚的状态不受该复位的影响。

6.5.9 smaRTClock（实时时钟）复位

有两种事件可使 smaRTClock 产生系统复位：smaRTClock 振荡器故障或 smaRTClock 告警。当 smaRTClock 时钟丢失检测器被使能时，如果 smaRTClock 的时钟频率低于约 20kHz，则会发生 smaRTClock 振荡器故障事件。当 smaRTClock 告警被使能且 smaRTClock 定时器值与 ALARMn 寄存器一致时，会发生 smaRTClock 告警事件。通过向 RTC0RE 位（RSTSRC.7）写 1 来将 smaRTClock 配置为复位源。/RST 引脚的状态不受该复位的影响。

6.5.10　软件复位

软件可以通过向 SWRSF 位（RSTSRC.4）写 1 强制产生一次系统复位。在发生软件强制复位后，SWRSF 位的读出值为 1。/RST 引脚的状态不受该复位的影响。

6.6　电源管理方式

CIP-51 有两种可软件编程的电源管理方式：空闲和停机。在空闲方式，CPU 停止运行，而外设和时钟处于活动状态。在停机方式，CPU 停止运行，所有的中断和定时器（时钟丢失检测器除外）都处于非活动状态，系统时钟停止（模拟外设保持在所选择的状态；外部振荡器不受影响）。由于在空闲方式下时钟仍然运行，所以功耗与进入空闲方式之前的系统时钟频率和处于活动状态的外设数目有关。停机方式消耗最少的功率。表 6-36 对用于控制 CIP-51 电源管理方式的电源控制寄存器（PCON）作出了说明。

虽然 CIP-51 具有空闲和停机方式（与任何标准 8051 结构一样），但通过使能和禁止外设，可以使整个 MCU 的功耗最小。每个模拟外设在不用时都可以被禁止，使其进入低功耗方式。像定时器、串行总线这样的数字外设在不使用时消耗很少的功率。关闭振荡器可以大大降低功耗，但需要复位来重新启动 MCU。

C8051F41x 器件还有一个低功耗方式 SUSPEND，在该方式下内部振荡器停止运行，直到有唤醒事件发生。详见"内部振荡器挂起方式"。

6.6.1　空闲方式

将空闲方式选择位（PCON.0）置 1 使 CIP-51 停止 CPU 运行并进入空闲方式，在执行完对该位置 1 的指令后 MCU 立即进入空闲方式。所有内部寄存器和存储器都保持原来的数据不变。所有模拟和数字外设在空闲方式期间都可以保持活动状态。

有被允许的中断发生或复位有效将结束空闲方式。当有一个被允许的中断发生时，空闲方式选择位（PCON.0）被清 0，CPU 将继续工作。该中断将得到服务，中断返回（RETI）后将开始执行设置空闲方式选择位的那条指令的下一条指令。如果空闲方式因一个内部或外部复位而结束，则 CIP-51 进行正常的复位过程并从地址 0x0000 开始执行程序。

如果被允许，WDT 将产生一个内部看门狗复位，从而结束空闲方式。这一功能可以保护系统不会因为对 PCON 寄存器的意外写入而导致永久性停机。如果不需要这种功能，可以在进入空闲方式之前禁止 WDT。这将进一步节省功耗，允许系统一直保持在空闲状态，等待一个外部激励唤醒系统。

6.6.2　停机方式

将停机方式选择位（PCON.1）置 1 使 CIP-51 进入停机方式，在执行完对该位置 1 的指令后 MCU 立即进入停机方式。在停机方式，内部振荡器、CPU 和所有的数字外设都停止工作，但外部振荡器电路的状态不受影响。在进入停机方式之前，每个模拟外设（包括外部振荡器电路）都可以被单独关断。只有内部或外部复位能结束停机方式。复位时，CIP-51 进行正常的复位过程并从地址 0x0000 开始执行程序。

如果被使能,时钟丢失检测器将产生一个内部复位,从而结束停机方式。如果想要使 CPU 的休眠时间长于 100μs 的 MCD 超时时间,则应禁止时钟丢失检测器。

6.6.3 挂起方式

C8051F41x 器件还有一个低功耗方式 SUSPEND,在该方式下内部振荡器停止运行,直到有唤醒事件发生。详见"内部振荡器挂起方式"(表 6–36)。

表 6–36　　　　　　　　　　　　　　**PCON:电源控制寄存器**

(复位值:0x00000000,SFR 地址:0x87)							
R/W	R/W	R/W	R/W	R/W	R/W	R/W	R/W
保留	保留	保留	保留	保留	保留	STOP	IDLE
位 7	位 6	位 5	位 4	位 3	位 2	位 1	位 0

位 7–2:保留

位 1:STOP:停机方式选择
　　将该位置 1 使 CIP–51 进入停机方式。该位的读出值总是为 0
　　1:进入停机方式(内部振荡器停止运行)

位 0:IDLE:空闲方式选择
　　将该位置 1 使 CIP–51 进入空闲方式。该位读出值总是为 0
　　1:CPU 进入空闲方式(断开供给 CPU 的时钟信号,但定时器、中断、串口和模拟外设保持活动状态)

6.7　思　考　与　练　习

1. C8051F410 单片机存储器与标准 51 单片机有何异同?

2. C8051F410 单片机的 I/O 端口与标准 51 单片机相比有何特点?

3. 简述 C8051F410 单片机的 I/O 端口的基本结构与工作原理,使用注意事项。

4. C8051F410 单片机的中断系统与标准 51 单片机有何异同?

5. C8051F410 单片机的复位方式有哪些?

第7章　C8051F41x 片内定时器/计数器

C8051F41x 内部有 4 个 16 位计数器/定时器：其中两个与标准 8051 中的计数器/定时器兼容，另外两个是 16 位自动重装载定时器，可用于其他外设或作为通用定时器使用。这些定时器可以用于测量时间间隔，对外部事件计数或产生周期性的中断请求。定时器 0 和定时器 1 几乎完全相同，有四种工作方式。定时器 2 和定时器 3 均可作为一个 16 位或两个 8 位自动重装载定时器。定时器 2 和定时器 3 还具有 smaRTClock 捕捉方式，可用于测量 smaRTClock 时钟（相对于另一振荡器），见表 7–1。

表 7–1　　　　　　　　　　　定时器工作方式

定时器 0 和定时器 1 工作方式	定时器 2 工作方式	定时器 3 工作方式
13 位计数/定时器	16 位自动重装载定时器	16 位自动重装载定时器
16 位计数/定时器		
8 位自动重装载的计数器/定时器	两个 8 位自动重装载定时器	两个 8 位自动重装载定时器
两个 8 位计数器/定时器（仅限于定时器 0）		

定时器 0 和定时器 1 有 5 个可选择的时钟源，由定时器时钟选择位（T1M–T0M）和时钟分频位（SCA1–SCA0）决定。时钟分频位定义一个分频时钟，作为定时器 0 和/或定时器 1 的时钟源。

定时器 0 和定时器 1 可以被配置为使用分频时钟或系统时钟。定时器 2 和定时器 3 可以使用系统时钟、系统时钟/12 或外部振荡器时钟/8 作为时钟源。

定时器 0 和定时器 1 可以工作在计数器方式。当作为计数器使用时，在为定时器所选择的输入引脚（T0 或 T1）上出现负跳变时计数器/定时器寄存器的值加 1。对事件计数的最大频率可达到系统时钟频率的四分之一。输入信号不需要是周期性的，但在一个给定电平上的保持时间至少应为两个完整的系统时钟周期，以保证该电平能够被正确采样。

7.1　定时器 0 和定时器 1

每个计数器/定时器都是一个 16 位的寄存器，在被访问时以两个字节的形式出现：一个低字节（TL0 或 TL1）和一个高字节（TH0 或 TH1）。计数器/定时器控制寄存器（TCON）用于允许定时器 0 和定时器 1 以及指示它们的状态。通过将 IE 寄存器中的 ET0 位置 1 来允许定时器 0 中断，通过将 ET1 位置 1 来允许定时器 1 中断。计数器/定时器 0 有四种工作方式，通过设置计数器/定时器方式寄存器（TMOD）中的方式选择位 T1M1–T0M0 来选择工作方式，每个定时器都可以被独立配置。下面对每种工作方式进行详细说明。

1. 方式 0：13 位计数器/定时器

在方式 0，定时器 0 和定时器 1 被作为 13 位的计数器/定时器使用。图 7-1 给出了定时器 0 工作在方式 0 时的原理框图。下面介绍对定时器 0 的配置和操作。由于这两个定时器在工作上完全相同，定时器 1 的配置过程与定时器 0 一样。

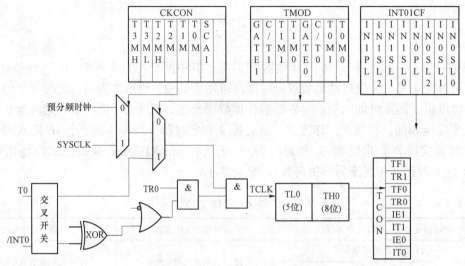

图 7-1　T0 方式 0 原理框图

TH0 寄存器保持 13 位计数器/定时器的 8 个 MSB，TL0 在 TL0.4–TL0.0 位置保持 5 个 LSB。TL0 的高 3 位（TL0.7～TL0.5）是不确定的，在读计数值时应屏蔽掉或忽略这 3 位。作为 13 位定时器寄存器，计到 0x1FFF（全 1）后再计一次将发生溢出，使计数值回到 0x0000，此时定时器溢出标志 TF0（TCON.5）被置位并产生一个中断（如果该中断被允许）。

C/T0 位（TMOD.2）选择计数器/定时器的时钟源。当 C/T0 被设置为逻辑 1 时，出现在所选定时器 0 输入引脚（T0）上的负跳变使定时器寄存器加 1。清除 C/T0 位将选择由 T0M 位（CKCON.3）定义的时钟作为定时器的输入。当 T0M 被置 1 时，定时器 0 的时钟为系统时钟；当 T0M 位被清 0 时，定时器 0 的时钟源由 CKCON（表 7-2）中的时钟分频位定义。

表 7-2　　　　　　　　　　　　　　　（X=任意）

TR0	GATE0	/INT0	计数器/定时器
0	X	X	禁止
1	0	X	允许
1	1	0	禁止
1	1	1	允许

当 GATE0（TMOD.3）为逻辑 0 或输入信号/INT0 有效时（有效电平由 IT01CF 寄存器中的 IN0PL 位定义，见 SFR 定义 9.11），置位 TR0 位（TCON.4）将允许定时器 0 工作。设置 GATE0 为逻辑 1 允许定时器受外部输入信号/INT0 的控制，便于脉冲宽度测量。

2. 方式 1：16 位计数器/定时器

方式 1 的操作与方式 0 完全一样，所不同的是计数器/定时器使用全部 16 位。用与方式

0 相同的方法允许和控制工作在方式 1 的计数器/定时器。

3. 方式 2：自动重装 8 位计数器/定时器

方式 2 将定时器 0 和定时器 1 配置为具有自动重新装入计数初值能力的 8 位计数器/定时器。TL0 保持计数值，而 TH0 保持重载值。当 TL0 中的计数值发生溢出（从全 1 到 0x00）时，定时器溢出标志 TF0（TCON.5）被置位，TH0 中的重载值被重新装入到 TL0。如果中断被允许，在 TF0 被置位时将产生一个中断。TH0 中的重载值保持不变。为了保证第一次计数正确，必须在允许定时器之前将 TL0 初始化为所希望的计数初值。当工作于方式 2 时，定时器 1 的操作与定时器 0 完全相同。

在方式 2，定时器 1 和定时器 0 的配置和控制方法与方式 0 一样。当 GATE0（TMOD.3）为逻辑 0 或输入信号/INT0 有效时（有效电平由 INT01CF 寄存器中的 IN0PL 为定义，见"12.5 外部中断"），置位 TR0 位（TCON.4）将允许定时器 0 工作（图 7–2）。

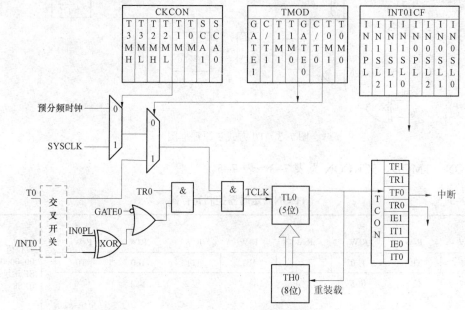

图 7–2　T0 方式 2 原理框图

4. 方式 3：两个独立的 8 位定时器/计数器

在方式 3，定时器 0 被配置两个独立的 8 位定时器/计数器，计数值分别在 TL0 和 TH0 中。在 TL0 中的计数器/定时器使用 TCON 和 TMOD 中定时器 0 的控制/状态位：TR0、C/T0、GATE0 和 TF0。TL0 既可以使用系统时钟也可以使用一个外部输入信号作为时基。TH0 寄存器只能作为定时器使用，由系统时钟或分频时钟提供时基。TH0 使用定时器 1 的运行控制位 TR1，并在发生溢出时将定时器 1 的溢出标志位 TF1 置 1，所以它控制定时器 1 的中断。

定时器 1 在方式 3 时停止运行。在定时器 0 工作于方式 3 时，定时器 1 可以工作在方式 0、1 或 2，但不能用外部信号作为时钟，也不能设置 TF1 标志和产生中断。但是定时器 1 溢出可以用于为 SMBus 和/或 UART 产生波特率，也可以用于启动 ADC 转换。当定时器 0 工作方式 3 时，定时器 1 的运行控制由其方式设置决定。为了在定时器 0 工作于方式 3 时使用定时器 1，应使定时器 1 工作在方式 0、1 或 2，可以通过将定时器 1 切换到方式 3 使其停止运行。

T0 方式 3 原理框图如图 7–3 所示。

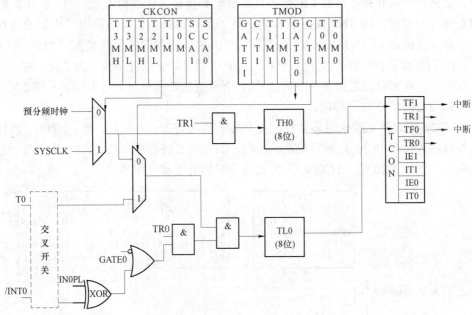

图 7–3　T0 方式 3 原理框图

TCON、TMOD、5CKCON 见表 7–3～表 7–5。

表 7–3　　　　　　　　　　　　　　**TCON：定时器控制寄存器**

R/W	R/W	R/W	R/W	R/W	R/W	R/W	R/W	
TF1	TR1	TF0	TR0	IE1	IT1	IE0	IT0	复位值 00000000 SF 地址： 0X88
位 7	位 6	位 5	位 4	位 3	位 2	位 1	位 0	
							（可位寻址）	

位 7：TF1：定时器 1 溢出标志

　　当定时器 1 溢出时由硬件置位。该位可以用软件清 0，但当 CPU 转向定时器 1 中断服务程序时该位被自动清 0

　　0：未检测到定时器 1 溢出

　　1：定时器 1 发生溢出

位 6：TR1：定时器 1 运行控制

　　0：定时器 1 禁止

　　1：定时器 1 允许

位 5：TF0：定时器 0 溢出标志

　　当定时器 0 溢出时由硬件置位。该位可以用软件清 0，但当 CPU 转向定时器 0 中断服务程序时该位被自动清 0

　　0：未检测到定时器 1 溢出

　　1：定时器 1 发生溢出

位 4：TR0：定时器 0 运行控制

　　0：定时器 0 禁止

　　1：定时器 0 允许

位 3：IE1：外部中断 1

当检测到一个由 IT1 定义的边沿/电平，该标志由硬件置位。该位可以用软件清 0，但当 CPU 转向外边中断 1 中断服务程序时该位被自动清 0（如果 IT1=）。当 IT1=0 时，该标志在/INT1 有效时被置 1（有效电平由 IT01CF 寄存器中的 INIPL 位定义）

位 2：IT1：中断 1 类型选择

该位选择/INT1 中断是边沿触发还是电平触发。可以用 IT01CF 寄存器中的 INIPL 位将/INT1 配置为低电平或高电平有效

0：/INT1 为电平触发

1：/INT1 为边沿触发

位 1：IE0：外部中断 0

当检测到一个由 IT0 定义的边沿/电平时，该标志由硬件置位。该位可以用软件清 0，但当 CPU 转向外部中断 0 中断服务程序时该位被自动清 0（如果 IT0=1）。当 IT0=0 时，该标志在 INT0 有效时被置 1（有效电平由 IT01CF 寄存器中的 INOPL 位定义）

位 0：IT0：中断 0 类型选择

该位选择/INT0 中断是边沿触发还是电平触发。可以用 IT01CF 寄存器中的 IN0PL 位将/INT0 配置为低电平有效或高电平有效

0：/INT0 为电平触发

1：/INT0 为边沿触发

表 7-4　　　　　　　　　　　　　TMOD：定时器方式寄存器

R/W	R/W	R/W	R/W	R/W	R/W	R/W	R/W	复位值 00000000 SFR 地址： 0x89 0
GATE1	C/T1	T1M1	T1M0	GATE0	C/T0	T0M1	T0M0	
位 7	位 6	位 5	位 4	位 3	位 2	位 1	位 0	

位 7：GATE1：定时器 1 门控位

0：当 TR1=1 时定时器 1 工作，与/INT1 的逻辑电平无关

1：只有当 TR=1 并且/INT1 有效时定时器 1 才工作

位 6：C/T1：计数器/定时器 1 功能选择

0：定时器功能：定时器 1 由 T1M 位（CKCON.4）定义的时钟加 1

1：计数器功能：定时器 1 由外部输入引脚（T1）的负跳变加 1

位 5-4：T1M1-T1M0：定时器 1 方式选择

这些位选择定时器 1 的工作方式

T1M1	T1M0	方　　式
0	0	方式 0：13 位计数器/定时
0	1	方式 1：16 位计数器/定时器
1	0	方式 2：自动重装载的 8 位计数器/定时器
1	1	方式 3：定时器 1 停止运行

位 3：GATE0：定时器 0 门控位

0：当 TR0=1 时定时器 0 工作，与/INT0 的逻辑电平无关

1：只有当 TR0=1 并且/INT0 有效时定时器 0 才工作

位 2：C/T0：计数器/定时器 0 功能选择

0：定时器功能：定时器 0 由 T0M 位（CKCON.3）定义的时钟加 1

1：计数器功能：定时器 0 由外部输入引脚（T0）的负跳变加 1

位 1-0：T0M1-T0M0：定时器 0 方式选择

这些位选择定时器 0 的工作方式

续表

T0M1	T0M0	方　式
0	0	方式 0：13 位计数器/定时器
0	1	方式 1：16 位计数器/定时器
1	0	方式 2：自动重装载的 8 位计数器　定时器
1	1	方式 3：两个 8 位计数器/定时器

表 7-5 **CKCON：时钟控制寄存器**

R/W	R/W	R/W	R/W	R/W	R/W	R/W	R/W	复位值 00000000 SFR 地址：0x8E
T3MH	T3ML	T2MH	T2ML	T1M	T0M	SCA1	SCA0	
位 7	位 6	位 5	位 4	位 3	位 2	位 1	位 0	

位 7：T3MH：定时器 3 高字节时钟选择

　　该位选择供给定时器 3 高字节的时钟（如果定时器 3 被配置为两个 8 位定时器）

　　定时器 3 工作在其他方式时该位被忽略

　　0：定时器 3 高字节使用 TMR3CN 中的 T3XCLK 位定义的时钟

　　1：定时器 3 高字节使用系统时钟

位 6：T3ML：定时器 3 低字节时钟选择

　　该位选择供给定时器 3 的时钟。如果定时器 3 被配置为两个 8 位定时器，该位选择供给低 8 位定时器的时钟

　　0：定时器 3 低字节使用 TMR3CN 中的 T3XCLK 位定义的时钟

　　1：定时器 3 低字节使用系统时钟

位 5：T2MH：定时器 2 高字节时钟选择

　　该位选择供给定时器 2 高字节的时钟（如果定时器 2 被配置为两个 8 位定时器）

　　定时器 2 工作在其他方式时该位被忽略

　　0：定时器 2 高字节使用 TMR2CN 中的 T2XCLK 位定义的时钟

　　1：定时器 2 高字节使用系统时钟

位 4：T2ML：定时器 2 低字节时钟选择

　　该位选择供给定时器 2 的时钟。如果定时器 2 被配置为两个 8 位定时器，该位选择供给低 8 位定时器的时钟

　　0：定时器 2 低字节使用 TMR2CN 中的 T2XCLK 位定义的时钟

　　1：定时器 2 低字节使用系统时钟

位 3：T1M：定时器 1 时钟选择

　　该位选定时器 1 的时钟源。当 C/T1 被配置为逻辑 1 时，T1M 被忽略

　　0：定时器 1 使用由分频位（SCA1-SAC0）定义的时钟

　　1：定时器 1 使用系统时钟

位 2：T0M：定时器 0 时钟选择

　　该位选定时器 0 的时钟源。当 C/T0 被配置为逻辑 1 时，T0M 被忽略

　　0：定时器 0 使用由分频位（SCA1-SAC0）定义的时钟

　　1：定时器 1 使用系统时钟

位 1-0：SCA1-SCA0：定时器 0/1 预分频位

　　如果定时器 0/1 被配置为使用分频时钟，则这些位控制时钟分频数

SCA1	S　A	分　频　时　钟
0	0	系统时钟/12
0	1	系统时钟/4
1	0	系统时钟/48
1	1	外部时钟/8

注：外部时钟 8 分频与系统时钟同步。

7.2 定时器 2

定时器 2 是一个 16 位的计数器/定时器，由两个 8 位的 SFR 组成：TMR2L（低字节）和 TMR2H（高字节）。定时器 2 可以工作在 16 位自动重装载方式或 8 位自动重装载方式（两个 8 位定时器）。T2SPLIT 位（TMR2CN.3）定义定时器 2 的工作方式。定时器 2 还可被用于捕捉方式，以测量 smaRTClock 时钟频率或外部振荡器时钟频率。

定时器 2 的时钟源可以是系统时钟、系统时钟/12 或外部振荡源时钟/8。外部振荡源时钟/8 与系统时钟同步。

1. 16 位自动重装载方式

当 T2SPLIT 位（TMR2CN.3）被设置为逻辑 0 时，定时器 2 工作在自动重装载的 16 位定时器方式（图 7-4）。定时器 2 可以使用 SYSCLK、SYSCLK/12 或外部振荡器时钟/8 作为其时钟源。当 16 位定时器寄存器发生溢出（从 0xFFFF 到 0x0000）时，定时器 2 重载寄存器（TMR2RLH 和 TMR2RLL）中的 16 位计数初值被自动装入到定时器 2 寄存器，并将定时器 2 高字节溢出标志 TF2H（TMR2CN.7）置 1。如果定时器 2 中断被允许（如果 IE.5 被置 1），每次溢出都将产生中断。如果定时器 2 中断被允许并且 TF2LEN 位（TMR2CN.5）被置 1，则每次低 8 位（TMR2L）溢出时（从 0xFF 到 0x00）将产生一个中断。

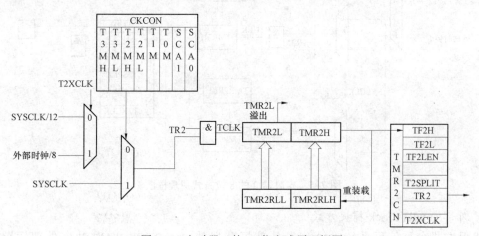

图 7-4 定时器 2 的 16 位方式原理框图

2. 8 位自动重装载定时器方式

当 T2SPLIT 位被置 1 时，定时器 2 工作在双 8 位定时器方式（TMR2H 和 TMR2L）。这两个 8 位定时器都工作在自动重装载方式（图 7-5）。TMR2RLL 保持 TMR2L 的重载值，而 TMR2RLH 保持 TMR2H 的重载值。TMR2CN 中的 TR2 是 TMR2H 的运行控制位。当定时器 2 被配置为 8 位方式时，TMR2L 总是处于运行状态。

每个 8 位定时器都可以被配置为使用 SYSCLK、SYSCLK/12 或外部振荡器时钟/8 作为其时钟源。定时器 2 时钟选择位 T2MH 和 T2ML（位于 CKCON 中）选择 SYSCLK 或由定时器 2 外部时钟选择位（TMR2CN 中的 T2XCLK）定义的时钟源。时钟源的选择情况如下所示：

T2ML	T2XCLK	TMR2L 时钟源	T2MH	T2XCLK	TMR2H 时钟源
0	0	SYSCLK/12	0	0	SYSCLK/12
0	1	外部时钟/8	0	1	外部时钟/8
1	X	SYSCLK	1	X	SYSCLK

当 TMR2H 发生溢出时（从 0xFF 到 0x00），TF2H 被置 1；当 TMR2L 发生溢出时（从 0xFF 到 0x00），TF2L 被置 1。如果定时器 2 中断被允许，则每次 TMR2H 溢出时都将产生一个中断。如果定时器 2 中断被允许并且 TF2LEN 位（TMR2CN.5）被置 1，则每当 TMR2L 或 TMR2H 发生溢出时将产生一个中断。在 TF2LEN 位被置 1 的情况下，软件应检查 TF2H 和 TF2L 标志，以确定中断的来源。TF2H 和 TF2L 标志不能被硬件自动清除，必须通过软件清除。

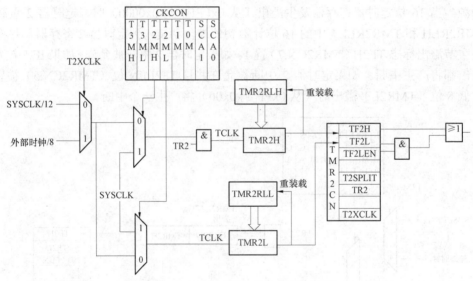

图 7–5　定时器 2 的 8 位方式原理框图

3. 外部/smaRTClock 捕捉方式

捕捉方式允许使用系统时钟测量外部振荡器或 smaRTClock 时钟。外部振荡器和 smaRTClock 时钟也可以互相测量。定时器 2 可以使用系统时钟、系统时钟/12、外部振荡器/8 或 smaRTClock/8 作为其时钟源，由 T2ML（CKCON.4）、T2XCLK 和 T2RCLK 的设置决定。

定时器每 8 个外部时钟周期或每 8 个 smaRTClock 时钟周期捕捉一次，捕捉外部时钟还是 smaRTClock 时钟取决于 T2RCLK 的设置。当捕捉事件发生时，定时器 2 的内容（TMR2H：TMR2L）被装入定时器 2 重装载寄存器（TMR2RLH：TMR2RLL），TF2H 标志被置位。通过计算两个连续的定时器捕捉值的差值，可以确定外部振荡器或 smaRTClock 时钟的周期（相对于定时器 2 时钟）。为获得精确的测量值，定时器 2 的时钟频率应远大于捕捉时钟的频率。当使用捕捉方式时，定时器 2 应被配置为 16 位自动重装载方式（图 7–6）。

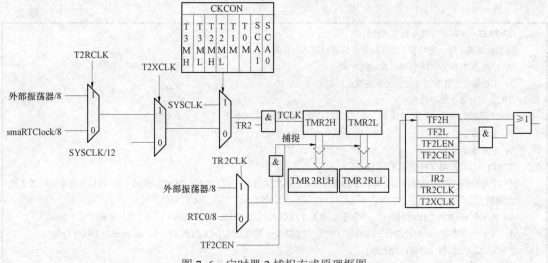

图 7-6　定时器 2 捕捉方式原理框图

例如：如果 T2ML = 1b，T2RCLK = 0b，TF2CEN = 1b，则定时器 2 使用 SYSCLK 作为时钟，每 8 个 smaRTClock 时钟进行一次捕捉。如果 SYSCLK 为 24.5MHz，两次连续捕捉值的差值为 5984，则 smaRTClock 时钟频率为：

$$24.5\text{MHz}/(5984/8)= 0.032\ 754\text{MHz 或 } 32.754\text{kHz}$$

该方式允许软件确定自振荡模式下准确的 smaRTClock 频率，也可用于测量使用 RC 网络产生的外部振荡器信号的频率（表 7-6～表 7-10）。

表 7-6　　　　　　　　　　　TMR2CN：定时器 2 控制寄存器

R/W	R/W	R/W	R/W	R/W	R/W	R/W	R/W	复位值 00000000 SF 地址： 0xC8
TF2H	TF2L	TF2LEN	TF2CEN	T2PLIT	TR2	T2RCLK	T2XCLK	
位 7	位 6	位 5	位 4	位 3	位 2	位 1	位 0	
							（可位寻址）	

位 7：TF2H：定时器 2 高字节溢出标志

当定时器 2 高字节发生溢出时（从 0xFF 到 0x00）由硬件置 1。在 16 位方式，定时器 2 发生溢出时（从 0xFFFF 到 0x0000）由硬件置 1。当定时器 2 中断被允许时，该位置 1 将导致 CPU 转向定时器 2 的中断服务程序。该位不能由硬件自动清 0，必须用软件清 0

位 6：TF2L：定时器 2 低字节溢出标志

当定时器 2 低字节发生溢出时（从 0xFF 到 0x00）由硬件置 1。当定时器 2 中断被允许并且 TF2LEN 位被设置为逻辑 1 时，该位置 1 将产生中断。TF2L 在低字节溢出时置位，与定时器 2 的工作方式无关。该位不能由硬件自动清 0，必须用软件清 0

位 5：TF2LEN：定时器 2 低字节中断允许位

该位允许/禁止定时器 2 低字节中断。如果 TF2LEN 被置 1 且定时器 2 中断被允许（IE.5），则当定时器 2 低字节发生溢出时将产生一个中断。当定时器 2 工作在 16 位方式时，该位应被清 0

0：禁止定时器 2 低字节中断

1：允许定时器 2 低字节中断

位 4：TF2CEN：定时器 2 捕捉使能位

0：禁止定时器 2 捕捉方式

1：使能定时器 2 捕捉方式

位 3：T2SPLIT：定时器 2 双 8 位方式使能位
当该位被置 1 时，定时器 2 工作在双 8 位自动重装载定时器方式
0：定时器 2 工作在 16 位自动重装载方式
1：定时器 2 工作在双 8 位自动重装载定时器方式
位 2：TR2：定时器 2 运行控制
该位允许/禁止定时器 2。在 8 位方式，该位只控制 TMR2H，TMR2L 总是处于运行状态
0：定时器 2 禁止
1：定时器 2 允许
位 1：T2RCLK：定时器 2 捕捉方式位
当 TF2CEN = 1 时，该位控制定时器 2 的捕捉源。如果 T2XCLK = 1 且 T2ML（CKCON.4）=0，该位还控制定时器 2 的时钟源
0：每 8 个 smaRTClock 时钟进行一次捕捉。如果 T2XCLK=1 且 T2ML（CKCON.4）=0，按外部振荡器/8 计数
1：每 8 个外部振荡器时钟进行一次捕捉。如果 T2XCLK=1 且 T2ML（CKCON.4）=0，按 smaRTClock/8 计数
位 0：T2XCLK：定时器 2 外部时钟选择
该位选择定时器 2 的外部时钟源。如果定时器 2 工作在 8 位方式，该位为两个 8 定时器选择外部振荡器时钟源。但仍可用定时器 2 时钟选择位（CKCON 中的 T2MH 和 T2ML）在外部时钟和系统时钟之间做出选择
0：定时器 2 外部时钟为系统时钟/12
1：定时器 2 外部时钟使用 T2RCLK 位定义的时钟

表 7-7　　　　　　　　　　**TMR2RLL：定时器 2 重载寄存器低字节**

R/W	R/W	R/W	R/W	R/W	R/W	R/W	R/W	复位值 00000000
								SFR 地址： 0xCA
位 7	位 6	位 5	位 4	位 3	位 2	位 1	位 0	

位 7~0：TMR2RLL：定时器 2 重载寄存器的低字节

　　TMR2RLL 保持定时器 2 重载值的低字节

表 7-8　　　　　　　　　　**TMR2RLH：定时器 2 重载寄存器高字节**

R/W	R/W	R/W	R/W	R/W	R/W	R/W	R/W	复位值 00000000
								SFR 地址： 0xCB
位 7	位 6	位 5	位 4	位 3	位 2	位 1	位 0	

位 7~0：TMR2RLH：定时器 2 重载寄存器的高字节

　　TMR2RLH 保持定时器 2 重载值的高字节

表 7-9　　　　　　　　　　**TMR2L：定时器 2 低字节**

R/W	R/W	R/W	R/W	R/W	R/W	R/W	R/W	复位值 00000000
								SFR 地址： 0xCC
位 7	位 6	位 5	位 4	位 3	位 2	位 1	位 0	

位 7~0：TMR2L：定时器 2 的低字节

　　在 16 位方式，TMR2L 寄存器保持 16 位定时器 2 的低字节。在 8 位方式，TMR2L 中保持 8 位低字节定时器的计数值

表 7-10　　　　　　　　　　　　　TMR2H：定时器 2 高字节

R/W	R/W	R/W	R/W	R/W	R/W	R/W	R/W	复位值 00000000 SFR 地址：0xCD
位 7	位 6	位 5	位 4	位 3	位 2	位 1	位 0	

位 7-0：TMR2H：定时器 2 的高字节
　　　在 16 位方式，TMR2H 寄存器保持 16 位定时器 2 的高字节。在 8 位方式，TMR2H 中保持 8 位高字节定时器的计数值

7.3 定 时 器 3

定时器 3 是一个 16 位的计数器/定时器，由两个 8 位的 SFR 组成：TMR3L（低字节）和 TMR3H（高字节）。定时器 3 可以工作在 16 位自动重装载方式或 8 位自动重装载方式（两个 8 位定时器）。T3SPLIT 位（TMR3CN.3）定义定时器 3 的工作方式。定时器 3 还可被用于捕捉方式，以测量 smaRTClock 时钟频率或外部振荡器时钟频率。

定时器 3 的时钟源可以是系统时钟、系统时钟/12 或外部振荡源时钟/8。在使用实时时钟（RTC）功能时，外部时钟方式是理想的选择，此时用内部振荡器驱动系统时钟，而定时器 3（和/或 PCA）的时钟由一个精确的外部振荡器提供。注意，外部振荡源时钟/8 与系统时钟同步。

1. 16 位自动重装载方式

当 T3SPLIT 位（TMR3CN.3）被设置为逻辑 0 时，定时器 3 工作在自动重装载的 16 位定时器方式（图 7-7）。定时器 3 可以使用 SYSCLK、SYSCLK/12 或外部振荡器时钟/8 作为其时钟源。当 16 位定时器寄存器发生溢出（从 0xFFFF 到 0x0000）时，定时器 3 重载寄存器（TMR3RLH 和 TMR3RLL）中的 16 位计数初值被自动装入到定时器 3 寄存器，并将定时器 3 高字节溢出标志 TF3H（TMR3CN.7）置 1。如果定时器 3 中断被允许（EIE1.7 被置 1），每次溢出都将产生中断。如果定时器 3 中断被允许并且 TF3LEN 位（TMR3CN.5）被置 1，则每次低 8 位（TMR3L）溢出时（从 0xFF 到 0x00）将产生中断。

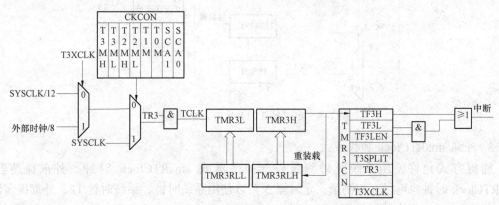

图 7-7　定时器 3 的 16 位方式原理框图

2. 8 位自动重装载定时器方式

当 T3SPLIT 位（TMR3CN.3）被置 1 时，定时器 3 工作双 8 位定时器方式（TMR3H 和 TMR3L）。这两个 8 位定时器都工作在自动重装载方式（图 7-8）。TMR3RLL 保持 TMR3L 的重载值，而 TMR3RLH 保持 TMR3H 的重载值。TMR3CN 中的 TR3 是 TMR3H 的运行控制位。当定时器 3 被配置为 8 位方式时，TMR3L 总是处于运行状态。

每个 8 位定时器都可以被配置为使用 SYSCLK、SYSCLK/12 或外部振荡器时钟/8 作为其时钟源。定时器 3 时钟选择位 T3MH 和 T3ML（位于 CKCON 中）选择 SYSCLK 或由定时器 3 外部时钟选择位（TMR3CN 中的 T3XCLK）定义的时钟源。时钟源的选择情况如下所示：

T3MH	T3XCLK	TMR3H 时钟源		T3ML	T3XCLK	TMR3L 时钟源
0	0	SYSCLK/12		0	0	SYSCLK/12
0	1	分部时钟/8		0	1	分部时钟/8
1	X	SYSCLK		1	X	SYSCLK

当 TMR3H 发生溢出时（从 0xFF 到 0x00），TF3H 被置 1；当 TMR3L 发生溢出时（从 0xFF 到 0x00），TF3L 被置 1。如果定时器 3 中断被允许，则每次 TMR3H 溢出时都将产生一个中断。如果定时器 3 中断被允许并且 TF3LEN 位（TMR3CN.5）被置 1，则每当 TMR3L 或 TMR3H 发生溢出时将产生一个中断。在 TF3LEN 位被置 1 的情况下，软件应检查 TF3H 和 TF3L 标志，以确定中断的来源。TF3H 和 TF3L 标志不能被硬件自动清除，必须通过软件清除（图 7-8）。

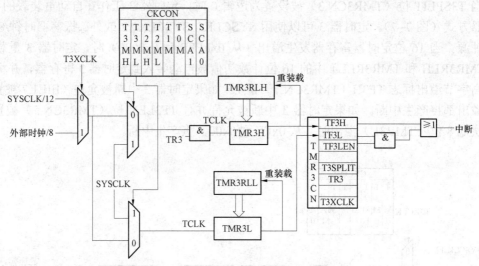

图 7-8　定时器 3 的 8 位方式原理框图

3. 外部/smaRTClock 捕捉方式

捕捉方式允许使用系统时钟测量外部振荡器或 smaRTClock 时钟。外部振荡器和 smaRTClock 时钟也可以互相测量。定时器 3 可以使用系统时钟、系统时钟/12、外部振荡器/8 或 smaRTClock/8 作为其时钟源，由 T3ML（CKCON.6）、T3XCLK 和 T3RCLK 的设置决定。定时器每 8 外部时钟周期或每 8 个 smaRTClock 时钟周期捕捉一次，捕捉外部时钟还是

smaRTClock 时钟取决于 T3RCLK 的设置。当捕捉事件发生时，定时器 3 的内容（TMR3H：TMR3L）被装入定时器 3 重装载寄存器（TMR3RLH：TMR3RLL），TF3H 标志被置位。通过计算两个连续的定时器捕捉值的差值，可以确定外部振荡器或 smaRTClock 时钟的周期（相对于定时器 3 时钟）。为获得精确的测量值，定时器 3 的时钟频率应远大于捕捉时钟的频率。当使用捕捉方式时，定时器 3 应被配置为 16 位自动重装载方式（图 7-9）。

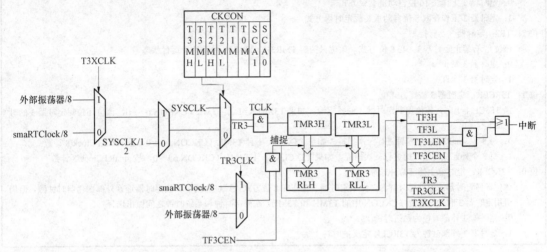

图 7-9　定时器 3 捕捉方式原理框图

例如：如果 T3ML = 1b，T3RCLK = 0b，TF3CEN = 1b，则定时器 3 使用 SYSCLK 作为时钟，每 8 个 smaRTClock 时钟进行一次捕捉。如果 SYSCLK 为 24.5MHz，两次连续捕捉值的差值为 5984，则 smaRTClock 时钟频率为

$$24.5MHz/(5984/8)=0.032\ 754MHz\ 或\ 32.754kHz$$

该方式允许软件确定自振荡模式下准确的 smaRTClock 频率，也可用于测量使用 RC 网络产生的外部振荡器信号的频率（表 7-11～表 7-15）。

表 7-11　　　　　　　　　　　　　TMR3CN：定时器 3 控制寄存器

R/W	R/W	R/W	R/W	R/W	R/W	R/W	R/W	复位值 0000000： SFR 地址： 0x91
TF3H	TF3L	TFLEN	TF3CEN	T3SPLIT	TR3	—	T3XCLK	
位 7	位 6	位 5	位 4	位 3	位 2	位 1	位 0	

位 7：TF3H：定时器 3 高字节溢出标志
　　当定时器 3 高字节发生溢出时（从 0xFF 到 0x00）由硬件置 1。在 16 位方式，当定时器 3 发生溢出时（从 0xFFFF 到 0x0000）由硬件置 1。当定时器 3 中断被允许时，该位置 1 将导致 CPU 转向定时器 3 的中断服务程序。该位不能由硬件自动清 0，必须用软件清 0
位 6：TF3L：定时器 3 低字节溢出标志
　　当定时器 3 低字节发生溢出时（从 0xFF 到 0x00）由硬件置 1。当定时器 3 中断被允许并且 TF3LEN 位被设置位逻辑 1 时，该位置 1 将产生中断。TF3L 在低字节溢出时置位，与定时器 3 的工作方式无关。该位不能由硬件自动清 0。
位 5：TF3LEN：定时器 3 低字节中断允许位
　　该位允许/禁止定时器 3 低字节中断。如果 TF3LEN 被置 1 并且定时器 3 中断被允许，则当定时器 3 低字节发生溢出时将产生一个中断。当定时器 3 工作在 16 位方式时，该位应被清 0
　　0：禁止定时器 3 低字节中断
　　1：允许定时器 3 低字节中断

位 4：TF3CEN：定时器 3 捕捉使能位

　　0：禁止定时器 3 捕捉方式

　　1：使能定时器 3 捕捉方式

位 3：T3SPLIT1：定时器 3 双 8 位方式允许位

　　当该位被置 1 时，定时器 3 工作在双 8 位自动重装载定时器方式

　　0：定时器 3 工作在 16 位自动重装载方式

　　1：定时器 3 工作在双 8 位自动重装载定时器方式

位 2：TR3：定时器 3 运行控制

　　该位允许/禁止定时器 3。在 8 位方式，该位只控制 TMR3H，TMR3L 总是处于运行状态

　　0：定时器 3 禁止

　　1：定时器 3 允许

位 1：T3RCLK：定时器 3 捕捉方式位

　　当 TF3CEN=1 时，该位控制定时器 3 的捕捉源。如果 T3XCLK=1 且 T3ML（CKCON.6）=0，该位还控制定时器 3 的时钟源

　　0：每 8 个 smaRTClock 时钟进行一次捕捉。如果 T3XCLK=1 且 T3ML（CKCON.6）=0，按 smaRTClock/8 计数

　　1：每 8 个外部振荡时钟进行一次捕捉。如果 T3XCLK=1 且 T3ML（CKCON.6）=0，按 smaRTClock/8 计数

位 0：T3XCLK：定时器 3 外部时钟选择

　　该位选定定时器 3 的外部时钟源。如果定时器 3 工作在 8 位方式，该位为两个 8 位定时器选择外部振荡器时钟源。但仍可用定时器 3 时钟选择位（CKCON 中的 T3MH 和 T3ML）在外部时钟和系统时钟之间做出选择

　　0：定时器 3 外部时钟为系统时钟/12

　　1：定时器 3 外部时钟为 T3RCLK 定义的时钟

表 7-12　　　　　　　　　　　TMR3RLL：定时器 3 重载寄存器低字节

R/W	R/W	R/W	R/W	R/W	R/W	R/W	R/W	复位值 00000000 SFR 地址： 0x92
位 7	位 6	位 5	位 4	位 3	位 2	位 1	位 0	

位 7-0：TMR3RLL：定时器 3 重载寄存器的低字节

　　TMR3RLL 保存定时器 3 重装值的低字节

表 7-13　　　　　　　　　　　TMR3RLH：定时器 3 重载寄存器高字节

R/W	R/W	R/W	R/W	R/W	R/W	R/W	R/W	复位值 00000000 SFR 地址： 0x93
位 7	位 6	位 5	位 4	位 3	位 2	位 1	位 0	

位 7-0：TMR3RLH：定时器 3 重装寄存器的高字节

　　TMR3RLH 保存定时器 3 重载值的高字节

表 7-14　　　　　　　　　　　TMR3L：定时器 3 低字节

R/W	R/W	R/W	R/W	R/W	R/W	R/W	R/W	复位值 00000000 SFR 地址： 0x94
位 7	位 6	位 5	位 4	位 3	位 2	位 1	位 0	

位 7-0：TMR3L：定时器 3 的低字节

　　在 16 位方式，TMR3L 寄存器保持 16 位定时器 3 的低字节。在 8 位方式，TMR3L 中保持 8 位低字节定时器的计数值

表 7–15   TMR3H：定时器 3 高字节

R/W	R/W	R/W	R/W	R/W	R/W	R/W	R/W	复位值 00000000 SFR 地址： 0x95
位 7	位 6	位 5	位 4	位 3	位 2	位 1	位 0	

位 7–0：TMR3H：定时器 3 的高字节。

在 16 位方式，TMR3H 寄存器保持 16 位定时器 3 的高字节。在 8 位方式，TMR3H 中保持 8 位高字节定时器的计数值

7.4 可编程计数器阵列

可编程计数器阵列（PCA0）提供增强的定时器功能，与标准 8051 的计数器/定时器相比，它只需要较少的 CPU 干预。PCA 由一个专用的 16 位计数器/定时器和 6 个 16 位捕捉/比较模块组成。每个捕捉/比较模块有其自己的 I/O 线（CEXn），这些 I/O 线在被使能时可通过交叉开关连到端口 I/O。计数器/定时器由一个可编程的时基信号驱动，时基信号可以在 7 个时钟源中选择：系统时钟、系统时钟/4、系统时钟/12、外部振荡器时钟/8、smaRTClock 时钟/8、定时器 0 溢出或 ECI 输入引脚上的外部时钟信号。每个捕捉/比较模块都有六种工作方式：边沿触发捕捉、软件定时器、高速输出、频率输出、8 位 PWM 和 16 位 PWM。每个捕捉/比较模块的工作方式都可以被独立配置。对 PCA 的配置和控制是通过系统控制器的特殊功能寄存器来实现的。PCA 的原理框图如图 7–10 所示。

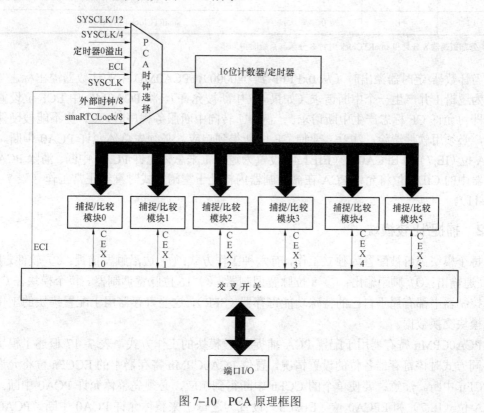

图 7–10　PCA 原理框图

注意：PCA 的模块 5 可被用作看门狗定时器（WDT），在系统复位后即被使能为该方式。在看门狗方式被使能时，对某些寄存器的访问受到限制，详见相关章节。

7.4.1　PCA 计数器/定时器

16 位的 PCA 计数器/定时器由两个 8 位的 SFR 组成：PCA0L 和 PCA0H。PCA0H 是 16 位计数器/定时器的高字节（MSB），而 PCA0L 是低字节（LSB）。在读 PCA0L 时，"瞬象寄存器"自动锁存 PCA0H 的值，随后读 PCA0H 时将访问这个"瞬象寄存器"而不是 PCA0H 本身。先读 PCA0L 寄存器可以保证正确读取整个 16 位 PCA0 计数器的值。读 PCA0H 或 PCA0L 不影响计数器工作。PCA0MD 寄存器中的 CPS2–CPS0 位用于选择 PCA 计数器/定时器的时基，见表 7–16。

表 7–16　　　　　　　　　　　　　　PCA 时 基 输 入 选 择

CPS2	CPS1	CPS0	时　间　基　准
0	0	0	系统时钟的 12 分频
0	0	1	系统时钟的 4 分频
0	1	0	定时器 0 溢出
0	1	1	ECI 下降沿（最大速率 = 系统时钟频率/4）
1	0	0	系统时钟
1	0	1	外部振荡器 8 分频[①]
1	1	0	smaRTClock 时钟 8 分频[①]

① 外部振荡器 8 分频和 smaRTClock 时钟 8 分频与系统时钟同步。

当计数器/定时器溢出时（从 0xFFFF 到 0x0000），PCA0MD 中的计数器溢出标志（CF）被置为逻辑 1 并产生一个中断请求（如果 CF 中断被允许）。将 PCA0MD 中 ECF 位设置为逻辑 1 即可允许 CF 标志产生中断请求。当 CPU 转向中断服务程序时，CF 位不能被硬件自动清除，必须用软件清除。注意，要使 CF 中断得到响应，必须先总体允许 PCA0 中断。通过将 EA 位（IE.7）和 EPCA0 位（EIE1.4）设置为逻辑 1 来总体允许 PCA0 中断。清除 PCA0MD 寄存器中的 CIDL 位将允许 PCA 在微控制器内核处于空闲方式时继续正常工作（表 7–16 和图 7–11）。

7.4.2　捕捉/比较模块

每个模块都可被配置为独立工作，有六种工作方式：① 边沿触发捕捉；② 软件定时器；③ 高速输出；④ 频率输出；⑤ 8 位脉宽调制器；⑥ 16 位脉宽调制器。每个模块在 CIP–51 系统控制器中都有属于自己的特殊功能寄存器（SFR），这些寄存器用于配置模块的工作方式和与模块交换数据。

PCA0CPMn 寄存器用于配置 PCA 捕捉/比较模块的工作方式，表 7–17 概述了模块工作在不同方式时该寄存器各位的设置情况。置位 PCA0CPMn 寄存器中的 ECCFn 位将允许模块的 CCFn 中断。注意：要使单个的 CCFn 中断得到响应，必须先整体允许 PCA0 中断。通过将 EA 位（IE.7）和 EPCA0 位（EIE1.3）设置为逻辑 1 来整体允许 PCA0 中断。PCA0 中断配置的详细信息如图 7–12 所示。

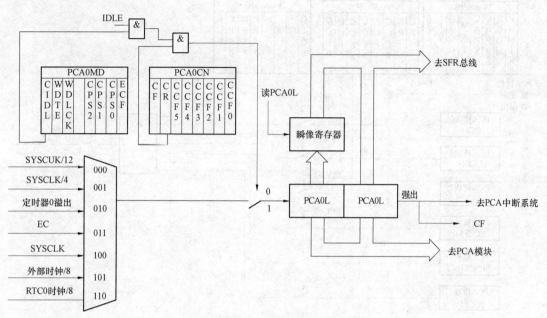

图 7–11　PCA 计数器/定时器原理框图

表 7–17　　　　　　　　　PCA 捕捉/比较模块的 PCA0CPMn 寄存器设置

PWM16	ECOM	CAPP	CAPN	MAT	TOG	PWM	ECCF	工作方式
X	X	1	0	0	0	0	X	用 CEXn 的正沿触发捕捉
X	X	0	1	0	0	0	X	用 CEXn 的负沿触发捕捉
X	X	1	1	0	0	0	X	用 CEXn 的跳变触发捕捉
X	1	0	0	1	0	0	X	软件定时器
X	1	0	0	1	1	0	X	高速输出
X	1	0	0	X	1	1	X	频率输出
0	1	0	0	X	0	1	X	8 位脉冲宽度调制器
1	1	0	0	X	0	1	X	16 位脉冲宽度调制器

1. 边沿触发的捕捉方式

在该方式，CEXn 引脚上出现的电平跳变导致 PCA 捕捉 PCA 计数器/定时器的值并将其装入到对应模块的 16 位捕捉/比较寄存器（PCA0CPLn 和 PCA0CPHn）。PCA0CPMn 寄存器中的 CAPPn 和 CAPNn 位用于选择触发捕捉的电平变化类型：低电平到高电平（正沿）、高电平到低电平（负沿）或任何变化（正沿或负沿）。当捕捉发生时，PCA0CN 中的捕捉/比较标志（CCFn）被置为逻辑 1 并产生一个中断请求（如果 CCF 中断被允许）。当 CPU 转向中断服务程序时，CCFn 位不能被硬件自动清除，必须用软件清 0。如果 CAPPn 和 CAPNn 位都被设置为逻辑 1，可以通过直接读 CEXn 对应端口引脚的状态来确定本次捕捉是由上升沿触发还是由下降沿触发（图 7–13）。

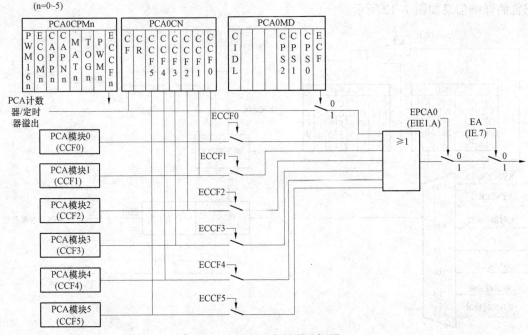

图 7-12　PCA 中断原理框图

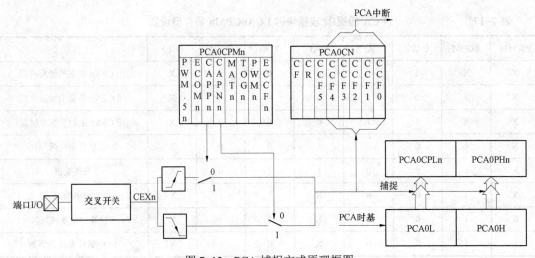

图 7-13　PCA 捕捉方式原理框图

注意：CEXn 输入信号必须在高电平或低电平期间至少保持两个系统时钟周期，以保证能够被硬件识别。

2. 软件定时器方式

软件定时器方式也称为比较器方式。在该方式，PCA 将计数器/定时器的计数值与模块的 16 位捕捉/比较寄存器（PCA0CPHn 和 PCA0CPLn）进行比较。当发生匹配时，PCA0CN 中的捕捉/比较标志（CCFn）被置为逻辑 1 并产生一个中断请求（如果 CCF 中断被允许）。当 CPU 转向中断服务程序时，CCFn 位不能被硬件自动清除，必须用软件清 0。置位 PCA0CPMn 寄存器中的 ECOMn 和 MATn 位将使能软件定时器方式。PCA 软件定时器方式原理框图如图 7-14 所示。

注意，当向 PCA0 的捕捉/比较寄存器写入一个 16 位数值时，应先写低字节。向 PCA0CPLn 的写入操作将 ECOMn 位清 0；向 PCA0CPHn 写入时将 ECOMn 位置 1。

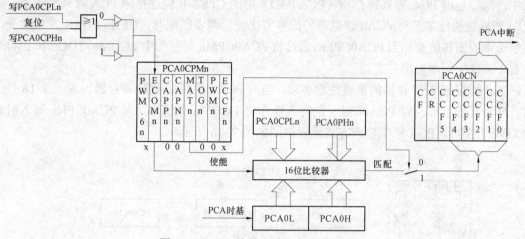

图 7-14　PCA 软件定时器方式原理框图

3. 高速输出方式

在高速输出方式，每当 PCA 计数器与模块的 16 位捕捉/比较寄存器（PCA0CPHn 和 PCA0CPLn）发生匹配时，模块的 CEXn 引脚上的逻辑电平将发生变化。置位 PCA0CPMn 寄存器中的 TOGn、MATn 和 ECOMn 位将使能高速输出方式（图 7-15）。

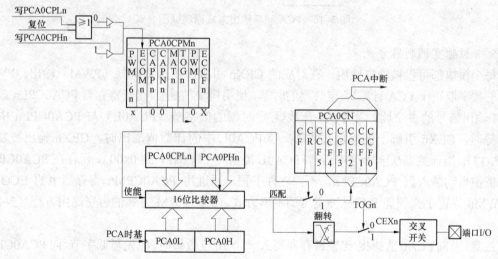

图 7-15　PCA 高速输出方式原理框图

注意：当向 PCA0 的捕捉/比较寄存器写入一个 16 位数值时，应先写低字节。向 PCA0CPLn 的写入操作将 ECOMn 位清 0；向 PCA0CPHn 写入时将 ECOMn 位置 1。

4. 频率输出方式

频率输出方式可在 CEXn 引脚产生可编程频率的方波。捕捉/比较模块的高字节保持输出电平改变前要计的 PCA 时钟数。所产生的方波的频率由方程式（7-1）定义：

$$F_{CEXn} = \frac{F_{PCA}}{2 \times PCA0CPHn} \qquad (7-1)$$

注：对于该方程，PCA0CPHn 中的值为 0x00 时，相当于 256。方程式（7-1）方波输出频率。

式中，F_{PCA} 是由 PCA 方式寄存器（PCA0MD）中的 CPS2-0 位选择的 PCA 时钟的频率。捕捉/比较模块的低字节与 PCA0 计数器的低字节比较；两者匹配时，CEXn 的电平发生改变，高字节中的偏移值被加到 PCA0CPLn。通过将 PCA0CPMn 寄存器中 ECOMn、TOGn 和 PWMn 位置 1 来使能频率输出方式。

关于捕捉/比较寄存器的重要注意事项：当向 PCA0 的捕捉/比较寄存器写入一个 16 位值时，应先写低字节。向 PCA0CPLn 的写入操作将 ECOMn 位清 0；向 PCA0CPHn 写入时将 ECOMn 位置 1。PCA 频率输出方式原理框图如图 7-16 所示。

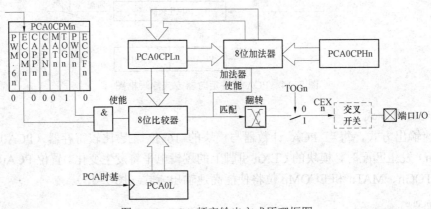

图 7-16　PCA 频率输出方式原理框图

5. 8 位脉宽调制器方式

每个模块都可以被独立地用于在对应的 CEXn 引脚产生脉宽调制（PWM）输出。PWM 输出的频率取决于 PCA 计数器/定时器的时基。使用模块的捕捉/比较寄存器 PCA0CPLn 改变 PWM 输出信号的占空比。当 PCA 计数器/定时器的低字节（PCA0L）与 PCA0CPLn 中的值相等时，CEXn 引脚上的输出被置 1；当 PCA0L 中的计数值溢出时，CEXn 输出被复位（图 7-17）。当计数器/定时器的低字节 PCA0L 溢出时（从 0xFF 到 0x00），保存在 PCA0CPHn 中的值被自动装入到 PCA0CPLn，不需软件干预。通过将 PCA0CPMn 寄存器中的 ECOMn 和 PWMn 位置 1 来使能 8 位脉冲宽度调制器方式。8 位 PWM 方式的占空比由方程（7-2）给出。

注意：当向 PCA0 的捕捉/比较寄存器写入一个 16 位数值时，应先写低字节。向 PCA0CPLn 的写入操作将 ECOMn 位清 0；向 PCA0CPHn 写入时将 ECOMn 位置 1。占空比为：

$$占空比 = \frac{(256 - PCA0CPHn)}{256} \qquad (7-2)$$

由方程式（7-2）可知，最大占空比为 100%（PCA0CPHn = 0），最小占空比为 0.39%（PCA0CPHn = 0xFF）。可以通过清除 ECOMn 位产生 0% 的占空比。

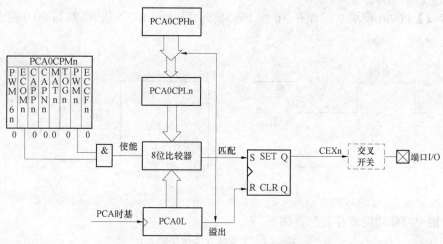

图 7-17　PCA 的 8 位 PWM 方式原理框图

6. 16 位脉宽调制器方式

PCA 模块还可被配置为工作在 16 位 PWM 方式。在该方式下，16 位捕捉/比较模块定义 PWM 信号低电平时间的 PCA 时钟数。当 PCA 计数器与模块的值匹配时，CEXn 的输出被置为高电平；当计数器溢出时，CEXn 输出被置为低电平。为了输出一个占空比可变的波形，新值的写入应与 PCA 的 CCFn 匹配中断同步。通过将 PCA0CPMn 寄存器中的 ECOMn、PWMn 和 PWM16n 位置 1 来使能 16 位 PWM 方式。为了得到可变的占空比，应允许匹配中断（ECCFn = 1 并且 MATn = 1），以同步对捕捉/比较寄存器的写操作。16 位 PWM 方式的占空比由方程式（7-3）给出。

注意：当向 PCA0 的捕捉/比较寄存器写入一个 16 位数值时，应先写低字节。向 PCA0CPLn 的写入操作将 ECOMn 位清 0；向 PCA0CPHn 写入时将 ECOMn 位置 1。

$$占空比 = \frac{(65\,536 - PCA0CPn)}{65\,536} \qquad (7-3)$$

方程式（7-3）为 16 位 PWM 占空比（图 7-18）。由方程式（7-3）可知，最大占空比为 100%（PCA0CPn = 0），最小占空比为 0.0015%（PCA0CPn = 0xFFFF）。可以通过将 ECOMn 位清 0 产生 0% 的占空比。

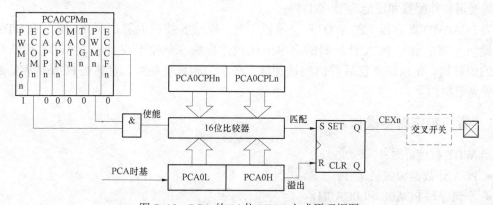

图 7-18　PCA 的 16 位 PWM 方式原理框图

【**例 7–1**】PCA0 模块 0 工作在 16 位 PWM 方式驱动 LED，从 IO 端口 P0.0 输出方波脉冲（图 7–19）。

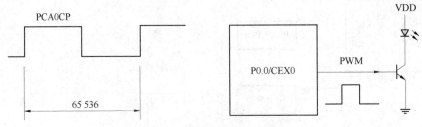

图 7-19　从 P0.0 口输出方波

（1）相关特殊功能寄存器配置如下：

P0MDIN | = 0x01;   //P0.0 为数字输入

P0MDOUT | = 0x01;   //P0.0 为推挽输出

XBR1 & = ~0x07;

XBR1 | = 0x01;   //CEX0 输出到 P0.0

XBR1 | = 0x40;   //使能 CrossBar，P0.0 连接 CEX0

（2）初始化 PCA0，设置 PCA0CN、PCA0MD、PCA0CPM0：

PCA0CN | = 0x40;   //允许 PCA 定时器/计数器

PCA0MD & = ~0x40;   //禁止看门狗

PCA0MD | = 0x04;   //系统时钟

PCA0CPM0 = 0xC2;   //16 位 PWM 脉宽调制

用 C8051F410 单片机内带的 12 位 A/D 测 P1.1 脚电压，测试结果通过 UART 输出到 PC 显示。

7.5　看门狗定时器方式

通过 PCA 的模块 5 可以实现可编程看门狗定时器（WDT）功能。如果两次对 WDT 更新寄存器（PCA0CPH5）的写操作相隔的时间超过规定的极限，WDT 将产生一次复位。可以根据需要用软件配置和使能/禁止 WDT。

当 PCA0MD 寄存器中的 WDTE 位被置 1 时，模块 5 被作为看门狗定时器（WDT）使用。模块 5 高字节与 PCA 计数器的高字节比较；模块 5 低字节保持执行 WDT 更新时要使用的偏移值。在系统复位后看门狗被使能。在看门狗被使能时，对某些 PCA 寄存器的写操作受到限制。

7.5.1　看门狗定时器操作

当 WDT 被使能时：

- PCA 计数器被强制运行；
- 不允许写 PCA0L 和 PCA0H；
- PCA 时钟源选择位（CPS2–CPS0）被冻结；

- PCA 等待控制位（CIDL）被冻结；
- 模块 5 被强制进入软件定时器方式；
- 对模块 5 方式寄存器（PCA0CPM5）的写操作被禁止。

当 WDT 被使能时，写 CR 位并不改变 PCA 计数器的状态；计数器将一直保持运行状态，直到 WDT 被禁止。如果 WDT 被使能，但用户软件没有使能 PCA 计数器，则读 PCA 运行控制（CR）位时将返回 0。如果在 WDT 被使能时 PCA0CPH5 和 PCA0H 发生匹配，则系统将被复位。为了防止 WDT 复位，需要通过写 PCA0CPH5 来更新 WDT（写入值可以是任意值）。在写 PCA0CPH5 时，PCA0H 的值加上 PCA0CPL5 中保存的偏移值后被装入到 PCA0CPH5（图 7–20）。

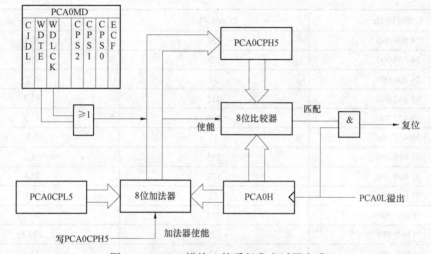

图 7–20　PCA 模块 5 的看门狗定时器方式

保存在 PCA0CPH5 中的 8 位偏移值与 16 位 PCA 计数器的高字节进行比较，该偏移值是复位前 PCA0L 的溢出次数。PCA0L 的第一次溢出周期取决于进行更新操作时 PCA0L 的值，最长可达 256 个 PCA 时钟。总偏移值（PCA 时钟数）由方程 7–4 给出，其中 PCA0L 是执行更新操作时 PCA0L 寄存器的值。

$$偏移值 = (256 \times PCA0PL5) + (256 - PCA0L) \tag{7–4}$$

方程式（7–4）看门狗定时器偏移值（PCA 时钟数）当 PCA0L 发生溢出并且 PCA0CPH5 和 PCA0H 匹配时，WDT 将产生一次复位。在 WDT 被使能的情况下，软件可以通过向 CCF5 标志（PCA0CN.2）写 1 来强制产生 WDT 复位。

7.5.2　看门狗定时器使用

配置 WDT 的步骤如下：

- 通过向 WDTE 位写 0 来禁止 WDT；
- 选择 PCA 时钟源（用 CPS2–0 位）；
- 向 PCA0CPL5 装入所希望的 WDT 更新偏移值；
- 配置 PCA 的空闲方式位（如果希望在 CPU 处于空闲方式时 WDT 停止工作，则应将 CIDL 位置 1）；

● 通过向 WDTE 位写 1 来使能 WDT。

在 WDT 被使能时，不能改变 PCA 时钟源和空闲方式的设置值。通过向 PCA0MD 寄存器的 WDTE 或 WDLCK 位写 1 来使能 WDT。当 WDLCK 被置 1 时，在发生下一次系统复位之前将不能禁止 WDT。如果 WDCLK 未被置 1，清除 WDTE 位将禁止 WDT。

WDT 在任何一次系统复位之后都被设置为使能状态。PCA0 计数器的缺省时钟为系统时钟的十二分频（SYSCLK/12）。PCA0L 和 PCA0CPL5 的缺省值均为 0x00，因此 WDT 的超时间隔为 256 个 PCA 时钟周期或 3072 个系统时钟周期。表 7–18 列出了对应某些典型系统时钟频率的超时间隔。

表 7–18　　　　　　　　　　看门狗定时器超时间隔

系统时钟/Hz	PCA0CPL2	超时间隔/ms
24 500 000	255	32.1
24 500 000	128	16.2
24 500 000	32	4.1
18 432 000	255	42.7
18 432 000	128	21.5
18 432 000	32	5.5
11 059 200	255	71.1
11 059 200	128	35.8
11 059 200	32	9.2
3 062 500	255	257
3 062 500	128	129.5
3 062 500	32	33.1
191 406^2	255	4109
191 406^2	128	2070
191 406^2	32	530
32 000	255	24 576
32 000	128	12 384
32 000	32	3168

注：1. 假设 PCA 使用 SYSCLK/12 作为时钟源，更新时，PCA0L 的值为 0x00。

　　 2. 内部振荡器复位频率。

PCA 寄存器说明：下面对与 PCA 工作有关的特殊功能寄存器进行详细说明（表 7–19～表 7–25）。

表 7–19　　　　　　　　　　PCA0CN：PCA 控制寄存器

R/W	R/W	R/W	R/W	R/W	R/W	R/W	R/W	复位值 00000000 SFR 地址: 0xD8
CF	CR	CCF5	CCF4	CCF3	CCF2	CCF1	CCF0	
位 7	位 6	位 5	位 4	位 3	位 2	位 1	位 0	
							（可位寻址）	

位 7：　CF：PCA 计数器/定时器溢出标志
当 PCA 计数器/定时器从 0xFFFF 到 0x0000 溢出时由硬件置位。在计数器/定时器溢出（CF）中断被允许时，该位置 1
将导致 CPU 转向 PCA 中断服务程序
该位不能由硬件自动清 0，必须用软件清 0

位 6：CR：PCA 计数器/定时器运行控制
该位允许/禁止 PCA 计数器/定时器
0：禁止 PCA 计数器/定时器
1：允许 PCA 计数器/定时器

位 5：CCF5：PCA 模块 5 捕捉/比较标志
在发生一次匹配或捕捉时该位由硬件置位。当 CCF5 中断被允许时，该位置 1 将导致 CPU 转向 PCA 中断服务程序。该
位不能由硬件自动清 0，必须用软件清 0

位 4：CCF4：PCA 模块 4 捕捉/比较标志
在发生一次匹配或捕捉时该位由硬件置位。当 CCF4 中断被允许时，该位置 1 将导致 CPU 转向 PCA 中断服务程序。该
位不能由硬件自动清 0，必须用软件清 0

位 3：CCF3：PCA 模块 3 捕捉/比较标志
在发生一次匹配或捕捉时该位由硬件置位。当 CCF3 中断被允许时，该位置 1 将导致 CPU 转向 PCA 中断服务程序。该
位不能由硬件自动清 0，必须用软件清 0

位 2：CCF2：PCA 模块 2 匹配或捕捉时该位由硬件置位。当 CCF2 中断被允许时，该位置 1 将导致 CPU 转向 PCA 中断服务
程序。该位不能由硬件自动清 0，必须用软件清 0

位 1：CCF1：PCA 模块 1 捕捉/比较标志
在发生一次匹配或捕捉时该位由硬件置位。当 CCF1 中断被允许时，该位置 1 将导致 CPU 转向 PCA 中断服务程序。该
位不能由硬件自动清 0，必须用软件清 0

位 0：CCF0：PCA 模块 0 捕捉/比较标志
在发生一次匹配或捕捉时该位由硬件置位。当 CCF0 中断被允许时，该位置 1 将导致 CPU 转向 PCA 中断服务程序。该
位不能由硬件自动清 0，必须用软件清 0

表 7–20　　　　　　　　　　　　PCA0MD：PCA 方式寄存器

R/W	R/W	R/W	R/W	R/W	R/W	R/W	R/W	复位值 00000000 SFR 地址：0xD9
CIDL	WDTE	WDLCK	–	CPS2	CPS1	CPS0	ECF	
位 7	位 6	位 5	位 4	位 3	位 2	位 1	位 0	

位 7：CIDL：PCA 计数器/定时器等待控制
设置 CPU 空闲方式下的 PCA 工作方式
0：当系统控制器处于空闲方式，PCA 继续正常工作
1：当系统控制器处于空闲方式时，PCA 停止工作

位 6：WDTE：看门狗定时器使能位
如果该位被置 1，PCA 模块 5 被用作看门够定时器
0：看门够定时器被禁止
1：PCA 模块 5 被用作看门狗定时器

位 5：WDLCK：看门狗定时器锁定
该位对看门够定时器使能位锁定/解锁。当 WDLCK 被置 1 时，在发生下一次系统复位之前将不能禁止 WDT
0：看门狗定时器使能位未被锁定
1：锁定看门狗定时器使能位

位 4：未用。读=0b，写=忽略

位 3–1：CPS2–CPS0：PCA 计数器/定时器时钟选择
这些位选择 PCA 计数器的时钟源

CPS2	CPS1	CPS0	时　钟　源
0	0	0	系统时钟的 12 分频
0	0	1	系统时钟的 4 分频
0	1	0	定时器 0 溢出
0	1	1	ECI 负跳变（最大速率=系统时钟频率/4）
1	0	0	系统时钟
1	0	1	外部时钟的 8 分频
1	1	0	smaRTClock 时钟的 8 分频
1	1	1	保留

注：外部振荡器 8 分频和 smaRTClock 时钟的 8 分频与系统时钟同步

位 0：ECF：PCA 计数器/定时器溢出中断允许

　　该位是 PCA 计数器/定时器溢出（CF）中断的屏蔽位

　　0：禁止 CF 中断

　　1：当 CF（PCA0CN.7）被置位时，允许 PCA 计数器/定时器溢出的中断请求

注：当 WDTE 位被置 1 时，不能改变 PCA0MD 寄存器的值。若要改变 PCA0MD 的内容，必须先禁止看门狗定时器

表 7-21　　　　　　　　　　　　　PCA0CPMn：PCA 捕捉/比较寄存器

R/W	R/W	R/W	R/W	R/W	R/W	R/W	R/W	复位值 000000
PWM16n	ECOMn	CAPPn	CPAPNn	MATn	TOGn	PWMn	ECCFn	
位 7	位 6	位 5	位 4	位 3	位 2	位 1	位 0	

PCA0CPMn 地址：PCA0CPM0：0XDA，PCA0CPM1：0XDB，PCA0CPM2：0xDC

　　　　　　　PCA0CPM3：0XDD，PCA0CPM4：0XDE，PCA0CPM5：0xDC

位 7：PWM16n：16 位脉冲宽度调制使能

　　当脉冲宽度调制方式被使能时（PWMn=1），该位选择 16 位方式

　　0：选择 8 位 PWM

　　1：选择 16 位 PWM

位 6：ECOMn：比较器功能使能

　　该位使能/禁止 PCA 模块 n 的比较器功能

　　0：禁止

　　1：使能

位 5：CAPPn：正沿捕捉功能使能

　　该位使能/禁止 PCA 模块 n 的正边沿捕捉

　　0：禁止

　　1：使能

位 4：CAPNn：负沿捕捉功能使能

　　该位使能/禁止 PCA 模块 n 的负变沿捕捉

　　0：禁止

　　1：使能

位 3：MATn：匹配功能使能

　　该位使能/禁止 PCA 模块 n 的匹配功能。如果被使能，当 PCA 计数器与一个模块的捕捉/比较寄存器匹配时，PCA0MD 寄存器中的 CCFn 位被置

> 0：禁止
> 1：使能
位 2：TOGn：电平切换功能使能
　　该位使能/禁止 PCA 模块 n 的电平切换功能。如果被使能，当 PCA 计数器与一个模块的捕捉/比较寄存器匹配时，CEXn 引脚的逻辑电平发生切换。如果 PWMn 位也被置 1，模块将工作在频率输出方式
　　0：禁止
　　1：使能
位 0：ECCFn：捕捉/比较标志中断允许
　　该位设置捕捉/比较标志（CCFn）的中断屏蔽
　　0：禁止 CCFn 中断
1：当 CCFn 位被置 1 时，允许捕捉/比较标志的中断请求

表 7-22　　　　　　　　　　　　　　　　　PCA0L：PCA 计数器/定时器低字节

R/W	R/W	R/W	R/W	R/W	R/W	R/W	R/W	复位值 00000000 SFR 地址
位 7	位 6	位 5	位 4	位 3	位 2	位 1	位 0	

位 7-0：PCA0L：PCA 计数器/定时器的低字节
　　PCA0L 寄存器保存 16 位 PCA 计数器/定时器的低字节（LSB）

表 7-23　　　　　　　　　　　　　　　　　PCA0H：PCA 计数器/定时器高字节

R/W	R/W	R/W	R/W	R/W	R/W	R/W	R/W	复位值 00000000 SFR 地址: 0xFA
位 7	位 6	位 5	位 4	位 3	位 2	位 1	位 0	

位 7-0：PCA0H：PCA 计数器/定时器的高字节
　　PCA0H 寄存器保存 16 位 PCA 计数器/定时器的高字节（MSB）

表 7-24　　　　　　　　　　　　　　　　　PCA0CPLn：PCA 捕捉模块低字节

R/W	R/W	R/W	R/W	R/W	R/W	R/W	R/W	复位值 00000000
位 7	位 6	位 5	位 4	位 3	位 2	位 1	位 0	

PCA0CPLn 地址：PCA0CPL0：0XFB，PCA0CPL1：0XE9，PCA0CPL2：0XEB
　　　　　　　　PCA0CPL3：0XED，PCA0CPL4：0XFD，PCA0CPL5：0CD2
位 7-0：PCA0CPLn：PCA 捕捉模块低字节
　　PCA0CPLn 寄存器保存 16 位捕捉模块 n 的低字节（LSB）

表 7-25   **PCA0CPHn：PCA 捕捉模块高字节**

R/W	R/W	R/W	R/W	R/W	R/W	R/W	R/W	复位值 00000000
位 7	位 6	位 5	位 4	位 3	位 2	位 1	位 0	

PCA0CPHn 地址：PCA0CPH0：0XFC，PCA0CPH1：0XEA，PCA0CPL2：0XEC
                 PCA0CPH3：0XEE，PCA0CPH4：0XFE，PCA0CPH5：0CD3
位 7-0：PCA0CPHn：PCA 捕捉模块高字节
         PCA0CPHn 寄存器保存 16 位捕捉模块 n 的高字节（HSB）

7.6 思 考 与 练 习

1. C8051F410 单片机内部有几个定时/计数器？它们由哪些专用寄存器组成？

2. C8051F410 单片机的定时/计数器有哪些工作方式？各有什么特点？

3. 定时/计数器用作定时方式时，其定时时间与哪些因素有关？作计数时，对外界计数频率有何限制？

4. 已知 C8051 单片机系统时钟为 8MHz，请利用定时器 T0 和 P1.2 输出矩形脉冲，其波形如下：

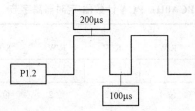

5. 已知 C8051 单片机系统时钟为 8MHz，请 P1.0 和 P1.1 分别输出周期为 2ms 和 500μs 的方波。

6. 在 C8051F410 单片机中的 PCA 可编程计数器的基本结构与原理是什么？

7. PCA 可编程计数器中有哪些专用寄存器？它们的功能是什么？

8. PCA 可编程计数器有集中工作方式？编程实现占空比为 0.2，频率为 100Hz 的 PWM 波形。

第8章 模数和数模转换

模数转换 ADC 及数模转换 DAC 是单片机内部常见的二种支持模拟信号输入的功能接口。大部分单片机都具备这两种类型的接口。本章将以 C8051F410 单片机为例，介绍这两种模拟接口的原理和应用设计方法。

8.1 电压基准

C8051F41x 的电压基准 MUX 可以被配置为连接到外部电压基准、内部电压基准或电源电压 VDD（图 8-1）。基准控制寄存器 REF0CN 中的 REFSL 位用于选择基准源。选择使用外部或内部基准时，REFSL 位应被清 0；选择 VDD 作为基准源时，REFSL 应被置 1。

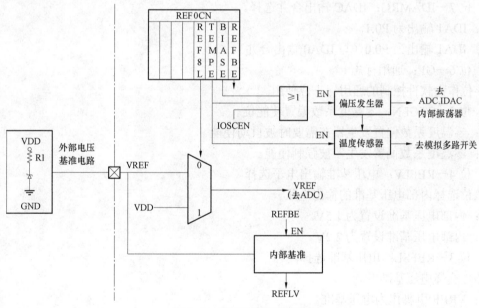

图 8-1　电压基准功能框图

内部电压基准电路包含一个温度特性稳定的带隙电压基准发生器和一个两倍增益的输出缓冲放大器。可以选择 1.5V 或 2.2V 的输出电压。内部电压基准可以被驱动输出到 VREF 引脚，这可通过将 REF0CN 寄存器中的 REFBE 位置 1 来实现。VREF 引脚对地的负载电流应小于 200μA。当使用内部电压基准时，建议在 VREF 和 GND 之间接 0.1μF 和 4.7μF 的旁路电容。如果不使用内部基准，REFBE 位应被清 0。

REF0CN 中的 BIASE 位控制内部偏置电压发生器。ADC、温度传感器、内部振荡器和

205

IDAC 都要使用偏置电压发生器提供的偏置电压。当这些外设中的任何一个被使能时，BIASE 位被自动置 1，也可以通过向 REF0CN 中的 BIASE 位写 1 来使能偏置电压发生器，见 SFR 定义对 REF0CN 寄存器的详细说明。

注意：端口引脚 P1.2 被用作外部 VREF 输入和内部 VREF 的输出。当使用外部电压基准和内部基准中的任何一个时，P1.2 应被配置为模拟输入并被数字交叉开关跳过。为了将 P1.2 配置为模拟输入，应将 P1MDIN 寄存器的位 2 清 0。为使交叉开关跳过 P1.2，应将 P1SKIP 寄存器的位 2 置 1。REF0CN 中的 TEMPE 位用于使能/禁止温度传感器。当被禁止时，温度传感器为缺省的高阻状态，此时对温度传感器的任何 ADC0 测量结果都是无意义的。

与电压基准相关的寄存器是 REF0CN。用户通过这个寄存器的相关位实现对电压基准的设置和控制。

位	7	6	5	4	3	2	1	0	
读/写	IDAMRG	GF	ZTCEN	REFLV	REFSL	TEMPE	BLASE	REFBE	SFR地址：
	R/W	R/W	R/W	R/W	R/W	R/W	R/W	R/W	0xD1
复位值	0	0	0	0	0	0	0	0	

其中各个位的作用如下：

● 位 7—IDAMRG：IDAC 输出合并选择。

0：IDA1 输出为 P0.1。

1：IDA1 输出为 P0.0（与 IDA0 输出合并）。

● 位 6—GF：通用标志

该位作为软件控制的通用标志位使用。

● 位 5—ZTCEN：零温度系数偏置使能位。

0：零温度系数偏置发生器在需要时被自动使能。

1：零温度系数偏置发生器被强制使能。

● 位 4—REFLV：电压基准输出电平选择。

该位选择内部电压基准的输出电压。

0：内部电压基准设置为 1.5V。

1：内部电压基准设置为 2.2V。

● 位 3—REFSL：电压基准选择。

该位选择电压基准源。

0：VREF 引脚作为电压基准。

1：VDD 作为电压基准。

● 位 2—TEMPE：温度传感器使能位。

0：内部温度传感器关闭。

1：内部温度传感器工作。

● 位 1—BIASE：内部模拟偏压发生器使能位。

0：当需要时内部偏压发生器被自动使能。

1：内部偏压发生器总是被使能。

● 位 0—REFBE：内部基准缓冲器使能位。

0：内部基准缓冲器被禁止。

1：内部基准缓冲器被使能。内部电压基准被驱动到 VREF 引脚。

电压基准电路的电气特性见表 8–1。

表 8–1

电压基准电路的电气特性

VDD = 2.0V，−40℃～+85℃（除非特别说明）

参　数	条　　件	最小值	典型值	最大值	单位
内部基准（REFBE=1）					
输出电压	环境温度 25℃（REFLV=0） 环境温度 25℃（REFLV=1） VDD=2.5V	1.47 2.16	1.5 2.2	1.53 2.24	V
VREF 短路电流		—	3.0	—	mA
VREF 温度系数			TBD		10^{-6}/℃
负载调整	负载=0～200μA 到 GND		10		10^{-6}/μA
VREF 开启时间	4.7μF 钽电容，0.1μF 陶瓷旁路电容 0.1μF 陶瓷旁路电容	— —	TBD TBD		ms μs
电源抑制比		—	TBD		ppm/V
外部基准（REFBE=0）					
输入电压范围		0	—	VDD	V
输入电流	采样频率=200ksps，VREF=TBDV	—	TBD	—	μA
电源指标					
ADC 偏压发生器	BIASE = 1	—	22	—	μA
功耗（内部）		—	50	—	μA

8.2　模 数 转 换 器 ADC

外部的模拟信号量需要转变成数字量才能进一步的由 MCU 进行处理。C8051F410 内部集成有一个 12 位逐次比较（successive approximation）ADC 电路。因此可以非常方便地处理输入的模拟信号量。

8.2.1　12 位 ADC 结构

C8051F410 的 ADC0 子系统集成了一个 27 通道的模拟多路选择器（AMUX0）和一个 200ksps 的 12 位逐次逼近寄存器型 ADC，ADC 中集成了跟踪保持电路、可编程窗口检测器和硬件累加器。ADC0 子系统有一种特殊的突发方式（Burst mode），该方式能自动使能 ADC0，采集和累加样本值，然后将 ADC0 置于低功耗停机方式，而不需 CPU 干预。AMUX0、数据转换方式及窗口检测器都可用软件通过特殊功能寄存器来配置。ADC0 输入为单端方式，可以被配置为用于测量 P0.0～P2.7、温度传感器输出、VDD 或 GND（相对于 GND）只有当 ADC 控制寄存器（ADC0CN）中的 AD0EN 位被置 1 或在突发方式执行转换时，ADC0 子系统才被使能。当 AD0EN 位为 0 时或在突发方式下不进行转换时，ADC0 子系统处于低功耗关断方式。ADC 功能单元框图如图 8–2 所示。

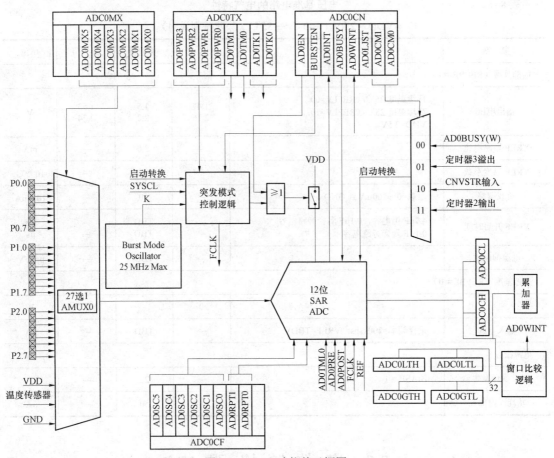

图 8–2　ADC 功能单元框图

AMUX0 选择 ADC 的输入通道。P0.0～P2.7、片内温度传感器输出、内核电源（VDD）或 GND 中的任何一个都可以被选择为 ADC 输入。ADC0 工作在单端方式，所有信号测量都是相对于 GND 的。ADC0 的输入通道由寄存器 ADC0MX 选择。

需要特别注意的是，被选择为 ADC0 输入的引脚应被配置为模拟输入，并且应被数字交叉开关跳过。要将一个端口引脚配置为模拟输入，应将 PnMDIN（n=0，1，2）寄存器中的对应位置 0。为了使交叉开关跳过一个端口引脚，应将 PnSKIP（n=0，1，2）寄存器中的对应位置 1。

8.2.2　ADC 工作方式

在一个典型系统中，用下面的步骤来配置 ADC0：

（1）选择转换启动源。

（2）选择正常方式或突发方式。

（3）如果使用突发方式，选择 ADC0 空闲电源状态并设置上电时间。

（4）选择跟踪方式。注意：预跟踪方式只能用于正常转换方式。

（5）计算需要的建立时间，并用 AD0TK 位设置转换启动后的跟踪时间。

（6）选择重复次数。

（7）选择输出字对齐方式（右对齐或左对齐）。

（8）使能或禁止转换结束及窗口比较中断。

1. 转换启动方式

有 4 种 A/D 转换启动方式，由 ADC0CN 中的 ADC0 转换启动方式位（AD0CM1-0）的状态决定采用哪一种方式。转换触发源有：

（1）写 1 到 ADC0CN 的 AD0BUSY 位。

（2）定时器 3 溢出（即定时连续转换）。

（3）CNVSTR 输入信号（P0.6）的上升沿。

（4）定时器 2 溢出（即定时连续转换）。

向 AD0BUSY 写 1 方式提供了用软件控制 ADC0 转换的能力。AD0BUSY 位在转换期间被置 1，转换结束后复 0。AD0BUSY 位的下降沿触发中断（当被允许时）并置位 ADC0CN 中的中断标志（AD0INT）。注意：当工作在查询方式时，应使用 ADC0 中断标志（AD0INT）来查询 ADC 转换是否完成。当 AD0INT 位为逻辑 1 时，ADC0 数据寄存器（ADC0H: ADC0L）中的转换结果有效。注意：当转换源是定时器 2 溢出或定时器 3 溢出时，如果定时器 2 或定时器 3 工作在 8 位方式，使用定时器 2/3 的低字节溢出；如果定时器 2/3 工作在 16 位方式，则使用定时器 2/3 的高字节溢出。

需要注意的是，CNVSTR 输入引脚还是端口引脚 P0.6。当使用 CNVSTR 输入作为转换启动源时，P0.6 应被数字交叉开关跳过。为使交叉开关跳过 P0.6，应将寄存器 P0SKIP 中的位 6 置 1。

2. 跟踪方式

每次 ADC0 转换之前都必须有一个最小的跟踪时间，以保证转换结果准确。ADC0 有三种跟踪方式：预跟踪、后跟踪和双跟踪。预跟踪方式在转换启动信号有效前连续跟踪，提供最小的转换延时（转换启动信号有效到转换结束）。该方式需要软件管理，以保证满足最短跟踪时间要求。在后跟踪方式，在转换启动信号有效之后进行跟踪的时间长度是可编程的，并由硬件管理。双跟踪方式在转换启动信号有效之前和之后都跟踪，使跟踪时间最大化。图 8-3 给出了这三种跟踪方式的例子。

当 AD0TM 被设置为 10b 时选择预跟踪方式。该方式在转换启动信号开始后立即启动转换。ADC0 在不转换时会一直跟踪。软件必须在每次转换结束和下一次转换启动信号之间保证最小的跟踪时间。在 ADC0 被使能后的第一个转换启动信号之前也必须满足最小跟踪时间。

当 AD0TM 被设置为 01b 时选择后跟踪方式。该方式在转换启动信号开始后立即启动跟踪，跟踪时间用 AD0TK 编程。在编程的跟踪时间结束后开始转换。转换结束后，ADC0 不再跟踪输入信号。但采样电容仍保持与输入断开的状态，使输入引脚呈现高阻抗，直到下一个转换启动信号有效。

当 AD0TM 被设置为 11b 时选择双跟踪方式。该方式在转换启动信号开始后立即启动跟踪，跟踪时间用 AD0TK 编程。在编程的跟踪时间结束后开始转换。转换结束后，ADC0 继续跟踪输入信号，直到下一次转换开始。

随着连接到 ADC 输入的信号不同，在改变 MUX 设置之后，实际需要的跟踪时间可能比最小跟踪时间要长。

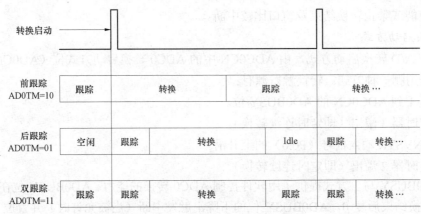

图 8-3 ADC0 跟踪方式

3. 输出转换码

寄存器 ADC0H 和 ADC0L 保存输出转换码的高字节和低字节。当重复次数被设置为 1 时，转换码以 12 位无符号整数形式表示，并且输出转换码在每次转换后被更新。输入测量范围为 0~VREF×4095/4096。数据可以是右对齐或左对齐，由 AD0LJST 位（ADC0CN.2）的设置决定。ADC0H 和 ADC0L 寄存器中未使用的位被清 0。表 8-2 给出了右对齐和左对齐的转换码示例。

表 8-2 ADC0 右对齐和左对齐数据示例

输入电压	右对齐 ADC0H：ADC0L （AD0LIST=0）	左对齐 ADC0H：ADC0L （AD0LIST=1）
XREFx4095/4096	0x0FFF	0xFFF0
XREFx2048/4096	0x0800	0x0800
XREFx2047/4096	0x07FF	0x7FF0
0	0x0000	0x0000

当 ADC0 重复次数大于 1 时，输出转换码代表所有转换值累加的结果，并在最后一次转换结束后被更新。可以将 4、8 或 16 个连续采样值累加并以无符号整数形式表示。重复的次数用 ADC0CF 寄存器中的 AD0RPT 位进行选择。结果值必须是右对齐的（AD0LJST=0），ADC0HADC0L 寄存器中未使用的位被清 0。表 8-3 给出了对应不同输入电压和重复次数的右对齐结果示例。注意：当从 ADC 返回的所有采样结果都相同时，累加 2n 个采样值等价于左移 n 位。

表 8-3　　　　　　　　　　　　　不同输入电压的 ADC0 重复示例

输入电压	重复次数=4	重复次数=8	重复次数=16
XREFx4095/4096	0x3FFC	0x7FF8	0xFFF0
XREFx2048/4096	0x2000	0x4000	0x8000
XREFx2047/4096	0x1FFC	0x3FF8	0x7FF0
0	0x0000	0x0000	0x0000

4. 建立时间要求

在进行一次精确的转换之前需要有一个最小的跟踪时间。该跟踪时间由 AMUX0 的电阻、ADC0 采样电容、外部信号源阻抗及所要求的转换精度决定。

图 8-4 给出了等效的 ADC0 输入电路。对于一个给定的建立精度（SA），所需要的 ADC0 建立时间可以用方程式（8-1）估算。当测量温度传感器的输出或 VDD（相对于 GND）时，R_{TOTAL} 减小到 R_{MUX}。

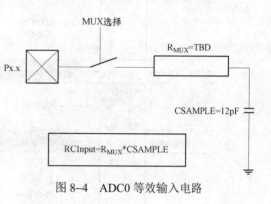

图 8-4　ADC0 等效输入电路

$$t = \ln\left(\frac{2^n}{SA}\right) \times R_{TOTAL} C_{SAMPLE} \qquad (8-1)$$

方程式（8-1）ADC0 建立时间要求。其中：SA 是建立精度，用一个 LSB 的分数表示（例如，建立精度 0.25 对应 1/4LSB）；t 为所需要的建立时间，以秒为单位；R_{TOTAL} 为 AMUX0 电阻与外部信号源电阻之和；n 为 ADC 的分辨率，用比特表示（12）。

8.2.3　可编程窗口检测器

ADC 可编程窗口检测器不停地将 ADC0 输出与用户编程的极限值进行比较，并在检测到所要求的条件时通知系统控制器。这在一个中断驱动的系统中尤其有效，既可以节省代码空间和 CPU 带宽又能提供快速响应时间。窗口检测器中断标志（ADC0CN 中的 AD0WINT）也可被用于查询方式。ADC0 下限（大于）寄存器（ADC0GTH：ADC0GTL）和 ADC0 上限（小于）寄存器（ADC0LTH：ADC0LTL）中保持比较值。注意，窗口检测器标志既可以在测量数据位于用户编程的极限值以内时有效，也可以在测量数据位于用户编程的极限值以外时有效，这取决于 ADC0GT 和 ADC0LT 寄存器的编程值。

图 8-5 给出了使用右对齐数据窗口比较的两个例子。左边的例子所使用的极限值为：ADC0LTH：ADC0LTL = 0x0200（512d）和 ADC0GTH：ADC0GTL = 0x0100（256d）；右边的例子所使用的极限值为：ADC0LTH：ADC0LTL = 0x0100 和 ADC0GTH：ADC0GTL = 0x0200。输入电压范围（相对于 GND）是 0～VREF×（4095/4096），转换码为 12 位无符号整数。重复次数设置为 1。对于左边的例子，如果 ADC0 转换字（ADC0H：ADC0L）位于由 ADC0GTH：ADC0GTL 和 ADC0LTH：ADC0LTL 定义的范围之内（即 0x0100 < ADC0H：ADC0L<0x0200），则会产生一个 AD0WINT 中断。对于右边的例子，如果 ADC0 转换结果数据字位于由 ADC0GT 和 ADC0LT 定义的范围之外（即 ADC0H：ADC0L<0x0100 或 ADC0H：

ADC0L＞0x0200），则会产生一个 AD0WINT 中断。图 8-6 给出了使用左对齐数据窗口比较的例子。

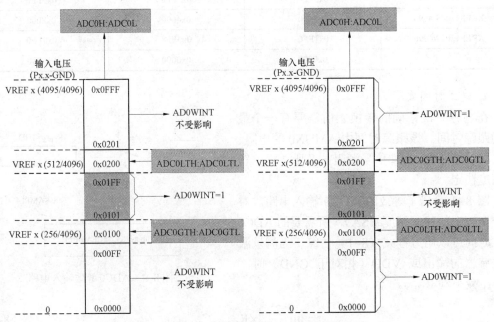

图 8-5 ADC 窗口中断示例（右对齐数据）

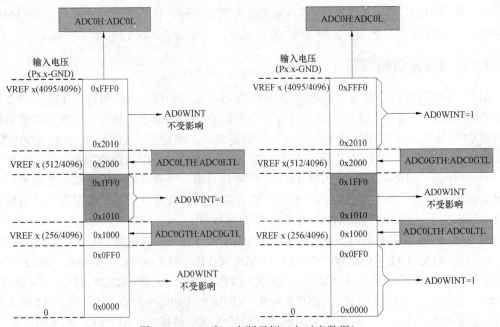

图 8-6 ADC 窗口中断示例（左对齐数据）

8.2.4　ADC 相关的 I/O 寄存器

1. ADC 多路复用器选择寄存器—ADC0MX

位	7	6	5	4	3	2	1	0	
	–	–	–			AD0MX			SFR地址:
读/写	R	R	R	R/W	R/W	R/W	R/W	R/W	0xBB
复位值	0	0	0	1	1	1	1	1	

- 位 7–5：未使用，读=000b，写=忽略。
- 位 4–0：AD0MX4–0，AMUX0 输入选择如下：

AD0MX4–0	ADC0 输入通道	AD0MX4–0	ADC0 输入通道
00000	P0.0	01110	P1.6
00001	P0.1	01111	P1.7
00010	P0.2	10000	P2.0
00011	P0.3	10001	P2.1
00100	P0.4	10010	P2.2
00101	P0.5	10011	P2.3
00110	P0.6	10100	P2.4
00111	P0.7	10101	P2.5
01000	P1.0	10110	P2.6
01001	P1.1	10111	P2.7
01010	P1.2	11000	温度传感器
01011	P1.3	11001	VDD
01100	P1.4	11010～11111	GND
01101	P1.5		

2. ADC0 配置寄存器—ADC0CF

位	7	6	5	4	3	2	1	0	
			AD0SC				AD0RPT	保留	SFR地址:
读/写	R/W	R/W	R/W	R/W	R/W	R/W	R/W	R/W	0xBC
复位值	1	1	1	1	1	0	0	0	

- 位 7–3：ADSC，SAR 转换时钟周期控制位。

SAR 转换时钟来源于 FCLK，由下面的方程给出，其中 AD0SC 表示 AD0SC4–0 中保存的 5 位数值。

BURSTEN = 0：FCLK 为当前系统时钟。

BURSTEN = 1：FCLK 独立于系统时钟，最大值为 25MHz。

$$ADC0SC = \frac{FCLK}{CLK_{SAR}} - 1，结果向上取整$$

- 位 2–1：AD0RPT，ADC0 重复次数。

控制 ADC0 转换结束（AD0INT）和 ADC0 窗口比较中断（AD0WINT）之间的转换和累加次数。在突发模式未被使能时，每次转换都需要一次转换启动。

在突发模式，一次转换启动能触发多个自定时的转换。在这两种模式下，转换结果都被累加到 ADC0H：ADC0L 寄存器。当 AD0RPT1–0 的设置值不为'00'时，ADC0CN 寄存器中的 AD0LJST 位必须被清 0（右对齐）。

00：执行 1 次转换。

01：执行 4 次转换转换和累加。

10：执行 8 次转换转换和累加。

11：执行 16 次转换转换和累加。

3. ADC0 数据字高字节寄存器—ADC0H

位	7	6	5	4	3	2	1	0	
读/写	R/W	R/W	R/W	R/W	R/W	R/W	R/W	R/W	SFR地址： 0xBE
复位值	0	0	0	0	0	0	0	0	

- ADC0 重复次数 ADC0 数据字高 8 位。

对于 AD0LJST = 0 和下面的 AD0RPT 取值：

00：位 3–0 为累加结果的高 4 位。位 7–4 为 0000b。

01：位 5–0 为累加结果的高 6 位。位 7–6 为 00b。

10：位 6–0 为累加结果的高 7 位。位 7 为 0b。

11：位 7–0 为累加结果的高 8 位。

对于 AD0LJST = 1（AD0RPT 必须为'00'）：位 7～0 是 12 位 ADC0 结果的高 8 位。

4. ADC0 数据字低字节寄存器—ADC0L

位	7	6	5	4	3	2	1	0	
读/写	R/W	R/W	R/W	R/W	R/W	R/W	R/W	R/W	SFR地址： 0xBD
复位值	0	0	0	0	0	0	0	0	

- ADC0 重复次数 ADC0 数据字高 8 位。ADC0 数据字低 8 位。

AD0LJST = 0：位 7～0 是 ADC0 累加结果的低 8 位。

AD0LJST = 1（AD0RPT 必须为'00'）：位 7～4 是 12 位 ADC0 结果的低 4 位，位 3～0 为 0000b。

5. ADC0 控制寄存器—ADC0CN

位	7	6	5	4	3	2	1	0	
	AD0EN	BURSTEN	AD0INT	AD0BUSY	AD0WINT	AD0LJST	AD0CM1	AD0CM0	SFR地址:
读/写	R/W	R/W	R/W	R/W	R/W	R/W	R/W	R/W	0xE8
复位	0	0	0	0	0	0	0	0	

- 位 7—AD0EN，ADC0 使能位。

0：ADC0 禁止。ADC0 处于低耗断点状态。

1：ADC0 使能。ADC0 处于活动状态，可以进行转换数据。

- 位 6—BURSTEN：ADC0 突发模式使能位。

0：突发模式禁止。

1：突发模式使能。

- 位 5—AD0INT：ADC0 转换结束中断标志。

0：从最后一次 AD0INT 清 0 后，ADC0 还没有完成一次数据转换。

1：ADC0 完成了一次数据转换。

- 位 4—AD0BUSY：ADC0 忙标志位。

读：

0：ADC0 转换结束或当前不在进行数据转换。AD0INT 在 AD0BUSY 的下降沿被置 1。

1：ADC0 正在进行转换。

写：

0：无作用。

1：若 AD0CM1-0 = 00b 则启动 ADC0 转换。

- 位 3—AD0WINT：ADC0 窗口比较中断标志。

该位必须用软件清 0。

0：自该标志最后一次被清除后，未发生 ADC0 窗口比较数据匹配。

1：发生了 ADC0 窗口比较数据匹配。

- 位 2—AD0LJST：ADC0 左对齐选择位。

0：ADC0H：ADC0L 中的数据为右对齐。

1：ADC0H：ADC0L 中的数据为左对齐。在重复次数大于 1 时（AD0RPT 为 01b、10b 或 11b）不应使用该选项。

- 位 1-0：AD0CM1-0，ADC0 转换启动方式选择。

00：每向 AD0BUSY 写 1 时启动 ADC0 转换。

01：定时器 3 溢出启动 ADC0 转换。

10：外部 CNVSTR 输入信号的上升沿启动 ADC0 转换。

11：定时器 2 溢出启动 ADC0 转换。

6. ADC0 跟踪方式选择寄存器—ADC0TK

位	7	6	5	4	3	2	1	0	
	AD0PWR				AD0TM		AD0TK		SFR地址:
读/写	R/W	R/W	R/W	R/W	R/W	R/W	R/W	R/W	0xBA
复位值	0	0	0	0	0	0	0	0	

● 位 7-4：AD0PWR3-0，ADC0 突发模式上电时间控制位。

BURSTEN = 0：ADC0 电源状态受 AD0EN 控制。

BURSTEN = 1 且 AD0EN = 1：ADC0 保持使能状态，不会进入低功耗状态。

BURSTEN=1 且 AD0EN = 0：ADC0 进入低功耗状态，并在每次转换启动信号有效时被使能。

● 位 3-2：AD0TM1-0，ADC0 跟踪方式选择位。

00：保留。

01：ADC0 配置为后跟踪方式。

10：ADC0 配置为前跟踪方式。

11：ADC0 配置为双跟踪方式（默认）。

● 位 1-0：AD0TK1-0，ADC0 后跟踪时间。

AD0TK 对后跟踪时间的控制如下：

00：后跟踪时间等于 2 个 SAR 时钟周期+2 个 FCLK 周期。

00：后跟踪时间等于 4 个 SAR 时钟周期+2 个 FCLK 周期。

00：后跟踪时间等于 8 个 SAR 时钟周期+2 个 FCLK 周期。

00：后跟踪时间等于 16 个 SAR 时钟周期+2 个 FCLK 周期。

8.2.5　ADC 应用设计

【例 8-1】简易电压表的设计与实现。

用 C8051F410 单片机内带的 12 位 A/D 测 P1.1 脚电压，测试结果通过 UART 输出到 PC 显示。

下面是实现简易电压的系统程序代码。

```
#include <c8051f410.h>              //SFR declarations
#include <stdio.h>


sfr16 TMR2RL  = 0xca;               //Timer2 reload value
sfr16 TMR2    = 0xcc;               //Timer2 counter
sfr16 ADC0    = 0xbd;               //ADC0 result


#define SYSCLK     24500000         //SYSCLK frequency in Hz
#define BAUDRATE   115200           //Baud rate of UART in bps
void SYSCLK_Init (void)
{
   OSCICN = 0x87;                   //configure internal oscillator for
24.5MHz
   RSTSRC = 0x04;                   //enable missing clock detector
}


void PORT_Init (void)
```

```
{
  XBR1    = 0x40;                   //Enable crossbar and weak pull-ups
  P0MDOUT |= 0x10;                  //Set TX pin to push-pull
  P1MDIN  &= 0xFD;                  //set P1.1 as an analog input
  P1SKIP  |= 0x02;                  //skip P1.1 pin
  XBR0    = 0x01;                   //Enable UART0
}


void Timer2_Init (void)
{
  TMR2CN  = 0x00;
  CKCON   = 0x30;                   //select SYSCLK for timer 2 source
  TMR2RL  = - (SYSCLK /10000);      //init reload value for 100uS
  TMR2    = 0xffff;                 //set to reload immediately
  TR2     = 1;                      //start Timer2
}


void ADC0_Init (void)
{
  ADC0CN = 0x03;                    //ADC0 disabled, normal tracking,
                                    //conversion triggered on TMR2 overflow
  REF0CN = 0x13;                    //Enable on-chip VREF = 2.2v and buffer
  ADC0MX = 0x09;                    //Set P1.1 as positive input
  ADC0CF = ((SYSCLK/3000000)-1)<<3; //set SAR clock to 3MHz
  ADC0CF |= 0x00;                   //right-justify results
  EIE1 |= 0x08;                     //enable ADC0 conversion complete int.
  AD0EN = 1;                        //enable ADC0
}


void UART0_Init (void)
{
  SCON0 = 0x10;
  TH1 = 0x96;
  CKCON |= 0x08;
  TL1 = TH1;                        //init Timer1
  TMOD &= ~0xf0;                    //TMOD: timer 1 in 8-bit autoreload
  TMOD |= 0x20;
  TR1 = 1;                          //START Timer1
  TI0 = 1;                          //Indicate TX0 ready
```

```
}

void ADC0_ISR (void) interrupt 10
{
    static unsigned long accumulator = 0;      //accumulator for averaging
    static unsigned int measurements = 2048;  //measurement counter
    unsigned long result=0;
    unsigned long mV;                          //measured voltage in mV
    AD0INT = 0;                                //clear ADC0 conv. complete flag
    accumulator += ADC0;
    measurements--;

    if(measurements == 0)
    {
        measurements = 2048;
        result = accumulator /2048;
        accumulator=0;
        mV =  result * 2200 /4096;
        printf("P1.1 voltage: %ld mV\n",mV);
    }
}

void main (void)
{
    PCA0MD &= ~0x40;

    SYSCLK_Init ();
    PORT_Init ();
    Timer2_Init();
    UART0_Init();
    ADC0_Init();

    EA = 1;
    while (1) { }
}
```

程序中采用 T2 定时器，每 100us 中断一次，该定时中断作为 ADC 自动触发转换的触发源信号。在 ADC 的初始化代码中，设置 ADC 转换时钟为 3MHz。

在 ADC 转换完成中断服务中，把 ADC 转换结果换算成电压值，换算采用了整型数计算。为了保证计算产生不溢出，将 accumulator 变量定义成长整型数据类型，为保证转换的精度，转换结果采用平均值滤波，转换结果累加 2048 次后取平均值作为最后的输出值。

8.2.6 ADC 应用设计的深入讨论

尽管 C8051f410 内部集成了 12 位的 ADC，但是在实际应用中，要想真正实现 12 位精度，比较稳定的 ADC 的话，需要进一步从硬件、软件等方面进行综合的、细致的考虑。下面介绍一些在 ADC 设计应用中应该考虑的几个要点。

1. 参考电压 VREF 的选择确定

在实际应用中，要根据输入测量电压的范围选择正确的参考电压 VREF，以求得到比较好的转换精度。ADC 的参考电压 VREF 还决定了 A/D 转换的范围。如果单端通道的输入电压超过 VREF，将导致转换结果全部接近于 0xFFF，因此 ADC 的参考电压应稍大于模拟输入电压的最高值。

2. ADC 采样时钟的选择

通常条件下，ADC 逐次比较电路要达到转换的最大精度，需要一个 50～200kHz 的采样时钟。一次正常的 ADC 转换过程需要 13 个采样时钟，假定 ADC 采样时钟为 200kHz，那么最高的采样速率为 200kHz/13=15.384kHz。因此根据采样定理，理论上被测模拟信号的最高频率为 7.7kHz。

尽管可以设置 ADC 的采样时钟为 1M，但并不能提高 ADC 转换精度，反而会降低转换精度（受逐次比较硬件电路的限制）。

3. 模拟噪声的抑制

器件外部和内部的数字电路会产生电磁干扰，并会影响模拟测量的精度。如果 ADC 转换精度要求很高，可以采用以下的技术来降低噪声的影响：

（1）使模拟信号的通路尽可能的短。模拟信号连线应从模拟地的布线盘上通过，并使它们尽可能远离高速开关数字信号线。

（2）电源引脚应该通过 LC 网络与数字端电源 Vcc 相连。

（3）采用 ADC 噪声抑制器功能来降低来自 MCU 内部的噪声。

（4）如果某些 ADC 引脚是作为通用数字输出口使用，那么在 ADC 转换过程中，不要改变这些引脚的状态。

4. ADC 的校正

由于单片机内部 ADC 部分的放大器非线性等客观原因，ADC 的转换结果会有误差的。如果要获得高精度的 ADC 转换，还需要对 ADC 结果进行校正。

5. ADC 精度的提高

在有了上述几点的保证后，通过软件的手段也能适当的提高 ADC 的精度，例如，采用多次测量取平均，软件滤波算法等。

8.3 数 模 转 换 器 DAC

8.3.1 12 位 IDAC 结构

C8051F41x 内部有两个 12 位的电流模式数/模转换器（IDAC）。IDAC 的最大输出电流可以有四种不同的设置，0.25mA、0.5mA、1mA 和 2mA。用 IDAC 控制寄存器（IDA0CN 或 DA1CN）中的对应位来分别使能或禁止 IDAC。当两个 IDAC 都被使能时，它们的输出可以分别连到不同的引脚或合并到一个引脚。当 IDAC 被使能时，内部的带隙偏置发生器为其提供基准电流。可以用软件命令、定时器溢出或外部引脚边沿触发 IDAC 更新。IDAC 功能框图如图 8-7 所示。

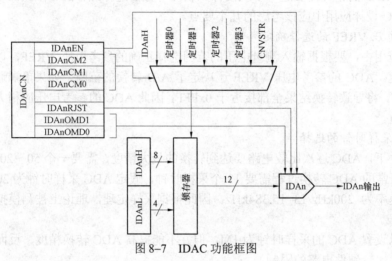

图 8-7　IDAC 功能框图

8.3.2　IDA0 输出更新

IDAC 具有灵活的输出更新机制，允许无缝满度变化，支持无抖动波形更新。IDAC 有三种更新模式：写 IDAC 数据寄存器、定时器溢出或外部引脚边沿。

1. On-Demand 输出更新

IDAC 的缺省更新模式（IDACn.[6:4] ='111'）为"On-Demand"模式，更新发生在写数据寄存器高字节（IDAnH）时。在该模式下，写数据寄存器低字节（IDAnL）时数据被保持，在写 IDAnH 之前 IDAn 的输出不会发生变化。在写 IDAnH 后，数据寄存器的高字节和低字节立即被锁存到 IDAn，因此，如果要向 IDAC 数据寄存器写 12 位的数据字，则要先写 IDAnL，然后再写 IDAnH。当数据字为左对齐时，IDAC 可以用于 8 位方式，此时要将 IDAnL 初始化为一个所希望的数值（通常为 0x00），只对 IDAnH 写入数据。

2. 基于定时器溢出的输出更新模式

IDAC 的输出可以用定时器溢出事件触发更新。这一特性在 IDAC 被用于以给定采样频率产生输出波形的系统中非常有用，可以避免中断延迟时间和指令执行时间变化对 IDAC 输出时序的影响。当 IDAnCM 位（IDAnCN.[6:4]）被设置为'000''001''010'或'011'时，写入到两个 IDAC 数据寄存器（IDAnL 和 IDAnH）的数据被保持，直到相应的定时器溢出事件（分别为定时器 0、定时器 1、定时器 2 或定时器 3）发生时，IDAnH：IDAnL 的内容才被复制到 IDAC 输入锁存器，允许 IDAC 输出变为新值。当使用定时器 2 或定时器 3 溢出进行更新时，如果定时器 2 或定时器 3 工作在 8 位方式，则更新发生在低字节溢出时刻；如果定时器 2 或定时器 3 工作在 16 位方式，则更新发生在高字节溢出时刻。

3. 基于 CNVSTR 边沿的输出更新模式

IDAC 还可以被配置为在外部 CNVSTR 信号的上升沿、下降沿或两个边沿进行输出更新。

当 IDAnCM 位（IDAnCN.[6:4]）被设置为'100''101'或'110'时，写入到两个 IDAC 数据寄存器（IDAnL 和 IDAnH）的数据被保持，直到 CNVSTR 输入引脚的边沿发生。IDAnCM 位的具体设置决定 IDAC 输出更新发生在 CNVSTR 的上升沿、下降沿或在两个边沿都发生更新。当相应的边沿发生时，IDAnH：IDAnL 的内容被复制到 IDAC 输入锁存器，允许 IDAC 输出变为所希望的新值。

8.3.3　IDAC 输出字格式

IDAC 数据寄存器（IDAnH 和 IDAnL）中的数据字可以是左对齐或右对齐的。当左对齐时，数据字的高 8 位（D11～4）被映射到 IDAnH 的位 7～0，而数据字的低 4 位（D3～0）被映射到 IDAnL 的位 7～4。当右对齐时，数据字的高 4 位（D11～8）被映射到 IDAnH 的位 3～0，而数据字的低 8 位（D7～0）被映射到 IDAnL 的位 7～0。IDAC 数据字的格式由 IDAnRJST 位（IDAnCN.2）选择。

IDAC 的满度输出电流由 IDAnOMD 位（IDAnCN[1：0]）选择。缺省情况下，IDAC 的满度输出电流被设置为 2mA。通过配置 IDAnOMD 位可以将满度输出电流设置为 0.25mA、0.5mA 或 1mA。

左对齐数据（IDAnRJST=0）：

IDAnH								IDAnL							
D11	D10	D9	D8	D7	D6	D5	D4	D3	D2	D1	D0				

右对齐数据（IDAnRJST=1）：

IDAnH								IDAnL							
			D11	D10	D9	D8	D7	D6	D5	D4	D3	D2	D1	D0

IDAn 数据字	输出电流与 IDAnOMD 位设置的关系			
（D11–D0）	'11'（2mA）	'10'（1mA）	'01'（0.5mA）	'00'（0.25mA）
0x000	0mA	0mA	0mA	0mA
0x001	1/4096×2mA	1/4096×1mA	1/4096×0.5mA	1/4096×0.25mA
0x800	2048/4096×2mA	2048/4096×1mA	2048/4096×0.5mA	2048/4096×0.25mA
0xFFF	4095/4096×2mA	4095/4096×1mA	4095/4096×0.5mA	4095/4096×0.25mA

8.3.4　IDAC 相关的 I/O 寄存器

1. IDA0CN：IDA0 控制寄存器

位	7	6	5	4	3	2	1	0	
	IDA0EN	IDA0CM			–	IDA0RJST	IDA0OMD		SFR地址：
读/写	R/W	R/W	R/W	R/W	R	R/W	R/W	R/W	0xB9
复位值	0	1	1	1	0	0	1	1	

● 位 7—IDA0EN：IDA0 使能位。

0：IDA0 禁止。

1：IDA0 使能。

● 位 6~4：IDA0CM[2：0]，IDA0 输出更新源选择位。

000：定时器 0 溢出触发 DAC 输出更新。

001：定时器 1 溢出触发 DAC 输出更新。

010：定时器 2 溢出触发 DAC 输出更新。

011：定时器 3 溢出触发 DAC 输出更新。

100：CNVSTR 的上升沿触发 DAC 输出更新。

101：CNVSTR 的下降沿触发 DAC 输出更新。

110：CNVSTR 的两个边沿触发 DAC 输出更新。

111：写 IDA0H 触发 DAC 输出更新。

● 位 2—IDA0RJST：IDA0 右对齐选择位。

0：IDA0H：IDA0L 中的 IDA0 数据为左对齐。

1：IDA0H：IDA0L 中的 IDA0 数据为右对齐。

● 位 1—0：IDA0OMD[1：0]，IDA0 输出方式选择位。

00：0.25mA 满度输出电流。

01：0.5mA 满度输出电流。

10：1.0mA 满度输出电流。

11：2.0mA 满度输出电流。

2. IDA0H：IDA0 数据字高字节寄存器

位	7	6	5	4	3	2	1	0	
									SFR地址：
读/写	R/W	R/W	R/W	R/W	R/W	R/W	R/W	R/W	0x97
复位值	0	0	0	0	0	0	0	0	

● IDA0 数据字的高位。

IDA0RJST = 0 时：

位 7~0 是 12 位 IDA0 数据字的高 8 位。

IDA0RJST = 1 时：

位 3~0 是 12 位 IDA0 数据字的高 4 位。位 7~4 为 0000b。

3. IDA0L：IDA0 数据字低字节寄存器

位	7	6	5	4	3	2	1	0	
									SFR地址：
读/写	R/W	R/W	R/W	R/W	R/W	R/W	R/W	R/W	0x96
复位值	0	0	0	0	0	0	0	0	

● 12 位 IDA0 数据字的低位。

IDA0RJST =0 时：

位 7~4 是 12 位 IDA0 数据字的低 4 位。位 3~0 为 0000b。

IDA0RJST =1 时：

位 7～0 是 12 位 IDA0 数据字的低 8 位。

8.3.5　DAC 的应用设计

【例 8-2】用 C8051F410 单片机内带的 12 位电流型 D/A 产生 1V 的电压，从 P0.0 脚输出。
下面是实现简易电压的程序代码。

```
#include <c8051f410.h>            //SFR declarations
sfr16 TMR3RL  = 0x92;            //Timer3 reload value
sfr16 TMR3    = 0x94;            //Timer3 counter
sfr16 IDA0    = 0x96;            //IDA0 high and low bytes

#define SYSCLK        24500000    //Internal oscillator frequency in Hz

#define SAMPLE_RATE_DAC 100000    //DAC sampling rate in Hz
#define PHASE_PRECISION 65536     //range of phase accumulator
#define FREQUENCY      1000       //Frequency of output waveform in Hz

unsigned int PHASE_ADD = FREQUENCY * PHASE_PRECISION /SAMPLE_RATE_DAC;

int code SINE_TABLE[256] =
{
  0x0000, 0x0324, 0x0647, 0x096a, 0x0c8b, 0x0fab, 0x12c8, 0x15e2,
  0x18f8, 0x1c0b, 0x1f19, 0x2223, 0x2528, 0x2826, 0x2b1f, 0x2e11,
  0x30fb, 0x33de, 0x36ba, 0x398c, 0x3c56, 0x3f17, 0x41ce, 0x447a,
  0x471c, 0x49b4, 0x4c3f, 0x4ebf, 0x5133, 0x539b, 0x55f5, 0x5842,
  0x5a82, 0x5cb4, 0x5ed7, 0x60ec, 0x62f2, 0x64e8, 0x66cf, 0x68a6,
  0x6a6d, 0x6c24, 0x6dca, 0x6f5f, 0x70e2, 0x7255, 0x73b5, 0x7504,
  0x7641, 0x776c, 0x7884, 0x798a, 0x7a7d, 0x7b5d, 0x7c29, 0x7ce3,
  0x7d8a, 0x7e1d, 0x7e9d, 0x7f09, 0x7f62, 0x7fa7, 0x7fd8, 0x7ff6,
  0x7fff, 0x7ff6, 0x7fd8, 0x7fa7, 0x7f62, 0x7f09, 0x7e9d, 0x7e1d,
  0x7d8a, 0x7ce3, 0x7c29, 0x7b5d, 0x7a7d, 0x798a, 0x7884, 0x776c,
  0x7641, 0x7504, 0x73b5, 0x7255, 0x70e2, 0x6f5f, 0x6dca, 0x6c24,
  0x6a6d, 0x68a6, 0x66cf, 0x64e8, 0x62f2, 0x60ec, 0x5ed7, 0x5cb4,
  0x5a82, 0x5842, 0x55f5, 0x539b, 0x5133, 0x4ebf, 0x4c3f, 0x49b4,
  0x471c, 0x447a, 0x41ce, 0x3f17, 0x3c56, 0x398c, 0x36ba, 0x33de,
  0x30fb, 0x2e11, 0x2b1f, 0x2826, 0x2528, 0x2223, 0x1f19, 0x1c0b,
  0x18f8, 0x15e2, 0x12c8, 0x0fab, 0x0c8b, 0x096a, 0x0647, 0x0324,

  0x0000, 0xfcdc, 0xf9b9, 0xf696, 0xf375, 0xf055, 0xed38, 0xea1e,
  0xe708, 0xe3f5, 0xe0e7, 0xdddd, 0xdad8, 0xd7da, 0xd4e1, 0xd1ef,
  0xcf05, 0xcc22, 0xc946, 0xc674, 0xc3aa, 0xc0e9, 0xbe32, 0xbb86,
```

```
    0xb8e4, 0xb64c, 0xb3c1, 0xb141, 0xaecd, 0xac65, 0xaa0b, 0xa7be,
    0xa57e, 0xa34c, 0xa129, 0x9f14, 0x9d0e, 0x9b18, 0x9931, 0x975a,
    0x9593, 0x93dc, 0x9236, 0x90a1, 0x8f1e, 0x8dab, 0x8c4b, 0x8afc,
    0x89bf, 0x8894, 0x877c, 0x8676, 0x8583, 0x84a3, 0x83d7, 0x831d,
    0x8276, 0x81e3, 0x8163, 0x80f7, 0x809e, 0x8059, 0x8028, 0x800a,
    0x8000, 0x800a, 0x8028, 0x8059, 0x809e, 0x80f7, 0x8163, 0x81e3,
    0x8276, 0x831d, 0x83d7, 0x84a3, 0x8583, 0x8676, 0x877c, 0x8894,
    0x89bf, 0x8afc, 0x8c4b, 0x8dab, 0x8f1e, 0x90a1, 0x9236, 0x93dc,
    0x9593, 0x975a, 0x9931, 0x9b18, 0x9d0e, 0x9f14, 0xa129, 0xa34c,
    0xa57e, 0xa7be, 0xaa0b, 0xac65, 0xaecd, 0xb141, 0xb3c1, 0xb64c,
    0xb8e4, 0xbb86, 0xbe32, 0xc0e9, 0xc3aa, 0xc674, 0xc946, 0xcc22,
    0xcf05, 0xd1ef, 0xd4e1, 0xd7da, 0xdad8, 0xdddd, 0xe0e7, 0xe3f5,
    0xe708, 0xea1e, 0xed38, 0xf055, 0xf375, 0xf696, 0xf9b9, 0xfcdc,
};

void OSCILLATOR_Init (void)
{
    OSCICN  = 0x87;                     //Set clock to 24.5 MHz
    RSTSRC  = 0x04;                     //Enable missing clock detector
}
void PORT_Init (void)
{
    P0MDIN   = 0xFE;                     //Configure P0.0 to analog
    P0SKIP   = 0x01;                     //Skip P0.0 on the crossbar
    XBR1     = 0x40;                     //Enable Crossbar
}

void DAC0_Init(void)
{
    REF0CN = 0x0A;                      //Enable VDD as VREF
    IDA0CN = 0xB0;                      //0.25 mA output,left-justified,updated
                                        //  on Timer3 overflows

}

void TIMER3_Init (int counts)
{
    TMR3CN  = 0x00;                     //Resets Timer3,Sets to 16 bit mode
    CKCON  |= 0x40;                     //Use system clock
    TMR3RL  = -counts;                  //Initial reload value
    TMR3   = 0xffff;                    //Sets timer to reload automatically
    EIE1   |= 0x80;                     //Enable Timer3 interrupts
```

```
    TMR3CN  = 0x04;                      //Start Timer3
}

void TIMER3_ISR (void) interrupt 14
{
    static unsigned phase_acc = 0;    //Holds phase accumulator

    int SIN_temp;                     //Temporary 16-bit variables
    unsigned char index;              //Index into SINE table
    phase_acc += PHASE_ADD;           //Increment phase accumulator
    index = phase_acc >> 8;
    SIN_temp = SINE_TABLE[index];     //Read the table value
    IDA0 = SIN_temp ^ 0x8000;         //Update DAC values

    TMR3CN &= ~0x80;                  //Clear Timer3 overflow flag
}

void main (void)
{
    PCA0MD &= ~0x40;                  //Disable Watchdog timer

    OSCILLATOR_Init ();
    PORT_Init ();
    DAC0_Init ();
    TIMER3_Init(SYSCLK/SAMPLE_RATE_DAC);
    EA = 1;                           //Enable global interrupts

    while(1) {     }                  //Wait for interrupt
}
```

若要得到测试结果，可将 DAC 输出串联一个电阻至 GND，本例可以选用 3kΩ电阻。如果程序无误且连接电路没有问题，当运行 D/A 程序后可以用示波器观察到正弦波。

8.4 思 考 与 练 习

1. 正确的使用 C8051f410 的 ADC 需要在硬件和软件方面做哪些考虑？

2. ADC 的转换精度与哪些因素相关？如何能真正地提高 ADC 的转换精度？

3. ADC 的参考电压和转换结果的精度有何关系？

4. 设计一个控制系统使 C8051F410 单片机从 P0.0 脚输出 1V 的电压,将此电压通过 P1.1 脚输入单片机且测试，结果通过 UART 输出到 PC 显示。

第9章 综合应用

前面 8 个章节主要介绍了标准 51 单片机和 C8051F410 单片机的主要原理和简单的应用。本章将基于 C8051F410 单片机设计一个数控交流稳压电源的完整的应用系统。通过该例子的学习，可以进一步掌握单片机应用系统设计，加强对单片机应用系统程序设计的应用。

9.1 数控交流稳压电源简介

在科研或者其他特定条件下，用户需要特定的供电电压，因此，有必要设计一个能够将对输入 50Hz、220V 的交流电进行转换得到稳定的特定电压的设备。通常情况下，

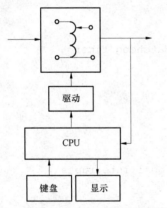

图 9-1 数控交流可调稳压电源系统框图

专门设计一个单片机应用系统，实时监测稳压源的输出电压，通过反馈的方式合理调节调压器输入线圈和输出线圈的匝数比，从而得到需要的稳定的交流电压，这就是数控交流可调稳压电源。其系统框图如图 9-1 所示。

本系统通过直流电机驱动调压器调节其输入和输出线圈的匝数比。利用专门的驱动电路驱动直流电机的正传和反转。A/D 采集模块实时监测输出电压，若电压高于预设值，则通过 CPU 控制电机反转，增加输入和输出线圈的匝数比，从而达到减小输出电压的目的；反之，若输出电压低于预设值，控制电机

正传来增大输出电压。键盘模块和显示模块主要作为系统的输入设备和人机交互界面。通过键盘设定所需的电压输出值和相关的设置，显示模块实时显示当前的电压输出值和预设电压值。

9.2 硬件电路设计

9.2.1 单片机最小系统

单片机的最小系统如图 9-2 所示。CPU 采用 C8051F410，其基本原理前面章节已做了大量的介绍，这里不做重点的介绍。

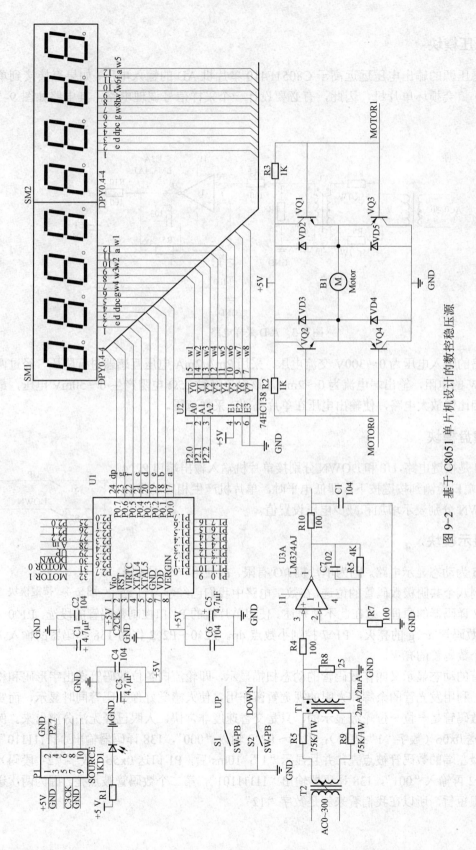

图 9-2 基于 C8051 单片机设计的数控稳压源

9.2.2 降压模块

由于稳压源的输出电压远远高于 C8051F410 单片机 AD 的输入电压，如果直接接到单片机的 I/O 口会损坏单片机，因此，有必要设计一个采样信号调理电路，其电路如图 9-3 所示。

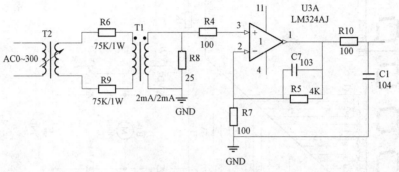

图 9-3 A/D 采样电路

该电路的输入电压为 0～300V 交流电压，采用 2mA/2mA 电压互感器进行降压，经过两个 75kΩ/1W 的电阻，输出端电流为 0～2mA，该电流经过 25Ω 电阻产生 0～50mV 电压，最后采用同相比例放大电路，使输出电压在单片机 AD 采样范围。

9.2.3 键盘模块

图 9-4 是按键电路，UP 和 DOWN 分别接单片机输入输出端口 P2^4 和 P2^5，端口检测到按键按下，即低电平时，单片机产生相应动作。UP 和 DOWN 分别表示增加和减少电压设置值。

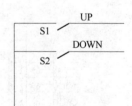

9.2.4 显示模块

图 9-5 为动态显示电路。因为单片机 I/O 有限，故使用一个 138 译码器来控制八个共阴极数码管的位选，在数字电路中我们已经学习过数码管和 138 译码器的原理，故在此不做赘述。使用单片机的 P1 口控制数码管的段选，P1^0～P1^6 控制数码管 a～g 的亮灭，P1^7 控制小数点 dp。P2^0～P2^2 作为 138 译码器的输入，控制每一个数码管的亮灭。

图 9-4 按键模块

数码管的动态显示又叫作数码管的动态扫描显示，即轮流向各位数码管送出字形码和相应的位选，利用发光管的余辉和人眼的视觉暂留作用，使人感觉好像数码管同时显示，而实际上多位数码管是一位一位轮流显示的，只是交替速度非常快，人眼已经无法分辨出来。例如，P1 口送 0x06（数字"1"段码）；P2^0～P2^2 输入"000"，138 译码器输出"11111110"，此时图中最左端的数码管被点亮，并且显示"1"；10ms 后，P1 口送 0x5b（数字"2"段码），P2^0～P2^2 再输入"001"，138 译码器输出"11111101"，第二个数码管被点亮。因为两次送数据时间很短暂，所以在我们看来就是数字"12"。

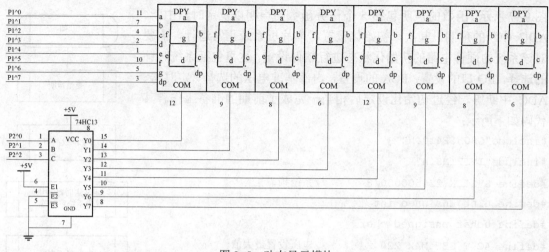

图 9-5　动态显示模块

9.2.5　直流电机驱动模块

图 9-6 为直流电机的驱动电路。由于单片机 I/O 口的输入、输出电流有限，直接控制直流电机并不能使其转动，因此需要设计如图所示的驱动电路保证足够大的驱动电流。MOTOR0 接 P2^6，MOTOR1 接 P2^7。当 MOTOR0 为 1，MOTOR1 为 0 时，V2、V3 导通，直流电机正转；当 MOTOR0 为 0，MOTOR1 为 1 时，V1、V4 导通，直流电机反转；当 MOTOR0 为 0，MOTOR1 为 0 时，V1、V2、V3、V4 都不导通，直流电机不转；当 MOTOR0 为 1，MOTCR1 为 1 时，V1、V2、导通，V3、V4 不导通，直流电机不转；因此，只要控制 MOTOR0、MOTOR1 就能控制电机转动。

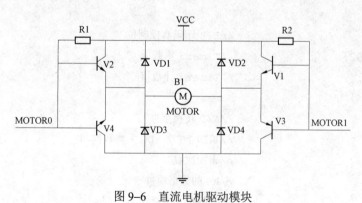

图 9-6　直流电机驱动模块

9.3　软件程序设计

9.3.1　变量声明和初始化设置

在程序开始之前，首先，需要对本系统程序所需要的变量和函数进行声明，其流程如

图 9-7 所示。函数的声明包括 5 个任务函数的声明以及定时器中断、
ADC 中断的声明。其次，初始化设置，单片机系统正常运行，需要
对该系统的硬件电路的初始化状态进行软件设定，这里包括系统时钟
的选择，I/O 口的设置，PCA 的设置，内部基准电压的选择，定时器、
ADC 中断等。经过初始化设定后相当于完成了前期的准备工作。其
代码如下所示：

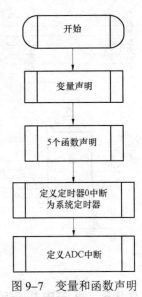

图 9-7 变量和函数声明

```
#include"C8051F410.h"
#include"INTRINS.h"
#define SYSCLK 224500000/8          //系统频率
#define uint unsigned int
#define uchar unsigned char
#define AC_V_SET_MAX 220            //电压设置最大值
#define AC_V_SET_MIN 0              //电压设置最小值
#define AC_V_THRE 5                 //电机控制死区变量
#define ADC_K 5                     //采集电压最大值


uchar code disp_tab[]={0x3f,0x06,0x5b,0x4f,0x66,0x6d,0x7d,0x07,0x7f,0x6f};  //0-9 段码
sbit key0=P2^4;
sbit key1=P2^5;
sbit MOTOR0=P2^6;
sbit MOTOR1=P2^7;                   //电机控制位
sbit s1=P2^0;
sbit s2=P2^1;
sbit s3=P2^2;                       //138 译码器控制位
sfr TMR3RL=0x92;                    //Timer3 重载值
sfr TMR3=0x94;                      //Timer3 计数值
//有关 AD 的变量
bit b_ev_adc;                       //A/D 转换事件
uint adc_sum;                       //累加 16 次 ADC 采集数据和
uchar adc_cnt;                      //累加次数
uint adc_buf;                       //AD 的数据缓冲
uint ac_v;                          //实际电压值
uint ac_v_set;                      //电压设置值
uint addata;                        //AD 采集数据
//有关显示变量
uchar disp_buf[8];                  //显示缓冲
bit b_ev_disp;                      //显示事件
uchar disp_step;                    //显示步骤
//-----有关按键的变量------------------------------
```

```c
bit b_ev_key_drv;                        //启动按键驱动计算事件标志
bit b_key_pressed;                       //按键已按下标志
bit b_ev_key;                            //按键事件
uchar key_last;                          //上一次按键值
uchar key_nb;                            //按键代码
uint cnt;                                //计数变量
//-------有关动作的变量-----------------------------
enum {ACT_STOP,ACT_UP,ACT_DOWN}act;      //动作标志
uint v_h,v_l;                            //死区上限和死区下限
////----------------------------
//----------系统初始化函数声明----------------------
void Oscillator_Init();                  //系统频率选择函数
void PCA_Init();                         //PCA初始化声明
void Port_IO_Init();                     //IO初始化声明
void Voltage_Reference_Init();           //内部基准电压
void Timer3_Init();                      //定时器3初始化声明
void Interrupts_Init();                  //中断初始化声明
void ADC0_Init();
void Init_Device(void);                  //初始化设备
//---------任务函数声明-----------------------------
void task_disp(void);                    //显示任务
void task_ad();                          //AD任务
void task_key_drv(void);                 //键盘驱动任务
void task_key(void);                     //键盘任务
void ad_time_set(uint adt);              //定时时间
void delay(uint time);                   //简单延时程序
void task_ctrl();                        //电机驱动程序

void PCA_Init()                          //看门狗
{
    PCA0MD&=~0x40;
    PCA0MD=0x00;
}
void Oscillator_Init()                   //系统时钟频率选择
{
    OSCICN=0x87;                         //系统频率24.5MHz
}
void Port_IO_Init()                      //IO声明
{
```

```
        P0MDOUT=0xFF;
        P1MDOUT=0xFF;
        P2MDOUT=0xFF;
        P2MDIN=0xF7;
        P2SKIP=0x08;                          //P2^3 被跳过，即被设置为 AD 输入
        XBR0=0x00;
        XBR1=0x40;
}
void Voltage_Reference_Init()
{
        REF0CN=0x08;                          //参考电压源设置为内部 3.3V 且不驱动到 VREF 脚
}
void Timer3_Init()
{
        TMR3CN=0x04;                          //定时器 3 工作在 16 位重载方式
}
void Interrupts_Init()          //中断初始化
{
        EIE1=0x88;                            //开定时器 3 和 AD 中断
        EA=1;                                 //开总中断
}
void ADC0_Init()
{
        ADC0MX=0x13;  //P2^3
        ADC0CN=0x81;
}
void Init_Device(void)           //设备初始化
{
        PCA_Init();
        Oscillator_Init();
        Voltage_Reference_Init();
        Timer3_Init();
        ADC0_Init();
        Port_IO_Init();
        Interrupts_Init();
}
//--------简单延时函数，延时 1ms----------
void delay(uint time)
{
        uint i;
```

```
    uint j;
    for(i=0;i<time;i++)
    for(j=0;j<300;j++);
}
```

9.3.2　主程序设计

在完成了系统程序的初始化设定之后，定义主程序如图 9–8 所示。主程序的主要任务就是不断地按顺序执行本系统定义的 5 个任务。其代码如下所示：

```
void main(void)
{
    Init_Device();
    ad_time_set(10);              //采样时间设为 10ms
    ac_v_set=200;
    while(1)
    {
        b_ev_disp=1;
        task_ad();                //AD 任务
        task_disp();              //显示任务
        task_key_drv();           //按键驱动任务
        task_key();               //按键处理任务
        task_ctrl();              //电机控制任务
    }
}
```

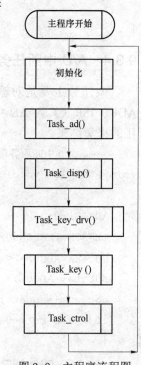

图 9–8　主程序流程图

9.3.3　定时器中断任务程序设计

通过简单的软件等待延时虽然可以达到延时效果，但是 CPU 的效率很低，因此，本系统采用定时器 3 延时。其代码如下所示，ad_time_set 为延时 1ms 的设置，cnt 作为 AD 采样时间的标志，b_ev_key_drv 为按键延时标志。

```
//------定时器 3 初始化设置----------------
void ad_time_set(uint adt)
{
    unsigned int tt;
    tt=65536-(SYSCLK/12/1000)*adt;        //定时 1ms
    TMR3RL=tt;
    TMR3=tt;
}


//------定时器 3 中断处理程序----------------
```

```
void T3_ISR(void) interrupt 14
{
    if(++cnt==10)                              //每10ms置按键查寻标志
    {
        cnt=0;
        b_ev_key_drv=1;
    }
}
```

9.3.4　A/D中断任务程序设计

该任务主要是对输出电压的实时采集，ad_time_set（）用来设定 AD 的采样时间，ADC0_ISR（）为 AD 中断服务程序，对每次的结果累加 256 次后取平均值作为一次输出电压的采集结果。

```
//-----ADC0中断服务程序-------------
void ADC0_ISR(void) interrupt 10
{
    AD0INT=0;
    TMR3CN=TMR3CN&0x0f;
    addata=ADC0H<<8;                   //将采集数据高位和低位合成为一个数据
    addata+=ADC0L;
    adc_sum+=addata;
    if(++adc_cnt==0x00)
    {
        adc_buf=adc_sum;
        adc_sum=0;
        b_ev_adc=1;
        adc_cnt=0;
    }
}
//------AD任务--------
void task_ad()
{
    union{
    unsigned long ul;
    uint ui;
    }u;
    if(b_ev_adc)                        //判断ADC任务标志
    {
        b_ev_adc=0;
```

```
            u.ul=adc_buf;                    //取和
            u.ul*=ADC_K;                     //利用乘以系数再除以 65536 得到电压值
            ac_v=u.ui*33/4096;               //取前两个字节，相当于除以 65536，得到电压值
      }
}
```

9.3.5 显示任务程序设计

该程序的目的为实时显示当前的电压输出值和设定稳压值。显示服务程序只是将显示缓冲区的数据读取显示，因此需要将当前的电压输出值和设定稳压值放入显示缓冲区。但是，当前的电压值和预设定的电压值并不能直接放入显示缓冲区，因此需要通过查表转换成能够显示数字的段码之后再放入显示缓冲区显示当前和预设定电压值。

```
//------显示任务------------
void task_disp()
{                                            //8 位数码管显示
    uint ui;
    if(b_ev_disp)                            //判显示任务标志
    {
        b_ev_disp=0;
        ui=ac_v;                             //得到电压值
        disp_buf[0]=disp_tab[ui/1000];       //得到每个进制的一位，查表得到段码
                                             //放入显示缓冲区

        disp_buf[1]=disp_tab[ui/100%10];
        disp_buf[2]=disp_tab[ui/10%10];
        disp_buf[3]=disp_tab[ui%10];
        ui=ac_v_set;                         //得到电压设定值
        disp_buf[4]=disp_tab[ui/1000];       //得到每个进制的一位，查表得到段码
                                             //放入显示缓冲区
        disp_buf[5]=disp_tab[ui/100%10];
        disp_buf[6]=disp_tab[ui/10%10];
        disp_buf[7]=disp_tab[ui%10];
    }
    P2=0xff; //关显示
    P1=disp_buf[disp_step];
    P2=~(1<<disp_step);                      //开显示位选，主要是用来消除重影，避
                                             //免在更换段码的时候，留下残影
    switch(disp_step)                        //动态扫描，同一时刻只有一个数码管亮
    {
        case 0: s1=0,s2=0,s3=0;break;
        case 1: s1=1,s2=0,s3=0;break;
```

235

```
        case 2: s1=0,s2=1,s3=0;break;
        case 3: s1=1,s2=1,s3=0;break;
        case 4: s1=0,s2=0,s3=1;break;
        case 5: s1=1,s2=0,s3=1;break;
        case 6: s1=0,s2=1,s3=1;break;
        case 7: s1=1,s2=1,s3=1;break;
    }
    disp_step++;
    if(disp_step>=8)
        disp_step=0;
}
```

9.3.6 按键任务程序设计

按键程序主要分成按键驱动程序和按键任务处理程序。按键驱动程序主要任务是判断按键点阵中哪个按键按下，并获得键值。按键任务处理程序根据按键驱动程序所得到的键值执行预先设置好键值的任务程序。其程序框图如图9–9所示。程序代码如下：

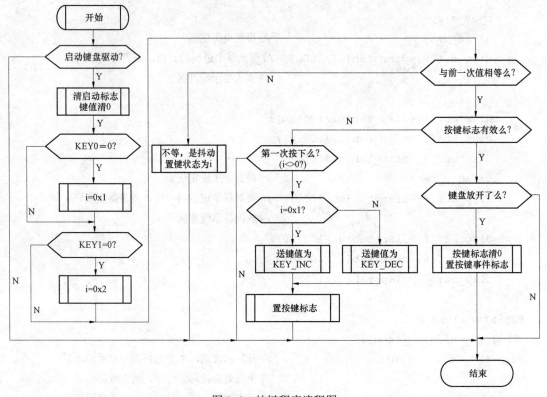

图 9–9 按键程序流程图

```
//-------按键驱动程序---------------------
void task_key_drv(void)
```

```
{
    uchar i;
    if(b_ev_key_drv)                    //判断驱动标志
    {
        b_ev_key_drv=0;
        i=0;
        if(!key0)                       //取得键盘状态
        {
            i|=0x01;
        }
        if(!key1)
        {
            i|=0x02;
        }
        if(key_last==i)                 //本次的状态与上次的状态相等，说明已经稳定可
                                        //以进行计算
        {
            if(b_key_pressed)
            {                           //如果按键处于按下状态，判断按键是否松开
                if(i==0)
                {                       //按键已全部放开
                    b_key_pressed=0;
                    b_ev_key=1;         //置按键事件
                }
            }
            else if(i!=0)
            {                           //以前处于没有按键按下的状态且现在有按键按下
                if(i&0x01)
                {
                    key_nb=0;           //计算键号
                }
                if(i&0x02)
                {
                    key_nb=1;
                }
                b_key_pressed=1;        //置按键按下标志
            }

        }
        else
```

```
    {        //两次状态不相等，说明键盘处于抖动状态，等待下一次继续判断
        key_last=i;
    }
    }
}
//-----按键任务处理函数------------------------------
void task_key(void)
{
    if(b_ev_key)
    {
        b_ev_key=0;
        if(key_nb==0)
        {
            if(ac_v_set<220)
            {
                ac_v_set+=10;
            }
        }
        if(key_nb==1)
        {
            if(ac_v_set>0)
            {
                ac_v_set-=10;
            }
        }
    }
}
```

9.3.7　电机任务程序设计

电机任务程序代码如下所示。其主要任务是判断当前的电压值是否超过上下限死区，若超过上限死区，则说明电压高于预设值，则控制电机反传，减小输出电压；反之亦然。

```
//----------电机控制程序--------------------
void task_ctrl()
{

    v_h=ac_v_set+AC_V_THRE;        //死区上限
    v_l=ac_v_set-AC_V_THRE;        //死区下限
    switch(act)                    //根据状态计算动作
    {
        case ACT_STOP:
```

```
        if(ac_v<v_l)
        {
            act=ACT_UP;
        }
        if(ac_v>v_h)
        {
            act=ACT_DOWN;
        }
        break;
    case ACT_UP:
        if(ac_v>=ac_v_set)
        {
            act=ACT_STOP;
        }
        break;
    case ACT_DOWN:
        if(ac_v<=ac_v_set)
        {
            act=ACT_STOP;
        }
        break;
    default:
        break;

}
if(act==ACT_UP)                          //根据状态驱动电机
    {
        MOTOR0=0;
        MOTOR1=1;
    }
    else if(act==ACT_DOWN)
    {
        MOTOR0=1;
        MOTOR1=0;
    }
    else
    {
        MOTOR0=1;
        MOTOR1=1;
    }

}
```

附录 80C51 单片机指令速查表

序号	指令助记符	操作数	机器码（H）
1	ACALL	addr11	*
2	ADD	A，Rn	28～2F
3	ADD	A，dir	25 dir
4	ADD	A，@Ri	26～27
5	ADD	A，#data	24 data
6	ADDC	A，Rn	38～3F
7	ADDC	A，dir	35 dir
8	ADDC	A，@Ri	36～37
9	ADDC	A，#data	34 data
10	AJMP	addr11	*
11	ANL	A，Rn	58～5F
12	ANL	A，dir	55 dir
13	ANL	A，@Ri	56～57
14	ANL	A，#data	54 data
15	ANL	dir，A	52 dir
16	ANL	dir，#data	53 dir data
17	ANL	C，bit	82 bit
18	ANL	C，/bit	B0 bit
19	CJNE	A，dir，rel	B5 dirb rel
20	CJNE	A，#data，rel	B4 data rel
21	CJNE	Rn，#data，rel	B8～BF data rel
22	CJNE	@Ri，#data，rel	B6～B7 data rel
23	CLR	A	E4
24	CLR	C	C3
25	CLR	Bit	C2 bit
26	CPL	A	F4
27	CPL	C	B3
28	CPL	bit	B2 bit
29	DA	A	D4
30	DEC	A	14

序号	指令助记符	操作数	机器码（H）
31	DEC	Rn	18～1F
32	DEC	dir	15 dir
33	DEC	@ Ri	16～17
34	DIV	AB	84
35	DJNZ	Rn，rel	D8～DF rel
36	DJNZ	dir，rel	D5 dir rel
37	INC	A	04
38	INC	Rn	08～0F
39	INC	dir	05 dir
40	INC	@ Ri	06～07
41	INC	DPTR	A3
42	JB	bit，rel	20 bit rel
43	JBC	bit，rel	10 bit rel
44	JC	rel	40 rel
45	JMP	@ A+DPTR	73
46	JNB	bit，rel	30 bit rel
47	JNC	rel	50 rel
48	JNZ	rel	70 rel
49	JZ	rel	60 rel
50	LCALL	addr16	12 addr16
51	LJMP	addr16	02 addr16
52	MOV	A，Rn	E8～EF
53	MOV	A，dir	E5 dir
54	MOV	A，@ Ri	E6～E7
55	MOV	A，#data	74 data
56	MOV	Rn，A	F8～FF
57	MOV	Rn，dir	A8～AF dir
58	MOV	Rn，#data	78～7F data
59	MOV	dir，A	F5 dir
60	MOV	dir，Rn	88～8F dir
61	MOV	dir1，dir2	85 dir2 dir1
62	MOV	dir，@ Ri	86～87 dir
63	MOV	dir，#data	75 dir data
64	MOV	@ Ri，A	F6～F7

序号	指令助记符	操作数	机器码（H）
65	MOV	@ Ri，dir	A6～A7 dir
66	MOV	@ Ri，#data	76～77 data
67	MOV	C，bit	A2 bit
68	MOV	bit，C	92 bit
69	MOV	DPTR，#data16	90 data16
70	MOVC	A，@ A+DPTR	93
71	MOVC	A，@ A+PC	83
72	MOVX	A，@ Ri	E2～E3
73	MOVX	A，@ DPTR	E0
74	MOVX	@ Ri，A	F2～F3
75	MOVX	@ DPTR，A	F0
76	MUL	AB	A4
77	NOP		00
78	ORL	A，Rn	48～4F
79	ORL	A，dir	45 dir
80	ORL	A，@ Ri	46～47
81	ORL	A，#data	44 data
82	ORL	dir，A	42 dir
83	ORL	dir，#data	43 dir data
84	ORL	C，bit	72 bit
85	ORL	C，/bit	A0 bit
86	POP	dir	D0 bit
87	PUSH	dir	C0 bit
88	RET		22
89	RETI		32
90	RL	A	23
91	RLC	A	33
92	RR	A	03
93	RRC	A	13
94	SETB	C	D3
95	SETB	bit	D2 bit
96	SJMP	rel	80 rel
97	SUBB	A，Rn	98～9F
98	SUBB	A，dir	95 dir
99	SUBB	A，@ Ri	96～97

续表

序号	指令助记符	操作数	机器码（H）
100	SUBB	A，#data	94 data
101	SWAP	A	C4
102	XCH	A，Rn	C8~CF
103	XCH	A，dir	C5 dir
104	XCH	A，@Ri	C6~C7
105	XCHD	A，@Ri	D6~D7
106	XRL	A，Rn	68~6F
107	XRL	A，dir	65 dir
108	XRL	A，@Ri	66~67
109	XRL	A，#data	64 data
110	XRL	dir，A	62 dir
111	XRL	dir，#data	63 dir data

参 考 文 献

[1] 张毅刚，赵光权，刘旺. 单片机原理及应用 [M]. 北京：高等教育出版社，2016.

[2] 戴佳，戴卫恒. 51 单片机 C 语言应用程序设计实例精讲 [M]. 北京：电子工业出版社，2006.

[3] 宋雪松. 手把手教你学 51 单片机 [M]. 北京：清华大学出版社，2014.

[4] 马建国. 电子系统设计 [M]. 北京：高等教育出版社，2004.

[5] 李全利，迟荣强. 单片机原理及接口技术 [M]. 北京：高等教育出版社，2004.

[6] 胡汉才. 单片机原理及其接口技术 [M]. 北京：清华大学出版社，2004.

[7] 张仕斌. 单片机原理及应用 [M]. 北京：高等教育出版社，2003.

[8] 探矽工作室. 嵌入式系统开发圣经 [M]. 北京：中国铁道出版社，2003.

[9] MichaelJ. Pont（美）. C 语言嵌入式系统开发 [M]. 北京：中国电力出版社，2003.

[10] 张俊谟. SoC 单片机原理与应用 [M]. 北京：北京航空航天大学出版社，2007.

[11] 汪道辉. 单片机系统设计与实践 [M]. 北京：电子工业出版社，2006.

[12] 鲍可进. SOC 单片机原理与应用 [M]. 北京：清华大学出版社，2011.

[13] 周坚. 单片机 C 语言轻松入门 [M]. 北京：北京航空航天大学出版社，2006.

[14] 张迎新，雷文，姚静波. C8051F 系列 SOC 单片机原理及应用 [M]. 北京：国防工业出版社，2005.

[15] 张培仁，孙力. C8051F 系列单片机原理与应用 [M]. 北京：清华大学出版社，2013.

[16] 周惠潮. 常用电子元件及典型应用 [M]. 北京：电子工业出版社，2005.

[17] 张洪润，张亚凡. 单片机原理及应用 [M]. 北京：清华大学出版社，2005.

[18] 童长飞. C8051F 系列单片机开发与 C 语言编程 [M]. 北京：北京航空航天大学出版社，2005.

[19] 刘光斌. 单片机系统实用抗干扰技术 [M]. 北京：人民邮电出版社，2003.

[20] 潘琢金，施国君. C8051Fxxx 高速 SOC 单片机原理及应用 [M]. 北京：北京航空航天大学出版社，2002.

[21] CygnalIntegratedProducts，Inc（美）. C8051F 单片机应用解析 [M]. 北京：北京航空航天大学出版社，2002.

[22] 杨金岩，郑应强，张振仁. 8051 单片机数据传输接口扩展技术与应用实例[M]. 人民邮电出版社，2005.

[23] 沈金鑫，夏静. 基于 C8051F350 的多路高精度数据采集系统及应用 [J]. 电子设计工程. 2014（05）：154–156.

[24] 王影，张莉，刘麒. 基于 C8051F410 片上系统热偶校验仪的设计 [J]. 吉林化工学院学报. 2011（11）：87–90.

[25] 闫德顺，刘收，苏建军，韩暋. 基于 C8051F410 单片机的 AD 芯片替代方案的设计与实现 [J]. 计算机测量与控制. 2015（04）：1385–1387.

[26] 孙灵芳，纪慧超. 基于 C8051F410 的新型大功率三相逆变器设计 [J]. 化工自动化及仪表. 2015（01）：62–66.

[27] 吴桂初，谢文彬，魏晓月. 基于单片机 IO 口串行同步通信的实现[J]. 温州大学学报自然科学版，2007，28（2）：35–38.

[28] 吴桂初，胡来林，凌银海. 单片机在真空包装机中的应用 [J]. 科技通报，2004，20（3）：222-224.